中等职业教育数字艺术类规划教材

边做边学
Illustrator CS3
平面设计
案例教程

■ 周建国 主 编
■ 王飞 蔺抗洪 副主编

人民邮电出版社

北京

图书在版编目（CIP）数据

Illustrator CS3平面设计案例教程 / 周建国主编
-- 北京：人民邮电出版社，2010.11（2020.8重印）
（边做边学）
中等职业教育数字艺术类规划教材
ISBN 978-7-115-23725-5

Ⅰ. ①I… Ⅱ. ①周… Ⅲ. ①平面设计－图形软件，
Illustrator CS3－专业学校－教材 Ⅳ. ①TP391.41

中国版本图书馆CIP数据核字(2010)第185101号

内 容 提 要

本书全面系统地介绍 Illustrator CS3 的基本操作方法和矢量图形制作技巧，并对其在平面设计领域的应用进行深入的讲解，包括初识 Illustrator CS3、实物的绘制、插画设计、书籍装帧设计、杂志设计、宣传单设计、广告设计、宣传册设计、包装设计等内容。

本书内容的讲解均以课堂实训案例为主线，通过案例的操作，学生可以快速熟悉案例设计理念。书中的软件相关功能解析部分使学生能够深入学习软件功能；课堂实战演练和课后综合演练，可以拓展学生的实际应用能力，提高学生的软件使用技巧。本书配套光盘中包含了书中所有案例的素材及效果文件，以利于教师授课，学生学习。

本书可作为中等职业学校数字艺术类专业平面设计课程的教材，也可供相关人员学习参考。

中等职业教育数字艺术类规划教材

边做边学——Illustrator CS3 平面设计案例教程

◆ 主　　编　周建国
　　副主编　王　飞　蔺抗洪
　　责任编辑　王亚娜

◆ 人民邮电出版社出版发行　　北京市丰台区成寿寺路 11 号
　　邮编　100164　电子邮件　315@ptpress.com.cn
　　网址　http://www.ptpress.com.cn
　　大厂回族自治县聚鑫印刷有限责任公司印刷

◆ 开本：787×1092　1/16
　　印张：17　　　　　　　　2010 年 11 月第 1 版
　　字数：438 千字　　　　　2020 年 8 月河北第 16 次印刷

ISBN 978-7-115-23725-5

定价：35.00 元（附光盘）

读者服务热线：**(010)81055256**　印装质量热线：**(010)81055316**
反盗版热线：**(010)81055315**

广告经营许可证：京东市监广登字 20170147 号

前　　言

Illustrator 是由 Adobe 公司开发的矢量图形处理和编辑软件。它功能强大、易学易用，已经成为平面设计领域最流行的软件之一。目前，我国很多中等职业学校的数字艺术类专业，都将 Illustrator 列为一门重要的专业课程。为了帮助中等职业学校的教师全面、系统地讲授这门课程，使学生能够熟练地使用 Illustrator 来进行设计创意，我们几位长期在职业学校从事 Illustrator 教学的教师与专业平面设计公司经验丰富的设计师合作，共同编写了本书。

根据现代职业学校的教学方向和教学特色，我们对本书的编写体系做了精心的设计。全书根据 Illustrator 在设计领域的应用方向来布置分章，每章按照"课堂实训案例—软件相关功能—课堂实战演练—课后综合演练"这一思路进行编排，力求通过课堂实训案例，使学生快速熟悉艺术设计理念和软件功能；通过软件相关功能解析，使学生深入学习软件功能和制作特色；通过课堂实战演练和课后综合演练，拓展学生的实际应用能力。

在内容编写方面，我们力求细致全面、重点突出；在文字叙述方面，我们注意言简意赅、通俗易懂；在案例选取方面，我们强调案例的针对性和实用性。

本书配套光盘中包含了书中所有案例的素材及效果文件。另外，为方便教师教学，本书还配备了详尽的课堂实战演练和课后综合演练的操作步骤文稿、PPT 课件、教学大纲、商业实训案例文件等丰富的教学资源，任课教师可登录人民邮电出版社教学服务与资源网（www.ptpedu.com.cn）免费下载使用。本书的参考学时为 70 学时，各章的参考学时参见下面的学时分配表。

章　　节	课程内容	课时分配
第 1 章	初识 Illustrator CS3	2
第 2 章	实物的绘制	8
第 3 章	插画设计	10
第 4 章	书籍装帧设计	6
第 5 章	杂志设计	8
第 6 章	宣传单设计	8
第 7 章	广告设计	8
第 8 章	宣传册设计	8
第 9 章	包装设计	8
机　　动		4
课时总计		70

本书由周建国任主编，王飞、蔺抗洪任副主编，参与本书编写工作的还有吕娜、葛润平、陈东生、周世宾、刘尧、周亚宁、张敏娜、王世宏、孟庆岩、谢立群、黄小龙、高宏、尹国琴、崔桂青、张文达等。

由于时间仓促，加之编者水平有限，书中难免存在疏漏和不妥之处，敬请广大读者批评指正。

编　者

2010 年 7 月

目　　录

第 7 章 广告设计

第 8 章 宣传册设计

第1章 初识 Illustrator CS3

Illustrator 是由 Adobe 公司开发的矢量图形处理和编辑软件。本章详细讲解了 Illustrator CS3 的基础知识和基本操作。读者通过学习要对 Illustrator CS3 有初步的认识和了解，并能够掌握软件的基本操作方法，为以后的学习打下一个坚实的基础。

课堂学习目标

- 掌握工作界面的基本操作
- 掌握设置文件的基本方法
- 掌握图像的基本操作方法

1.1 界面操作

1.1.1 【操作目的】

通过打开文件和取消编组熟悉菜单栏的操作，通过选取图形掌握工具箱中工具的使用方法，通过改变图形的颜色掌握控制面板的使用方法。

1.1.2 【操作步骤】

步骤 1 打开 Illustrator 软件，选择"文件 > 打开"命令，弹出"打开"对话框，选择光盘中的"Ch01 > 素材 > 制作啤酒公司名片"文件，单击"打开"按钮，打开文件，如图 1-1 所示，显示 Illustrator 的软件界面。

图 1-1

步骤 2 选择左侧的工具箱中的"选择"工具，单击选取右上角的公司标志，如图 1-2 所示。按 Ctrl+C 组合键，复制标志。按 Ctrl+N 组合键，弹出"新建文档"对话框，选项的设置如图 1-3 所示，单击"确定"按钮，新建文件。按 Ctrl+V 组合键，将其粘贴到页面中，如图 1-4 所示。

图 1-2

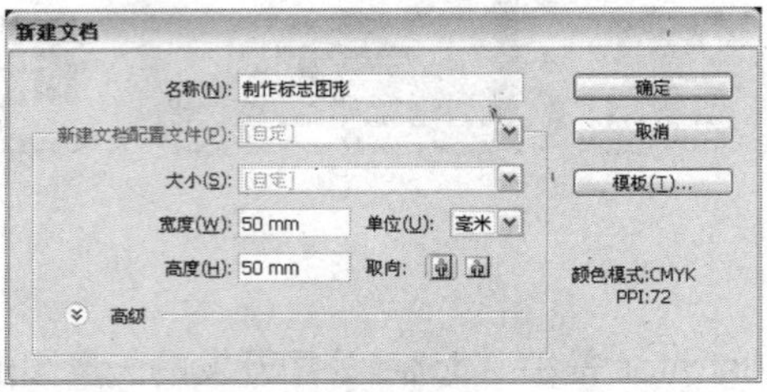

图 1-3

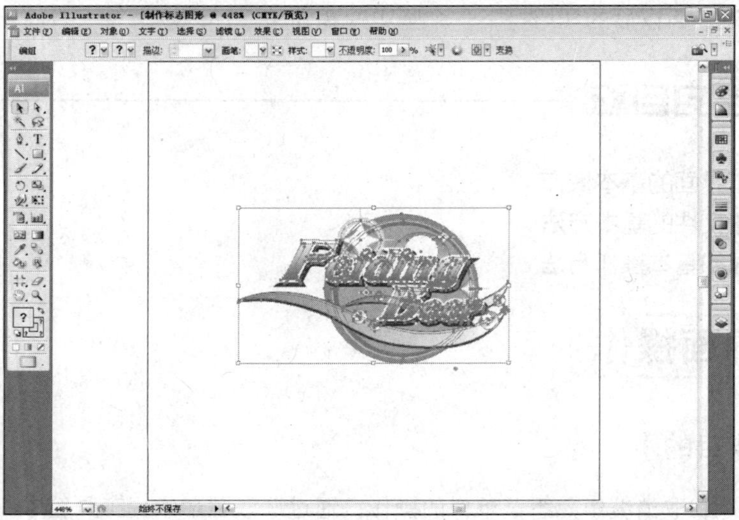

图 1-4

步骤 3 在上方的菜单栏中选择"对象 > 取消编组"命令，取消对象的编组状态。选择"选择"工具，选取图形上方的两个文字，如图 1-5 所示。单击绘图窗口右侧的"色板"按钮，弹出"色板"面板，单击选择需要的颜色，如图 1-6 所示，文字效果如图 1-7 所示。

图 1-5

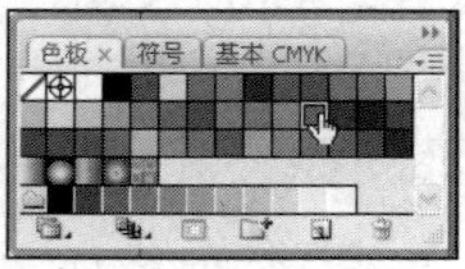

图 1-6

图 1-7

步骤 4 按 Ctrl+S 组合键，弹出"存储为"对话框，设置保存文件的名称、路径和类型，单击"保存"按钮，保存文件。

1.1.3 【相关工具】

1. 界面介绍

Illustrator CS3 的工作界面主要由标题栏、菜单栏、工具箱、工具属性栏、控制面板、页面区域、滚动条、状态栏等部分组成，如图 1-8 所示。

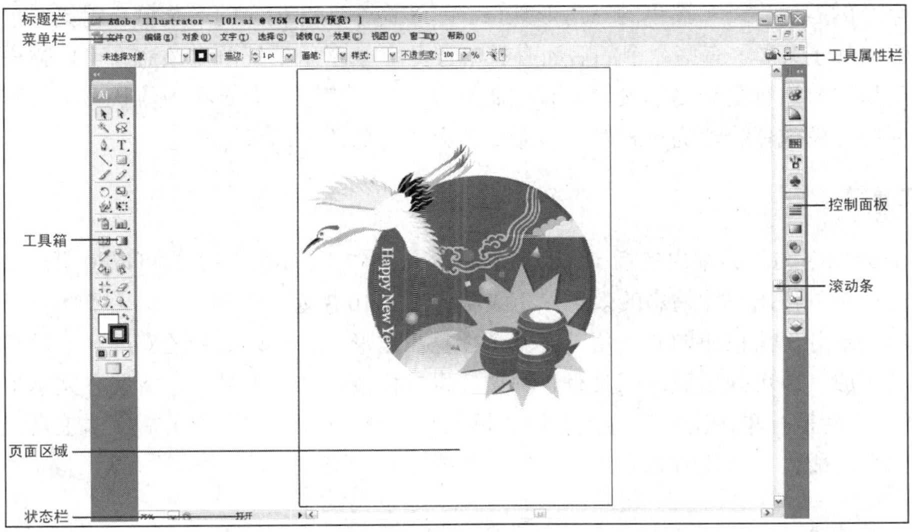
标题栏
菜单栏
工具属性栏
控制面板
工具箱
滚动条
页面区域
状态栏

图 1–8

标题栏：标题栏左侧是当前运行程序的名称，右侧是控制窗口的按钮。

菜单栏：包括 Illustrator CS3 中所有的操作命令，主要包括 10 个主菜单，每一个菜单又包括各自的子菜单，通过选择这些命令可以完成基本操作。

工具箱：包括 Illustrator CS3 中所有的工具，大部分工具还有其展开式工具栏，其中包括了与该工具功能相类似的工具，可以更方便、快捷地进行绘图与编辑。

工具属性栏：当选择工具箱中的一个工具后，会在 Illustrator CS3 的工作界面中出现该工具的属性栏。

控制面板：使用控制面板可以快速调出许多设置数值和调节功能的对话框，它是 Illustrator CS3 中最重要的组件之一。控制面板是可以折叠的，可根据需要分离或组合，具有很大的灵活性。

页面区域：指在工作界面的中间以黑色实线表示的矩形区域，这个区域的大小就是用户设置的页面大小。

滚动条：当屏幕内不能完全显示出整个文档的时候，通过对滚动条的拖曳来实现对整个文档的全部浏览。

状态栏：显示当前文档视图的显示比例，当前正使用的工具、时间和日期等信息。

2. 菜单栏及其快捷方式

熟练地使用菜单栏能够快速有效地绘制和编辑图像，达到事半功倍的效果，下面详细介绍菜单栏。

Illustrator CS3 中的菜单栏包含“文件”、“编辑”、“对象”、“文字”、“选择”、“滤镜”、“效果”、“视图”、“窗口”和“帮助”共 10 个菜单，如图 1-9 所示。每个菜单里又包含相应的子菜单。

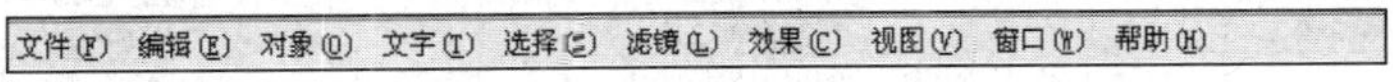
文件(F) 编辑(E) 对象(O) 文字(T) 选择(S) 滤镜(L) 效果(C) 视图(V) 窗口(W) 帮助(H)

图 1–9

每个下拉菜单的左边是命令的名称，在经常使用的命令右边是该命令的快捷组合键，要执行该命令，可以直接按下键盘上的快捷组合键，这样可以提高操作速度。例如，“选择 > 全部”命

中等职业教育数字艺术类规划教材

令的快捷组合键为 Ctrl+A。

有些命令的右边有一个黑色的三角形 ▸，表示该命令还有相应的子菜单，用鼠标单击三角形 ▸，即可弹出其子菜单。有些命令的后面有省略号…，表示用鼠标单击该命令可以弹出相应对话框，在对话框中可进行更详尽的设置。有些命令呈灰色，表示该命令在当前状态下为不可用，需要选中相应的对象或在合适的设置时，该命令才会变为黑色，即可用状态。

3. 工具箱

Illustrator CS3 的工具箱内包括了大量具有强大功能的工具，这些工具可以使用户在绘制和编辑图像的过程中制作出更加精彩的效果。工具箱如图 1-10 所示。

工具箱中部分工具按钮的右下角带有一个黑色三角形，表示该工具还有展开工具组，用鼠标按住该工具不放，即可弹出展开工具组。例如，用鼠标按住文字工具 T，将展开文字工具组，如图 1-11 所示。用鼠标单击文字工具组右边的黑色三角形，如图 1-12 所示，文字工具组就从工具箱中分离出来，成为一个相对独立的工具栏，如图 1-13 所示。

| 图 1-10 | 图 1-11 | 图 1-12 | 图 1-13 |

下面分别介绍各个展开式工具组。

直接选择工具组：包括 2 个工具，直接选择工具和编组选择工具，如图 1-14 所示。

钢笔工具组：包括 4 个工具，钢笔工具、添加锚点工具、删除锚点工具和转换锚点工具，如图 1-15 所示。

文字工具组：包括 6 个工具，文字工具、区域文字工具、路径文字工具、直排文字工具、直排区域文字工具和直排路径文字工具，如图 1-16 所示。

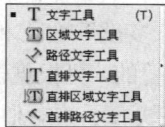

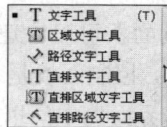

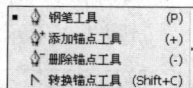

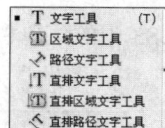

| 图 1-14 | 图 1-15 | 图 1-16 |

直线段工具组：包括 5 个工具，直线段工具、弧形工具、螺旋线工具、矩形网格工具和极坐标网格工具，如图 1-17 所示。

矩形工具组：包括 6 个工具，矩形工具、圆角矩形工具、椭圆工具、多边形工具、星形工具和光晕工具，如图 1-18 所示。

铅笔工具组：包括 3 个工具，铅笔工具、平滑工具和路径橡皮擦工具，如图 1-19 所示。

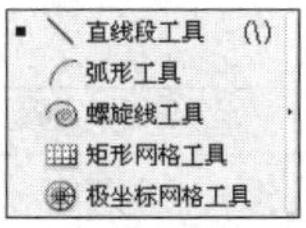

图 1-17 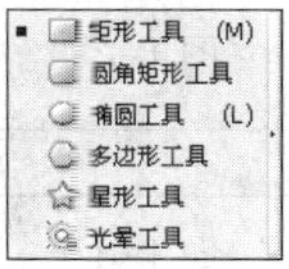　　　　　　　　图 1-18 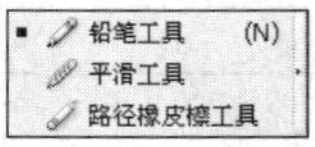　　　　　　　　图 1-19

旋转工具组：包括 2 个工具，旋转工具和镜像工具，如图 1-20 所示。

比例缩放工具组：包括 3 个工具，比例缩放工具、倾斜工具和改变形状工具，如图 1-21 所示。

变形工具组：包括 7 个工具，变形工具、旋转扭曲工具、缩拢工具、膨胀工具、扇贝工具、晶格化工具和皱褶工具，如图 1-22 所示。

图 1-20 　　　　　　　　图 1-21 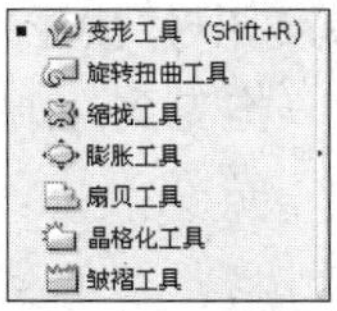　　　　　　　　图 1-22

符号喷枪工具组：包括 8 个工具，符号喷枪工具、符号移位器工具、符号紧缩器工具、符号缩放器工具、符号旋转器工具、符号着色器工具、符号滤色器工具和符号样式器工具，如图 1-23 所示。

柱形图工具组：包括 9 个工具，柱形图工具、堆积柱形图工具、条形图工具、堆积条形图工具、折线图工具、面积图工具、散点图工具、饼图工具和雷达图工具，如图 1-24 所示。

吸管工具组：包括 2 个工具，吸管工具和度量工具，如图 1-25 所示。

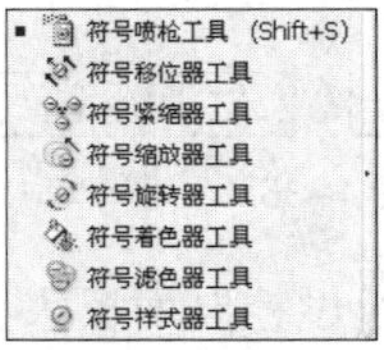

图 1-23 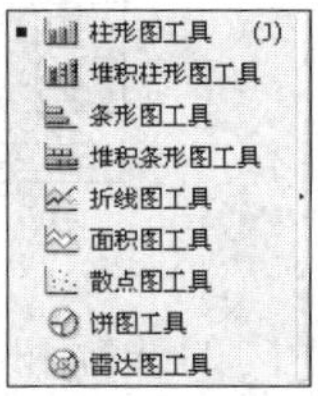　　　　　　　　图 1-24 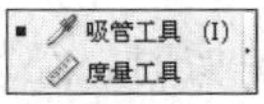　　　　　　　　图 1-25

裁剪区域工具组：包括 3 个工具，裁剪区域工具、切片工具和切片选择工具，如图 1-26 所示。

橡皮擦工具组：包括 3 个工具，橡皮擦工具、剪刀工具和美工刀工具，如图 1-27 所示。

抓手工具组：包括 2 个工具，抓手工具和页面工具，如图 1-28 所示。

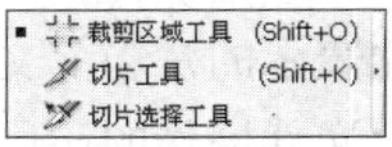

图 1-26 　　　　　　　　图 1-27 　　　　　　　　图 1-28

4. 工具属性栏

Illustrator CS3 的工具属性栏可以快捷应用与所选对象相关的选项，它根据所选工具和对象的不同来显示不同的选项，包括画笔、描边、样式等多个控制面板的功能。选择路径对象的锚点后，工具属性栏如图 1-29 所示。选择"文字"工具 T 后，工具属性栏如图 1-30 所示。

图 1-29

图 1-30

5. 控制面板

Illustrator CS3 的控制面板位于工作界面的右侧，它包括许多实用、快捷的工具和命令。随着 Illustrator CS3 功能的不断增强，控制面板也相应地不断改进使之更加合理，为用户绘制和编辑图像带来了更大的方便。控制面板以组的形式出现，图 1-31 所示为其中的一组控制面板。

用鼠标指针选中并按住"色板"控制面板的标题不放，如图 1-32 所示，向页面中拖曳，如图 1-33 所示。拖曳到控制面板组外时，释放鼠标左键，将形成独立的控制面板，如图 1-34 所示。

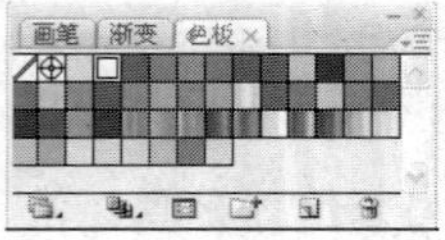

图 1-31 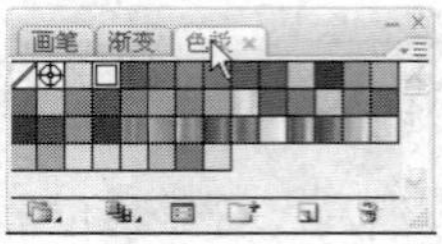   图 1-32 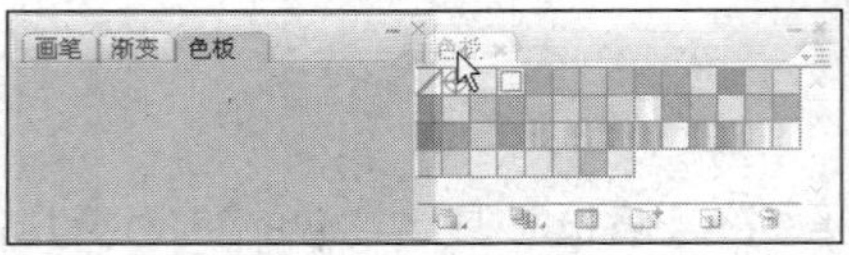   图 1-33

用鼠标单击控制面板右上角的最小化按钮 ▬ 和最大化按钮 ▭ 来缩小或放大控制面板，效果如图 1-35 所示。控制面板右下角的图标 ◢ 用于放大或缩小控制面板，可以用鼠标单击图标 ◢ ，并按住鼠标左键不放，拖曳放大或缩小控制面板。

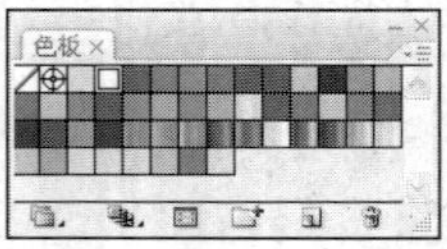

图 1-34 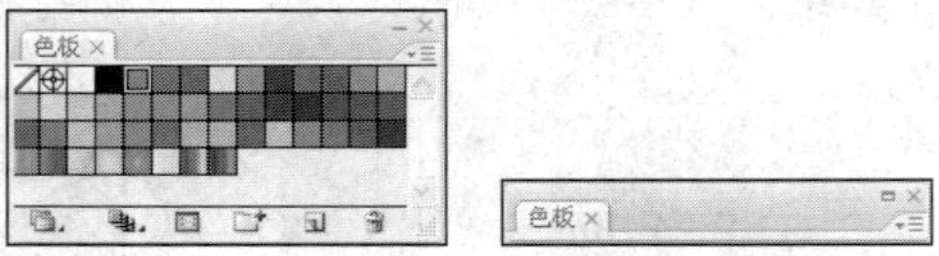   图 1-35

绘制图形图像时，经常需要选择不同的选项和数值，可以通过控制面板来直接操作。通过选择"窗口"菜单中的各个命令可以显示或隐藏控制面板。这样可省去反复选择命令或关闭窗口的麻烦。控制面板为设置数值和修改命令提供了一个方便快捷的平台，使软件的交互性更强。

6. 状态栏

状态栏在工作界面的最下面，包括 3 个部分。左边的百分比表示的是当前文档的显示比例。中间的弹出式菜单可显示当前使用的工具，当前的日期、时间，文件操作的还原次数以及文档配置文件。右边是滚动条，当绘制的图像过大不能完全显示时，可以通过拖曳滚动条浏览整个图像，如图 1-36 所示。

图 1-36

1.2 文件设置

1.2.1 【操作目的】

通过打开效果熟练掌握打开命令，通过复制文件熟练掌握新建命令，通过关闭新建文件掌握保存和关闭命令。

1.2.2 【操作步骤】

步骤 1 打开 Illustrator 软件，选择"文件 > 打开"命令，弹出"打开"对话框，如图 1-37 所示。选择光盘中的"Ch01 > 素材 > 制作请柬"文件，单击"打开"按钮，打开文件，如图 1-38 所示。

图 1-37

图 1-38

步骤 2 按 Ctrl+A 组合键，全选图形，如图 1-39 所示。按 Ctrl+C 组合键，复制图形。选择"文件 > 新建"命令，弹出"新建文档"对话框，选项的设置如图 1-40 所示，单击"确定"按钮，新建一个页面。

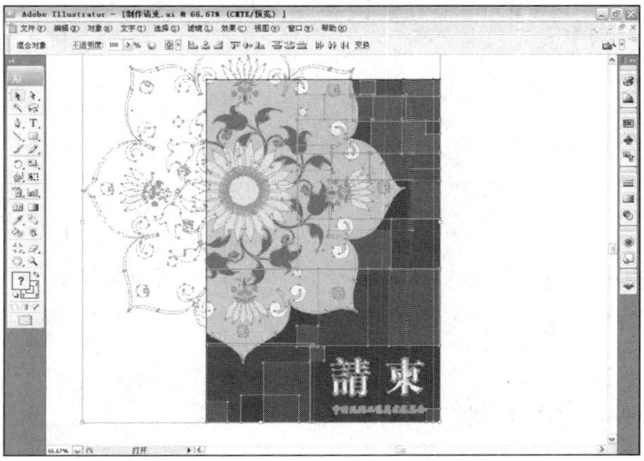

图 1-39

图 1-40

步骤 3 按 Ctrl+V 组合键，粘贴图形到新建的页面中，并拖曳到适当的位置，如图 1-41 所示。单击绘图窗口右上角的按钮 ×，弹出提示对话框，如图 1-42 所示。单击"是"按钮，弹出

"存储为"对话框，选项的设置如图 1-43 所示。单击"保存"按钮，弹出"Illustrator 选项"对话框，选项的设置如图 1-44 所示，单击"确定"按钮，保存文件。

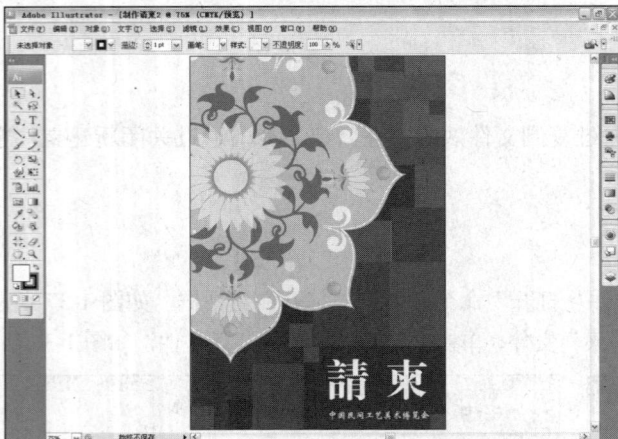

图 1-41

图 1-42

图 1-43

图 1-44

步骤 4 再次单击绘图窗口右上角的按钮×，关闭打开的"制作请柬"文件。单击标题栏右侧的"关闭"按钮×，可关闭软件。

1.2.3 【相关工具】

1. 新建文件

选择"文件 > 新建"命令（组合键为 Ctrl+N），弹出"新建文档"对话框，如图 1-45 所示。设置相应的选项后，单击"确定"按钮，即可建立一个新的文档。

"名称"选项：可以在选项中输入新建文件的名称，默认状态下为"未标题-1"。

"大小"选项：可以在下拉列表中选择系统预先设置的文件尺寸，也可以在右边的"宽度"和"高度"选项中自定义文件尺寸。

图 1-45

"单位"选项：设置文件所采用的单位，默认状态下为"毫米"。

"宽度"和"高度"选项：用于设置文件的宽度和高度的数值。

"取向"选项：用于设置新建页面竖向或横向排列。

"颜色模式"选项：用于设置新建文件的颜色模式。

2. 打开文件

选择"文件 > 打开"命令（组合键为 Ctrl+O），弹出"打开"对话框，如图 1-46 所示。在"查找范围"选项框中选择要打开的文件，单击"打开"按钮，即可打开选择的文件。

3. 保存文件

当用户第一次保存文件时，选择"文件 > 存储"命令（组合键为 Ctrl+S），弹出"存储为"对话框，如图 1-47 所示，在对话框中输入要保存文件的名称，设置保存文件的路径、类型。设置完成后，单击"保存"按钮，即可保存文件。

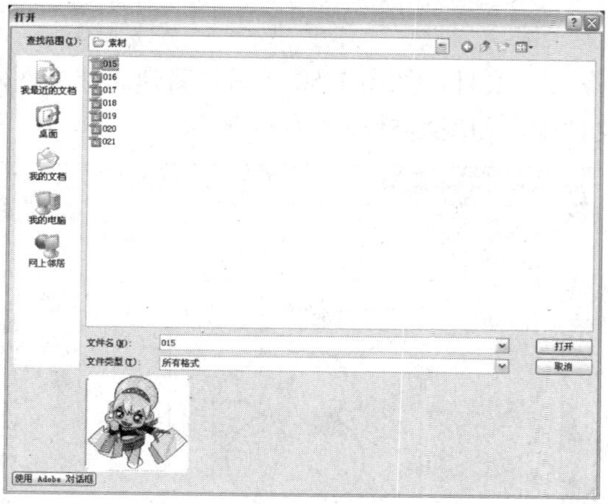

图 1-46 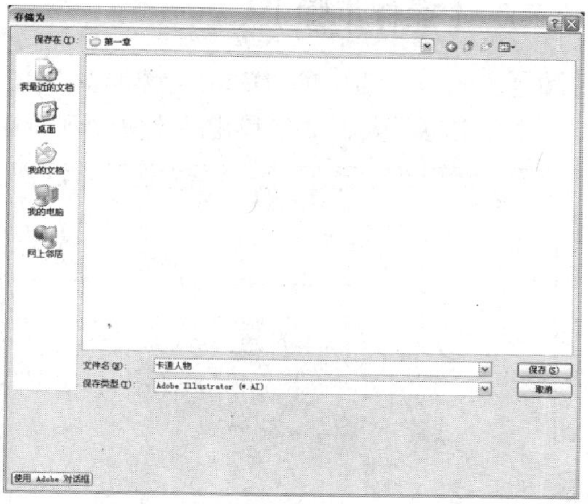　　　　　　　　　　　　　　图 1-47

当用户对图形文件进行了各种编辑操作并保存后，再选择"存储"命令时，将不弹出"存储为"对话框，计算机直接保留最终确认的结果，并覆盖原文件。因此，在未确定要放弃原始文件之前，应慎用此命令。

若既要保留修改过的文件，又不想放弃原文件，则可以用"存储为"命令。选择"文件 > 存储为"命令（组合键为 Shift +Ctrl+S），弹出"存储为"对话框，在这个对话框中，可以为修改过的文件重新命名，并设置文件的路径和类型。设置完成后，单击"保存"按钮，原文件依旧保留不变，修改过的文件被另存为一个新的文件。

4. 关闭文件

选择"文件 > 关闭"命令（组合键为 Ctrl+W），如图 1-48 所示，可将当前文件关闭。"关闭"命令只有当有文件被打开时才呈现为可用状态。

也可单击绘图窗口右上角的按钮 × 来关闭文件，若当前文件被修改过或是新建的文件，那么在关闭文件的时候系统就会弹出一个提示框，如图 1-49 所示。单击"是"按钮可先保存文件再关闭文件，单击"否"按钮即不保存文件的更改而直接关闭文件，单击"取消"按钮即取消关闭文件操作。

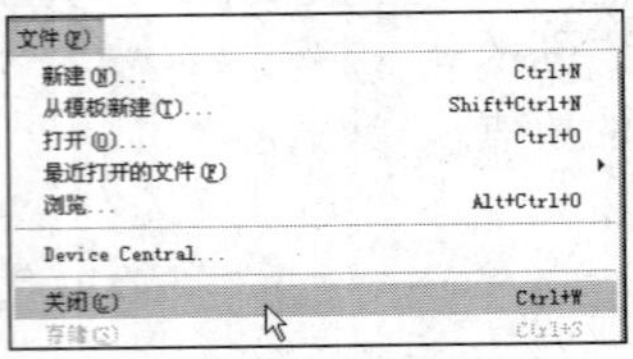

图 1-48

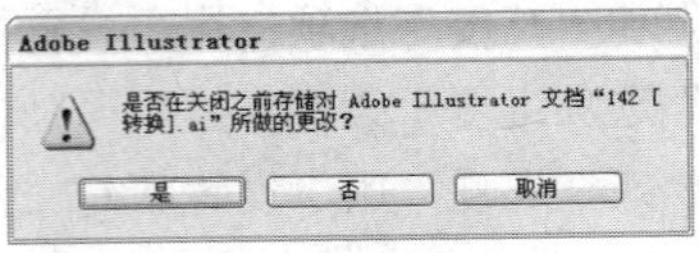

图 1-49

1.3 图像操作

1.3.1 【操作目的】

通过将窗口层叠显示命令掌握窗口排列的方法，通过缩小文件掌握图像的显示方式，通过在轮廓中删除不需要的图形掌握图像视图模式的切换方法。

1.3.2 【操作步骤】

步骤 1 打开光盘中的"Ch01 > 素材 > 制作新年贺卡"文件，如图 1-50 所示。新建 3 个文件，并分别将雪人、文字和礼品盒复制到新建的文件中，如图 1-51～图 1-53 所示。

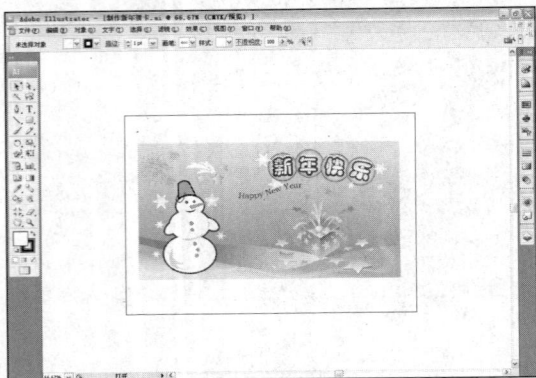

图 1-50

图 1-51

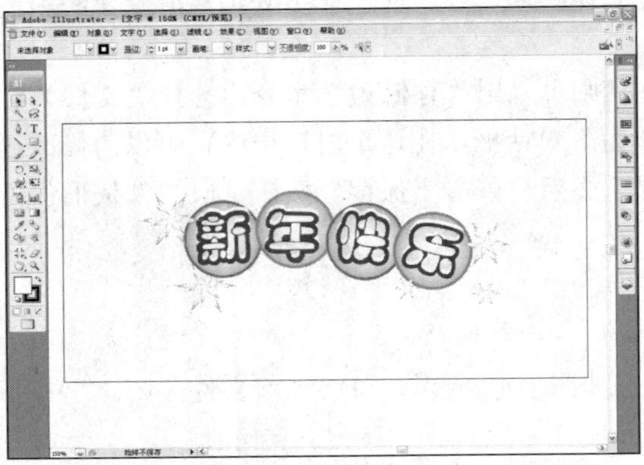

图 1-52

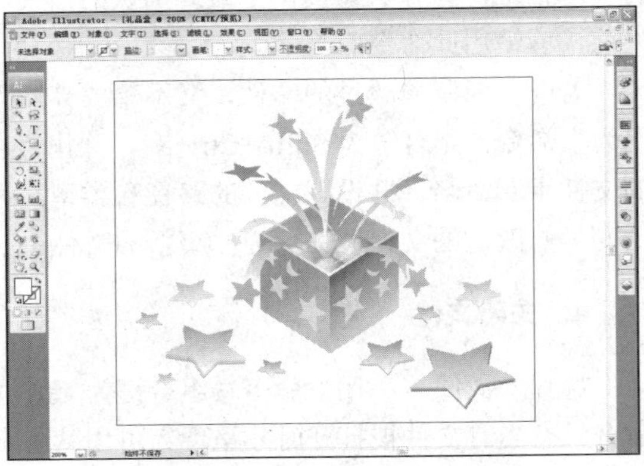

图 1-53

步骤 2 选择"窗口 > 层叠"命令，可将 4 个窗口在软件中层叠显示，如图 1-54 所示。单击"制作新年贺卡"窗口的标题栏，将窗口显示在前面，如图 1-55 所示。

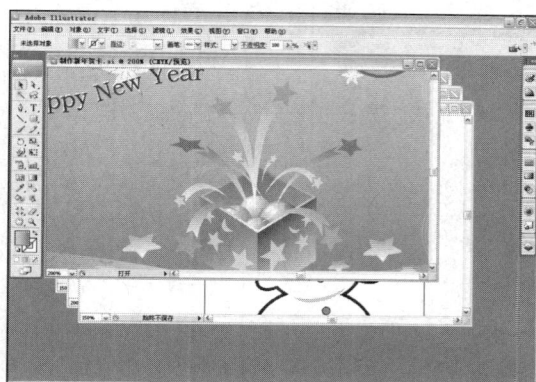

图 1-54　　　　　　　　　　　　　　　　　图 1-55

步骤 3　选择"缩放"工具 🔍，按住 Alt 键的同时，在绘图页面中单击，使页面缩小，如图 1-56 所示。按住 Alt 键不放，多次单击直到页面的大小适当，如图 1-57 所示。

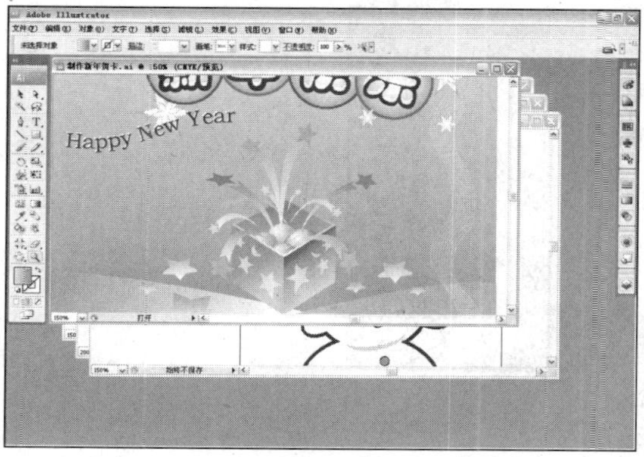

图 1-56 　　　　　　　　　　　　　　　　　图 1-57

步骤 4　单击"雪人"窗口的标题栏，将窗口显示在前面，如图 1-58 所示。双击"抓手"工具 ✋，将图像调整为适合窗口大小的显示，如图 1-59 所示。

图 1-58 　　　　　　　　　　　　　　　　　图 1-59

步骤 5　选择"视图 > 轮廓"命令，绘图页面显示图形的轮廓，如图 1-60 所示。选取图形的轮廓，取消编组并删除不需要的图形轮廓，如图 1-61 所示。

步骤 6　选择"视图 > 预览"命令，绘图页面显示预览效果，如图 1-62 所示。将复制的效果分别保存到需要的文件夹中。

图 1-60   图 1-61

图 1-62

1.3.3 【相关工具】

1. 图像的视图模式

Illustrator CS3 包括 4 种视图模式，即"预览"、"轮廓"、"叠印预览"和"像素预览"，绘制图像的时候，可根据不同的需要选择不同的视图模式。

"预览"模式是系统默认的模式，图像显示效果如图 1-63 所示。

"轮廓"模式隐藏了图像的颜色信息，用线框轮廓来表现图像。这样在绘制图像时有很高的灵活性，可以根据需要，单独查看轮廓线，大大地节省了图像运算的速度，提高了工作效率。"轮廓"模式的图像显示效果如图 1-64 所示。如果当前图像为其他模式，选择"视图 > 轮廓"命令（组合键为 Ctrl+Y），将切换到"轮廓"模式，再选择"视图 > 预览"命令（组合键为 Ctrl+Y），将切换到"预览"模式。

"叠印预览"可以显示接近油墨混合的效果，如图 1-65 所示。如果当前图像为其他模式，选择"视图 > 叠印预览"命令（组合键为 Alt +Shift+Ctrl+Y），将切换到"叠印预览"模式。

"像素预览"可以将绘制的矢量图像转换为位图显示。这样可以有效控制图像的精确度和尺寸等。转换后的图像在放大时会看见排列在一起的像素点，如图 1-66 所示。如果当前图像为其他模式，选择"视图 > 像素预览"命令（组合键为 Alt +Ctrl+Y），将切换到"像素预览"模式。

图 1-63   图 1-64   图 1-65   图 1-66

2. 图像的显示方式

◎ **适合窗口大小显示图像**

绘制图像时，可以选择"适合窗口大小"命令来显示图像，这时图像就会最大限度地显示在工作界面中并保持其完整性。

选择"视图 > 适合窗口大小"命令（组合键为 Ctrl+0），图像显示的效果如图 1-67 所示。也可以用鼠标双击手形工具，将图像调整为适合窗口大小的显示。

◎ **显示图像的实际大小**

选择"实际大小"命令可以将图像按 100%的效果显示，在此状态下可以对文件进行精确的编辑。

选择"视图 > 实际大小"命令（组合键为 Ctrl+1），图像显示的效果如图 1-68 所示。

   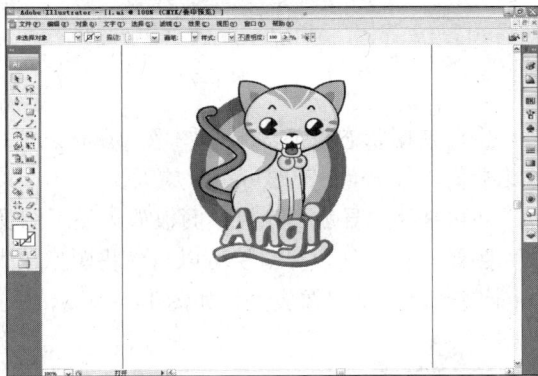

图 1-67   图 1-68

◎ **放大显示图像**

选择"视图 > 放大"命令（组合键为 Ctrl++），每选择一次"放大"命令，页面内的图像就会被放大一级。例如，图像以 100%的比例显示在屏幕上，选择"放大"命令一次，则变成 150%，再选择一次，即变成 200%，放大的效果如图 1-69 所示。

也可使用缩放工具放大显示图像。选择"缩放"工具，在页面中鼠标指针会自动变为放大镜，每单击一次鼠标左键，图像就会放大一级。例如，图像以 100%的比例显示在屏幕上，单击鼠标一次，则变成 150%，放大的效果如图 1-70 所示。

若对图像的局部区域放大，先选择"缩放"工具，然后把"缩放"工具定位在要放大的区域外，按住鼠标左键并拖曳鼠标，使鼠标画出的矩形框圈选所需的区域，如图 1-71 所示，然后释放鼠标左键，这个区域就会放大显示并填满图像窗口，如图 1-72 所示。

> **提 示** 如果当前在使用其他工具，若要切换到缩放工具，按住 Ctrl+Spacebar（空格）组合键即可。

中等职业教育数字艺术类规划教材

图 1-69

图 1-70

图 1-71

图 1-72

也可使用状态栏放大显示图像。在状态栏中的百分比数值框 50% 中直接输入需要放大的百分比数值，按 Enter 键即可执行放大操作。

还可使用"导航器"控制面板放大显示图像。单击面板右下角较大的三角图标 △，可逐级地放大图像。拖拉三角形滑块可以自由将图像放大。在左下角百分比数值框中直接输入数值后，按 Enter 键也可以将图像放大，如图 1-73 所示。

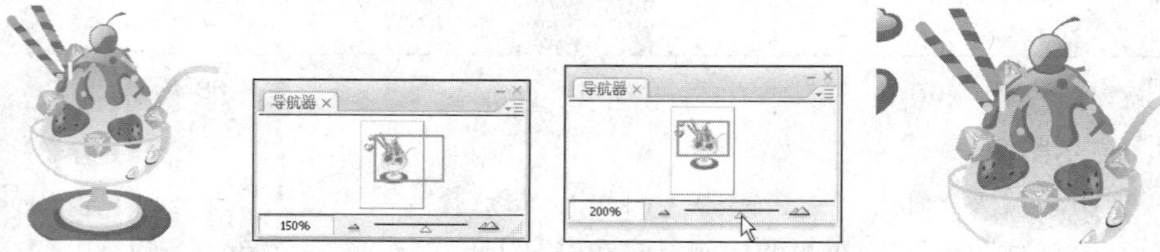

图 1-73

提 示 放大图像后，选择"抓手"工具 ，当图像中鼠标指针变为手形，按住鼠标左键在放大的图像中拖曳鼠标，可以观察图像的每个部分。如果正在使用其他的工具进行操作，按住 Space（空格）键，可以转换为手形工具。

◎ 缩小显示图像

选择"视图 > 缩小"命令，每选择一次"缩小"命令，页面内的图像就会被缩小一级（也可连续按 Ctrl+-组合键），效果如图 1-74 所示。

也可使用缩小工具缩小显示图像。选择"缩放"工具 ，在页面中鼠标指针会自动变为放大镜图标 ，按住 Alt 键，则屏幕上的图标变为缩小工具图标 。按住 Alt 键不放，用鼠标单击图像一次，图像就会缩小显示一级。

图 1-74

提　示　在使用其他工具时，若切换到缩小工具，按住 **Alt+Ctrl+Spacebar**（空格）组合键即可。

也可使用状态栏命令缩小显示图像。在状态栏中的百分比数值框 50% 中直接输入需要缩小的百分比数值，按 Enter 键即可执行缩小操作。

还可使用"导航器"控制面板缩小显示图像。单击面板左下角较小的三角图标，可逐级地缩小图像，拖拉三角形滑块可以任意将图像缩小。在左下角百分比数值框中直接输入数值后，按 Enter 键也可以将图像缩小。

◎ **全屏显示图像**

全屏显示图像，可以更好地观察图像的完整效果。全屏显示图像有以下几种方法。

单击工具箱下方的屏幕模式转换按钮，可以在 4 种模式之间相互转换，即最大屏幕模式、标准屏幕模式、带有菜单栏的全屏模式和全屏模式。反复按 F 键，也可切换不同的屏幕显示模式。

最大屏幕模式：如图 1-75 所示，这种屏幕显示模式包括标题栏、菜单栏、工具箱、工具属性栏、控制面板和状态栏。

标准屏幕模式：如图 1-76 所示，这种屏幕显示模式包括标题栏、菜单栏、工具箱、工具属性栏、控制面板、状态栏和打开文件的标题栏。

带有菜单栏的全屏模式：如图 1-77 所示，这种屏幕显示模式包括菜单栏、工具箱、工具属性栏和控制面板。

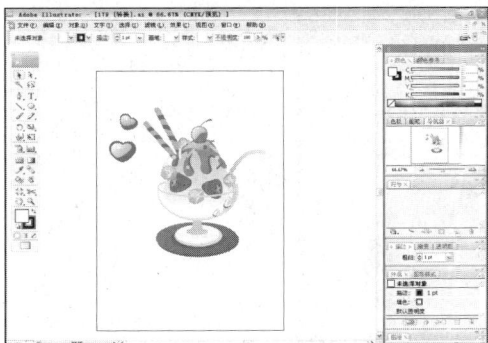

图 1-75

图 1-76

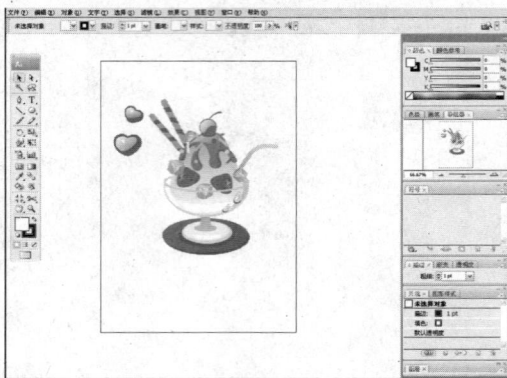

图 1-77

全屏模式：如图 1-78 所示，这种屏幕显示模式只包括工具箱、工具属性栏和控制面板。按 Tab 键，可以关闭其他的控制面板，效果如图 1-79 所示。

图 1-78

图 1-79

3. 窗口的排列方法

当用户打开多个文件时，屏幕会出现多个图像文件窗口，这就需要对窗口进行布置和摆放。下面将介绍对窗口进行布置和摆放。

打开多个图像文件后，按 Tab 键，关闭界面中的工具箱和控制面板，将鼠标指针放在图像窗口的标题栏上，拖曳图像窗口到屏幕的任意位置，如图 1-80 所示。选择"窗口 > 层叠"或"窗口 > 平铺"命令，图像的效果如图 1-81 和图 1-82 所示。

图 1-80

图 1-81    图 1-82

4. 标尺、参考线和网格的设置和使用

Illustrator CS3 提供了标尺、参考线和网格等工具，利用这些工具可以帮助用户对所绘制和编辑的图形图像精确地定位，还可测量图形图像的准确尺寸。

◎ 标尺

选择"视图 > 显示标尺"命令（组合键为 Ctrl+R），显示出标尺，效果如图 1-83 所示。如果要将标尺隐藏，可以选择"视图 > 隐藏标尺"命令（组合键为 Ctrl+R），将标尺隐藏。

如果需要设置标尺的显示单位，选择"编辑 > 首选项 > 单位和显示性能"命令，弹出"首选项"对话框，如图 1-84 所示，可以在"常规"选项的下拉列表中设置标尺的显示单位。

图 1-83 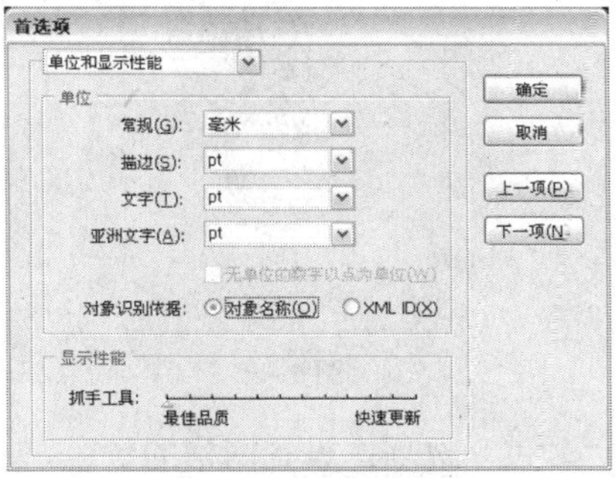   图 1-84

如果仅需要对当前文件设置标尺的显示单位，选择"文件 > 文档设置"命令，弹出"文档设置"对话框，如图 1-85 所示，可以在"单位"选项的下拉列表中设置标尺的显示单位。这种方法设置的标尺单位对以后新建立的文件标尺单位不起作用。

在系统默认的状态下，标尺的坐标原点在工作页面的左下角，如果想要更改坐标原点的位置，单击水平标尺与垂直标尺的交点并拖曳到页面中，释放鼠标，即可将坐标原点设置在此处。如果想要恢复标尺原点的默认位置，双击水平标尺与垂直标尺的交点即可。

◎ 参考线

如果想要添加参考线，可以用鼠标在水平或垂直标

图 1-85

尺上向页面中拖曳参考线，还可根据需要将图形或路径转换为参考线。选中要转换的路径，如图 1-86 所示，选择"视图 > 参考线 > 建立参考线"命令，将选中的路径转换为参考线，如图 1-87 所示。选择"视图 > 参考线 > 释放参考线"命令，可以将选中的参考线转换为路径。

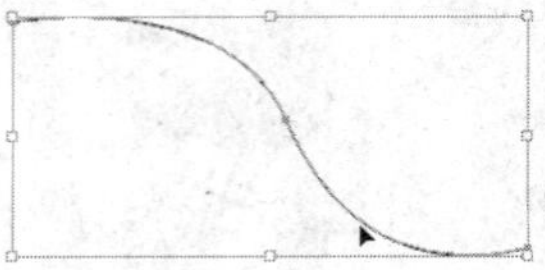

图 1-86    图 1-87

选择"视图 > 参考线 > 锁定参考线"命令，可以将参考线进行锁定。选择"视图 > 参考线 > 隐藏参考线"命令，可以将参考线隐藏。选择"视图 > 参考线 > 清除参考线"命令，可以清除参考线。

选择"视图 > 智能参考线"命令，可以显示智能参考线。当图形移动或旋转到一定角度时，智能参考线就会高亮显示并给出提示信息。

◎ 网格

选择"视图 > 显示网格"命令，显示出网格，如图 1-88 所示。选择"视图 > 隐藏网格"命令，将网格隐藏。如果需要设置网格的颜色、样式、间隔等属性，选择"编辑 > 首选项 > 参考线和网格"命令，弹出"首选项"对话框，如图 1-89 所示。

图 1-88 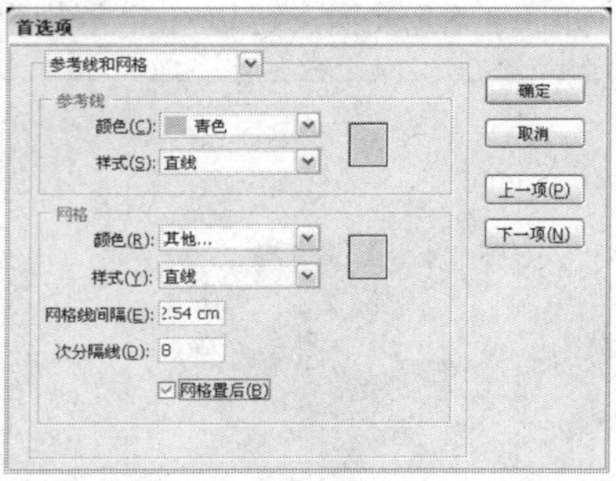   图 1-89

"颜色"选项：设置网格的颜色。

"样式"选项：设置网格的样式，包括线和点。

"网格线间隔"选项：设置网格线的间距。

"次分隔线"选项：用于细分网格线的多少。

"网格置后"选项：设置网格线显示在图形的上方或下方。

第2章 实物的绘制

绘制效果逼真并经过艺术化处理的实物可以应用到书籍设计、杂志设计、海报设计、宣传单设计、广告设计、包装设计、网页设计等多个设计领域。本章以多个实物对象为例，讲解实物的绘制方法和制作技巧。

课堂学习目标

- 掌握实物的绘制思路和过程
- 掌握实物的绘制方法和技巧

2.1 绘制娃娃脸图标

2.1.1 【案例分析】

本例是为一个商业活动绘制的消费者表情图标，要求绘制的图标要生动有趣、色彩丰富、充满活力、与众不同，要能够体现出可爱生动的表情。

2.1.2 【设计理念】

通过对眼睛、脸和手的夸张的表现，展现出生动有趣的设计，使人容易记忆。通过对不同粉色调的应用，使整个设计可爱活泼、更有美感。（最终效果参看光盘中的"Ch02 > 效果 > 绘制娃娃脸图标"，如图 2-1 所示。）

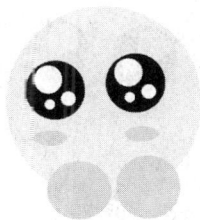

图 2-1

2.1.3 【操作步骤】

步骤 1 按 Ctrl+N 组合键，新建一个文档：宽度为 210mm，高度为 285mm，取向为竖向，颜色模式为 CMYK。

步骤 2 选择"椭圆"工具 ，按住 Shift 键的同时，在页面中拖曳鼠标绘制一个圆形，如图 2-2

所示。在工具箱的下方双击"填色"工具□，在弹出的对话框中，设置填充色的 C、M、Y、K 值分别为 2、18、0、0，单击"确定"按钮，填充图形。在工具箱下方单击"描边"工具▣，单击下方的"无"按钮✐，取消描边，如图 2-3 所示。

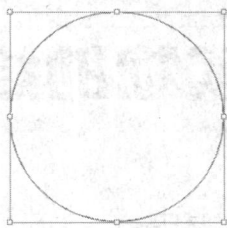

图 2-2 　　　　　　　　　　　　　　图 2-3

步骤 3 选择"椭圆"工具◯，按住 Shift 键的同时，绘制一个圆形，设置填充色为黑色，效果如图 2-4 所示。

步骤 4 选择"椭圆"工具◯，按住 Shift 键的同时，绘制一个圆形，填充图形为白色，效果如图 2-5 所示。用相同的方法再绘制两个圆形并分别填充圆形为白色，效果如图 2-6 所示。用相同的方法在右侧再绘制需要的圆形，如图 2-7 所示。

图 2-4 　　　　　　图 2-5 　　　　　　图 2-6 　　　　　　图 2-7

步骤 5 选择"椭圆"工具◯，在页面上拖曳鼠标，绘制一个椭圆形，在工具箱的下方设置填充色的 C、M、Y、K 值分别为 3、40、0、0，填充图形，效果如图 2-8 所示。用相同的方法绘制右侧的椭圆形，如图 2-9 所示。用相同的方法绘制下方的两个圆形，娃娃脸图标绘制完成，效果如图 2-10 所示。

图 2-8 　　　　　　图 2-9 　　　　　　图 2-10

2.1.4 【相关工具】

1. 绘制椭圆形和圆形

选择"椭圆"工具◯，在页面中需要的位置单击并按住鼠标左键不放，拖曳鼠标到需要的位置，释放鼠标左键，绘制出一个椭圆形，如图 2-11 所示。

选择"椭圆"工具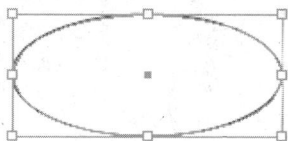，按住 Shift 键，在页面中需要的位置单击并按住鼠标左键不放，拖曳鼠标到需要的位置，释放鼠标左键，绘制出一个圆形，效果如图 2-12 所示。

图 2-11 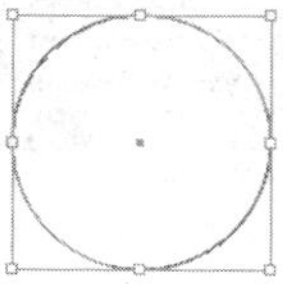　　　　　　　　　　　　　　　　图 2-12

选择"椭圆"工具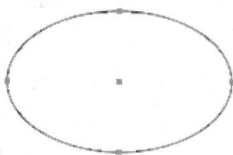，在页面中需要的位置单击，弹出"椭圆"对话框，如图 2-13 所示。在对话框中，"宽度"选项可以设置椭圆形的宽度，"高度"选项可以设置椭圆形的高度。设置完成后，单击"确定"按钮，可得到如图 2-14 所示的精确椭圆形。用相同的方法可以绘制精确圆形。

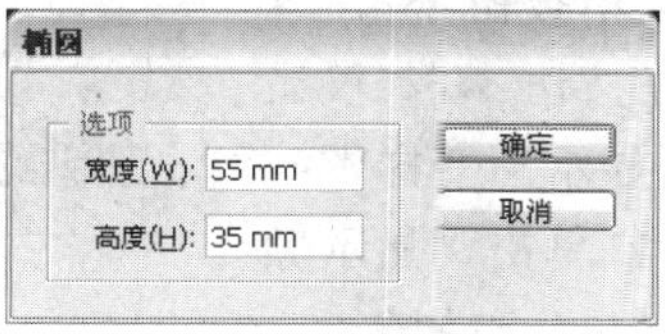

图 2-13　　　　　　　　　　　　　　　　图 2-14

2. 颜色填充

Illustrator CS3 中用于颜色填充的工具包括工具箱下方的"填色"和"描边"工具、、"颜色"控制面板和"色板"控制面板。下面具体介绍 3 种填充工具的使用方法。

◎ 填充工具

应用工具箱中的"填色"和"描边"工具，可以指定所选对象的填充颜色和描边颜色。当单击按钮（快捷键为 X）时，可以切换填色显示框和描边显示框的位置。按 Shift + X 组合键时，可使选定对象的颜色在填充和描边填充之间切换。

在"填色"和"描边"工具下面有 3 个按钮，它们分别是填充"颜色"按钮、"渐变"按钮和"无"按钮。

◎ "颜色"控制面板

Illustrator 也可以通过"颜色"控制面板设置对象的填充颜色。单击"颜色"控制面板右上方的图标，在弹出式菜单中选择当前取色时使用的颜色模式。无论选择哪一种颜色模式，控制面板中都将显示出相关的颜色内容，如图 2-15 所示。

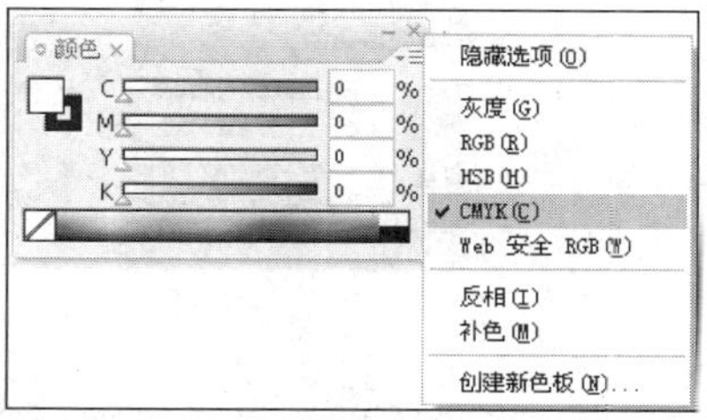

选择"窗口 > 颜色"命令，弹出"颜色"控制面板。"颜色"控制面板上的按钮用于进行填充颜色和描边颜色之间的互相切换，操作方法与工具箱中按钮的使用方法相同。

将光标移动到取色区域，光标变为吸管形状，单击就

图 2-15

可以选取颜色。拖动各个颜色滑块或在各个数值框中输入有效的数值，可以调配出更精确的颜色，如图 2-16 所示。

更改或设定对象的描边颜色时，单击选取已有的对象，在"颜色"控制面板中切换到描边颜色，选取或调配出新颜色，这时新选的颜色被应用到当前选定对象的描边中，如图 2-17 所示。

图 2-16

图 2-17

◎ "色板"控制面板

选择"窗口＞色板"命令，弹出"色板"控制面板，在"色板"控制面板中单击需要的颜色或样本，可以将其选中，如图 2-18 所示。

"色板"控制面板提供了多种颜色和图案，并且允许添加并存储自定义的颜色和图案。单击"显示色板类型"菜单按钮 📋.，可以使所有的样本显示出来；单击"显示颜色色板"按钮 🔲.，仅显示颜色色板本；单击"显示渐变色板"按钮 🔲.，仅显示渐变样本；单击"显示图案色板"按钮 🔳.，仅显示图案样本；单击"显示颜色组"按钮 🔳.，仅显示颜色组；单击"新建颜色组 "按钮 📁.，

图 2-18

可以新建颜色组；单击"色板选项"按钮 🔲，可以打开"色板"选项对话框；"新建色板"按钮 🔲 用于定义和新建一个新的样本；单击"删除色板"按钮 🗑 可以将选定的样本从"色板"控制面板中删除。

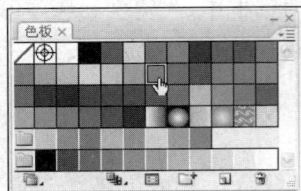

选择"窗口＞色板库"命令，可以调出更多的色板库。引入外部色板库，增选的多个色板库都将显示在同一个"色板"控制面板中。

在"色板"控制面板左上角的方块标有斜红杠☑，表示无颜色填充。双击"色板"控制面板中的颜色缩略图■的时候会弹出"色板选项"对话框，可以设置其颜色属性，如图 2-19 所示。

单击"色板"控制面板右上方的按钮▾≡，将弹出下拉菜单，选择菜单中的"新建色板"命令，可以将选中的某一颜色或样本添加到"色板"控制面板中；单击"新建色板"按钮 🔲，也可以添加新的颜色或样本到"色板"控制面板中，如图 2-20 所示。

图 2-19

图 2-20

Illustrator CS3 除了"色板"控制面板中默认的样本外，在其"色板库"中还提供了多种色板。选择"窗口＞色板库"命令，可以看到，在其子菜单中包括了不同的样本可供选择使用。

2.1.5 【实战演练】绘制圆脸图标

使用椭圆工具绘制圆脸、眼睛和嘴图形。使用填充工具填充图形。（最终效果参看光盘中的"Ch02＞效果＞绘制圆脸图标"，如图 2-21 所示。）

图 2-21

2.2　绘制草莓图案

2.2.1　【案例分析】

草莓外观呈心形，常被人们誉为果中皇后，有时也被看作是勇气的象征。本例是为某儿童杂志设计的水果卡通图标，要求通过拟人的手法，体现出草莓时尚现代、勇于表达的精神。

2.2.2　【设计理念】

通过心形的外观体现出草莓的形态。使用眼镜和花裤体现草莓图案的时尚感和现代感。通过对拟人的嘴、手和脚的刻画，展示出草莓可爱勇敢、勇于表达的精神。整体设计主题显明、立意新颖，容易抓住读者的视线。（最终效果参看光盘中的"Ch02 > 效果 > 绘制草莓图案"，如图 2-22 所示。）

图 2-22

2.2.3　【操作步骤】

1. 绘制草莓图形

步骤 1　按 Ctrl+N 组合键，弹出"新建文档"对话框，选项的设置如图 2-23 所示，单击"确定"按钮，新建一个文档。

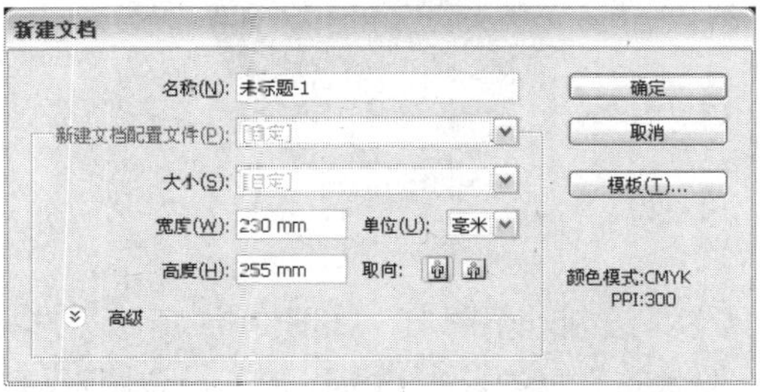

图 2-23

步骤 2　选择"钢笔"工具 ，在页面中单击确定起始锚点，如图 2-24 所示。将鼠标向上移动到适当的位置，再次单击并拖曳鼠标，绘制第 2 个曲线锚点，两个锚点之间自动以曲线进行连接，效果如图 2-25 所示。在需要的位置再次单击并拖曳鼠标，创建第 3 个和第 4 个锚点，效果如图 2-26 所示。将光标置于第一个锚点上，当光标变为 🖋️ 形状时，单击并拖曳鼠标，绘制完成，如图 2-27 所示。

图 2-24   图 2-25   图 2-26   图 2-27

步骤 3 在工具箱下方设置图形填充色的 C、M、Y、K 值分别为 32、93、58、0，填充图形，并设置图形描边色为无，效果如图 2-28 所示。

步骤 4 用相同的方法再绘制一个图形，如图 2-29 所示。设置图形填充色的 C、M、Y、K 值分别为 15、51、54、0，填充图形，并设置描边色为无，效果如图 2-30 所示。

步骤 5 用相同的方法再绘制一个图形，并设置图形填充色的 C、M、Y、K 值分别为 19、100、86、0，填充图形，并设置描边色为无，效果如图 2-31 所示。

图 2-28   图 2-29   图 2-30   图 2-31

步骤 6 选择"椭圆"工具 ⬭，绘制一个椭圆形，如图 2-32 所示。设置图形填充色的 C、M、Y、K 值分别为 11、12、66、0，填充图形，并设置图形描边色为无，效果如图 2-33 所示。用相同的方法再绘制 3 个椭圆形，并填充相同的颜色，效果如图 2-34 所示。

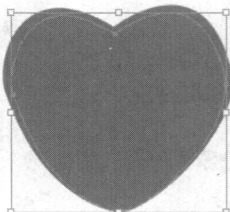

图 2-32   图 2-33   图 2-34

步骤 7 选择"钢笔"工具 🖋️，绘制一个图形，如图 2-35 所示。选择"选择"工具 ▶，在空白处单击，取消图形的选取状态。再次单击选取图形，设置图形填充色的 C、M、Y、K 值分别为 66、24、84、4，填充图形。设置描边色的 C、M、Y、K 值分别为 61、0、97、42，填充描边。在属性栏中的"描边粗细"文本框中输入 2，效果如图 2-36 所示。按 Ctrl+Shift+[组合键，将其置于底层，效果如图 2-37 所示。

图 2-35    图 2-36    图 2-37

提 示 若不对绘制的图形进行重新选取，那么在属性栏中将显示钢笔工具的属性，而不能对图形的描边粗细进行编辑。

2. 绘制眼部和嘴图形

步骤 1 选择"钢笔"工具 ，绘制一个图形，如图 2-38 所示。设置图形填充色的 C、M、Y、K 值分别为 51、95、76、24，填充图形，并设置图形描边色为无，效果如图 2-39 所示。

图 2-38    图 2-39

步骤 2 选择"钢笔"工具 ，绘制一个图形，如图 2-40 所示。对图形进行重新选取后，设置图形填充色的 C、M、Y、K 值分别为 65、25、87、0，填充图形。设置描边色的 C、M、Y、K 值分别为 43、0、100、0，填充描边。在属性栏中的"描边粗细"文本框中输入 1，效果如图 2-41 所示。

图 2-40 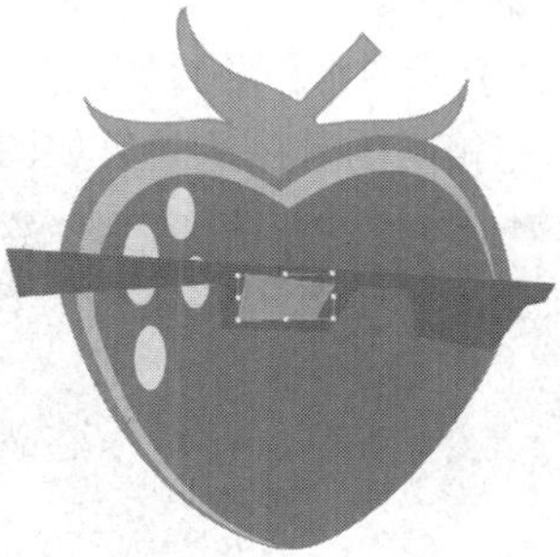   图 2-41

步骤 3 选择"钢笔"工具 ，再绘制一个图形，如图 2-42 所示。选择"吸管"工具 ，在左侧的图形上单击，如图 2-43 所示，复制左侧图形的属性，效果如图 2-44 所示。

图 2-42　　　　　　　　图 2-43　　　　　　　　图 2-44

步骤 4 选择"钢笔"工具 🖊，再绘制一个图形，如图 2-45 所示。设置图形填充色的 C、M、Y、K 值分别为 49、100、100、27，填充图形，并设置图形的描边色为无，效果如图 2-46 所示。

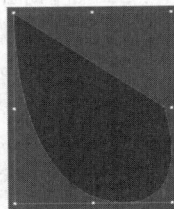

图 2-45　　　　　　　　　　　　　　　　　　图 2-46

步骤 5 选择"钢笔"工具 🖊，绘制舌头图形，如图 2-47 所示。设置图形填充色的 C、M、Y、K 值分别为 0、86、98、0，填充图形，并设置图形的描边色为无，效果如图 2-48 所示。

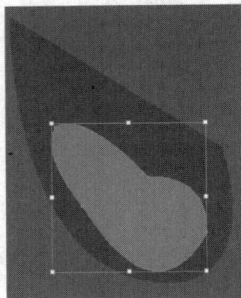

图 2-47　　　　　　　　　　　　　　图 2-48

步骤 6 选择"钢笔"工具 🖊，再绘制一个图形。设置图形填充色的 C、M、Y、K 值分别为 45、94、84、11，填充图形，并设置图形的描边色为无，如图 2-49 所示。用相同的方法再绘制一个图形并填充相同的颜色，效果如图 2-50 所示。

图 2-49　　　　　　　　　　　　　　图 2-50

3. 绘制手部图形

步骤 1　选择"钢笔"工具，绘制一条曲线，如图 2-51 所示。对图形进行重新选取后，设置填充色为无，设置描边色的 C、M、Y、K 值分别为 29、93、90、9，填充描边。在属性栏中的"描边粗细"文本框中输入 10，效果如图 2-52 所示。

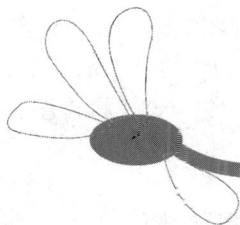

图 2-51　　　　　　　　　　　　　　　　图 2-52

步骤 2　选择"椭圆"工具，绘制一个椭圆形，设置图形填充色的 C、M、Y、K 值分别为 27、98、87、0，填充图形，并设置图形的描边色为无，如图 2-53 所示。选择"钢笔"工具，分别绘制图形，如图 2-54 所示。

图 2-53　　　　　　　　　　　　　　　　图 2-54

步骤 3　选择"选择"工具，按住 Shift 键的同时，单击所需要的图形，将其同时选取，如图 2-55 所示。选择"吸管"工具，在椭圆形上单击，如图 2-56 所示，复制图形属性，效果如图 2-57 所示。

步骤 4　用相同的方法再绘制一组图形，并设置图形填充色的 C、M、Y、K 值分别为 10、48、87、0，填充图形，并设置描边色为无，效果如图 2-58 所示。

图 2-55　　　　　　图 2-56　　　　　　图 2-57　　　　　　图 2-58

步骤 5　选择"钢笔"工具，绘制一条曲线，如图 2-59 所示。重新进行选择后，设置描边色的 C、M、Y、K 值分别为 29、93、90、9，填充描边。在属性栏中的"描边粗细"文本框中输入 10，效果如图 2-60 所示。

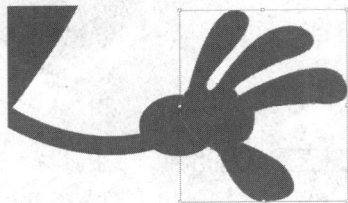

图 2-59   图 2-60

步骤 6 选择"椭圆"工具，绘制一个椭圆形，设置图形填充色的 C、M、Y、K 值分别为 27、98、87、0，填充图形，并设置图形的描边色为无，如图 2-61 所示。选择"钢笔"工具，绘制一个图形，如图 2-62 所示。填充图形和椭圆形相同颜色，并设置描边色为无，效果如图 2-63 所示。

图 2-61   图 2-62   图 2-63

步骤 7 用相同的方法再绘制一组图形，并设置图形填充色的 C、M、Y、K 值分别为 11、49、85、0，填充图形，并设置描边色为无，如图 2-64 所示。

步骤 8 选择"椭圆"工具，绘制一个椭圆图形，设置图形填充色的 C、M、Y、K 值分别为 6、24、36、0，填充图形，并设置描边色为无，效果如图 2-65 所示。再绘制一个椭圆形，设置图形填充色的 C、M、Y、K 值分别为 11、49、85、0，填充图形，并设置描边色为无，效果如图 2-66 所示。

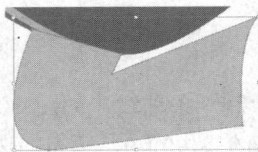

图 2-64   图 2-65   图 2-66

4. 绘制裤子和装饰图形

步骤 1 选择"钢笔"工具，绘制一个图形，如图 2-67 所示。设置图形填充色的 C、M、Y、K 值分别为 23、29、84、0，填充图形。设置描边色的 C、M、Y、K 值分别为 29、93、90、9，填充描边，效果如图 2-68 所示。按 Ctrl+Shift+[组合键，将其置于底层，效果如图 2-69 所示。

图 2-67   图 2-68   图 2-69

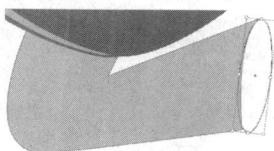

步骤 2　选择"椭圆"工具 ◯，绘制一个椭圆形，如图 2-70 所示。将光标置于椭圆选框控制手
柄的外边，拖曳鼠标将椭圆形旋转到适当的角度，效果如图 2-71 所示。

图 2-70　　　　　　　　　　　　　　　　　　　图 2-71

步骤 3　设置图形填充色的 C、M、Y、K 值分别为 39、44、80、0，填充图形，并设置图形的
描边色为无，如图 2-72 所示。按 Ctrl+Shift+[组合键，将其置于底层，效果如图 2-73 所示。

图 2-72　　　　　　　　　　　　　　　　　　　图 2-73

步骤 4　选择"钢笔"工具 ✎，绘制一个图形，如图 2-74 所示。设置图形填充色的 C、M、Y、
K 值分别为 23、29、84、0，填充图形。设置描边色的 C、M、Y、K 值分别为 29、93、90、9，
填充描边，效果如图 2-75 所示。按 Ctrl+Shift+[组合键，将其置于底层，效果如图 2-76 所示。

图 2-74　　　　　　　　　　图 2-75　　　　　　　　　　图 2-76

步骤 5　选择"椭圆"工具 ◯，按住 Shift 键的同时，在裤子图形上绘制一个圆形。设置图形的
填充色为无，设置描边色的 C、M、Y、K 值分别为 8、93、89、12，填充描边。在属性栏中
的"描边粗细"文本框中输入 3，效果如图 2-77 所示。

步骤 6　用相同的方法再绘制一个圆形，并设置填充色为白色，设置描边色的 C、M、Y、K 值
分别为 0、0、100、0，填充描边，效果如图 2-78 所示。用相同的方法绘制出多个图形，并
填充适当的描边色和描边粗细，效果如图 2-79 所示。

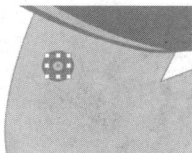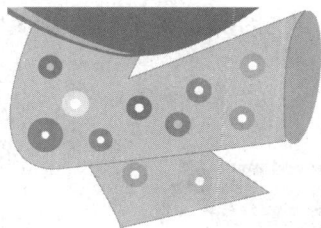

图 2-77　　　　　　　　　　图 2-78　　　　　　　　　　图 2-79

5. 绘制腿和脚图形

步骤 1　选择"钢笔"工具 ✎，分别绘制两条曲线，如图 2-80 所示。设置描边色的 C、M、Y、

K 值分别为 29、93、90、9，填充描边。重新选取图形后，在属性栏中的 "描边粗细" 文本框中输入 10，效果如图 2-81 所示。

图 2-80   图 2-81

步骤 2 选择 "椭圆" 工具 ◯，绘制一个椭圆形，如图 2-82 所示。设置图形填充色的 C、M、Y、K 值分别为 33、95、59、0，填充图形，并设置图形的描边色为无，效果如图 2-83 所示。

图 2-82   图 2-83

步骤 3 用相同的方法再绘制一个椭圆形，并设置图形填充色的 C、M、Y、K 值分别为 15、100、83、0，填充图形，效果如图 2-84 所示。用相同的方法绘制左侧的两个圆形，如图 2-85 所示。

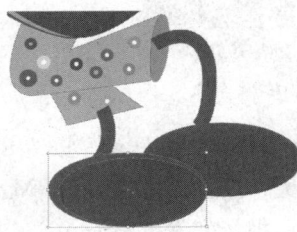

图 2-84   图 2-85

步骤 4 选择 "选择" 工具 ▶，按住 Shift 键的同时，单击左侧的曲线和两个圆形，将其同时选取，如图 2-86 所示。按 Ctrl+Shift+[组合键，将其置于底层，效果如图 2-87 所示。草莓图案绘制完成，效果如图 2-88 所示。

图 2-86   图 2-87   图 2-88

2.2.4 【相关工具】

1. 使用钢笔工具

◎ 绘制直线

选择"钢笔"工具，在页面中单击鼠标确定直线的起点，如图 2-89 所示。移动鼠标到需要的位置，再次单击鼠标确定直线的终点，如图 2-90 所示。

在需要的位置再连续单击确定其他的锚点，就可以绘制出折线的效果，如图 2-91 所示。如果双击折线上的锚点，该锚点会被删除，折线的另外两个锚点将自动连接，如图 2-92 所示。

图 2-89　　　　　图 2-90　　　　　图 2-91　　　　　图 2-92

◎ 绘制曲线

选择"钢笔"工具，在页面中单击并按住鼠标左键拖曳鼠标来确定曲线的起点。起点的两端分别出现了一条控制线，释放鼠标，如图 2-93 所示。

移动鼠标到需要的位置，再次单击并安住鼠标左键拖曳鼠标，出现了一条曲线段。拖曳鼠标的同时，第 2 个锚点两端也出现了控制线。按住鼠标不放，随着鼠标的移动，曲线段的形状也随之发生变化，如图 2-94 所示。释放鼠标，移动鼠标继续绘制。

如果连续地单击并拖曳鼠标，可以绘制出一些连续平滑的曲线，如图 2-95 所示。

图 2-93　　　　　图 2-94　　　　　图 2-95

2. 使用吸管工具

使用吸管工具可以吸取目标对象的外观、字符样式、段落样式等。

选择"椭圆"工具，绘制椭圆形，如图 2-96 所示。选择"吸管"工具，在目标对象上单击吸取对象的外观，如图 2-97 所示，椭圆形效果如图 2-98 所示。

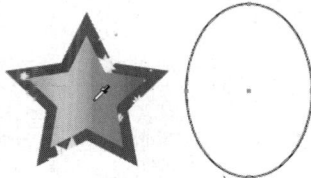

图 2-96　　　　　图 2-97　　　　　图 2-98

双击"吸管"工具，在弹出的"吸管"选项对话框中可以设置吸管可吸取的属性，如图 2-99 所示。

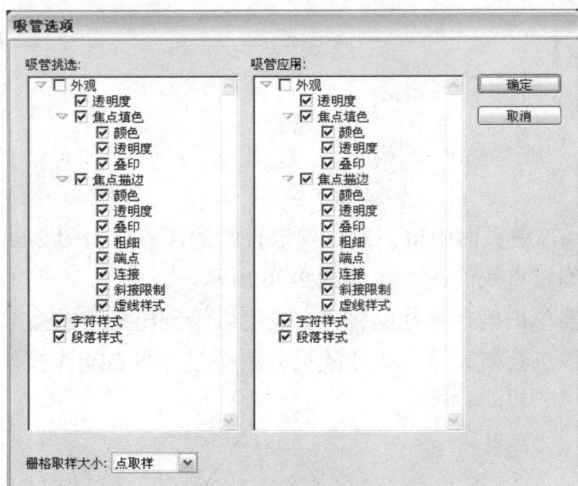

图 2-99

3. 编辑描边

描边其实就是对象的描边线，对描边进行填充时，还可以对其进行一定的设置，如更改描边的形状、粗细以及设置为虚线描边等。

◎ 使用"描边"控制面板

选择"窗口 > 描边"命令（组合键为 Ctrl+F10），弹出"描边"控制面板，如图 2-100 所示。"描边"控制面板主要用来设置对象描边的属性，例如粗细、形状等。

图 2-100

在"描边"控制面板中，"粗细"选项设置描边的宽度；"斜接限制"选项设置斜角的长度，它将决定描边沿路径改变方向时伸展的长度；"顶点"选项组指定描边各线段的首端和尾端的形状样式，它有平头端点、圆头端点和方头端点3 种不同的顶点样式；"接合"选项组指定一段描边的拐点，即描边的拐角形状，它有 3 种不同的拐角接合形式，分别为斜接连接、圆角连接和斜角连接；勾选"虚线"复选项可以创建描边的虚线效果。

◎ 设置描边的粗细

当需要设置描边的宽度时，要用到"粗细"选项，可以在其下拉列表中选择合适的粗细，也可以直接输入合适的数值。

单击工具箱下方的描边按钮，使用"多边形"工具绘制一个多边形并保持其被选取状态，效果如图 2-101 所示。在"描边"控制面板中的"粗细"选项的下拉列表中选择需要的描边粗细值，或者直接输入合适的数值。本例设置的粗细数值为 30pt，如图 2-102 所示，多边形的描边粗细被改变，效果如图 2-103 所示。

图 2-101

图 2-102

图 2-103

当要更改描边的单位时，可选择"编辑 > 首选项 > 单位和显示性能"命令，弹出"首选项"对话框，如图 2-104 所示。可以在"描边"选项的下拉列表中选择需要的描边单位。

图 2-104

技 巧 选取需要的图形，在属性栏中的"描边粗细"文本框中直接输入数值也可设置图形的描边粗细。

◎ **设置描边的填充**

保持多边形被选取的状态，效果如图 2-105 所示。在"色板"控制面板中单击选取所需的填充样本，对象描边的填充效果如图 2-106 斤示。

图 2-105　　　　　　　　　　　　　　　　　　　图 2-106

保持多边形被选取的状态，效果如图 2-107 所示。在"颜色"控制面板中调配所需的颜色，如图 2-108 所示，或双击工具箱下方的"描边填充"按钮▣，弹出"拾色器"对话框，如图 2-109 所示。在对话框中可以调配所需的颜色，对象描边的颜色填充效果如图 2-110 所示。

图 2-107

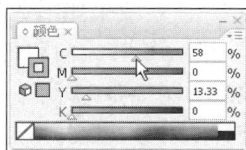

图 2-108

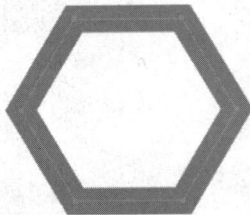

图 2-109   图 2-110

提　示　不能使用渐变填充样本对描边进行填充。

◎ 设置虚线选项

　　虚线选项里包括 6 个数值框，勾选"虚线"复选项，数值框被激活，第 1 个数值框默认的虚线值为 2pt，如图 2-111 所示。

　　"虚线"选项用来设定每一段虚线段的长度，数值框中输入的数值越大，虚线的长度就越长；反之，输入的数值越小，虚线的长度就越短。设置不同虚线长度值的描边效果如图 2-112 所示。

　　"间隙"选项用来设定虚线段之间的距离，输入的数值越大，虚线段之间的距离越大；反之，输入的数值越小，虚线段之间的距离就越小。设置不同虚线间隙的描边效果如图 2-113 所示。

图 2-111

图 2-112   图 2-113

4. 对象的旋转

◎ 使用工具箱中的工具旋转对象

　　使用"选择"工具 选取要旋转的对象，将鼠标的指针移动到旋转控制手柄上，这时的指针变为旋转符号" ↻ "，效果如图 2-114 所示。按下鼠标左键，拖动鼠标旋转对象，旋转时对象会出现蓝色的虚线，指示旋转方向和角度，效果如图 2-115 所示。旋转到需要的角度后释放鼠标左键，旋转对象的效果如图 2-116 所示。

　　选取要旋转的对象，选择"自由变换"工具 ，对象的四周出现控制柄。用鼠标拖曳控制柄，就可以旋转对象。此工具与"选择"工具 的使用方法类似。

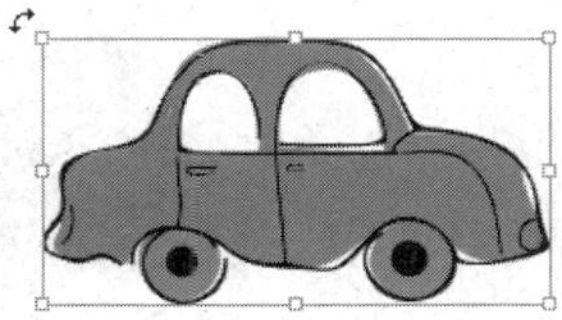

图 2-114 　　　　　　　　　　图 2-115 　　　　　　　　　　图 2-116

选取要旋转的对象，选择"旋转"工具 ，对象的四周出现控制柄。用鼠标拖曳控制柄，就可以旋转对象。对象是围绕旋转中心⊙来旋转的，Illustrator CS3 默认的旋转中心是对象的中心点。可以通过改变旋转中心来使对象旋转到新的位置，将鼠标移动到旋转中心上，按下鼠标左键拖曳旋转中心到需要的位置后，释放鼠标即可，效果如图 2-117 所示。改变旋转中心后旋转对象的效果如图 2-118 所示。

图 2-117 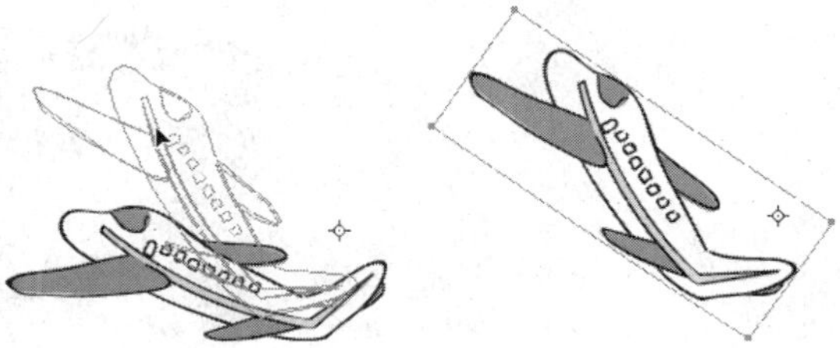　　　　　　　　　　　　　　　　图 2-118

◎　使用"变换"控制面板旋转对象

选择"窗口 > 变换"命令，弹出"变换"控制面板。"变换"控制面板的使用方法和"移动对象"中的使用方法相同，这里不再赘述。

◎　使用菜单命令旋转对象

选择"对象 > 变换 > 旋转"命令或双击"旋转"工具 ，弹出"旋转"对话框，如图 2-119 所示。在对话框中，"角度"选项可以设置对象旋转的角度；勾选"对象"复选项，旋转的对象不是图案；勾选"图案"复选项，旋转的对象是图案；"复制"按钮用于在原对象上复制一个旋转对象。

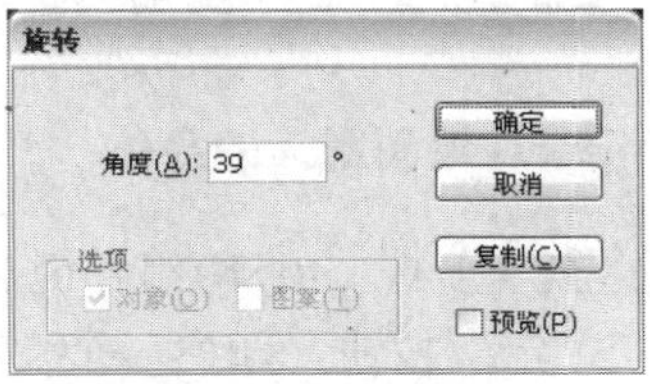

图 2-119

2.2.5 【实战演练】绘制圣诞树

使用钢笔工具绘制背景图形。使用钢笔工具、填充命令和描边面板绘制圣诞树。使用椭圆工具绘制雪花。（最终效果参看光盘中的"Ch02 > 效果 > 绘制圣诞树"，如图 2-120 所示。）

图 2-120

2.3 绘制雪人

2.3.1 【案例分析】

雪人是很多人的童年记忆，是纯洁的化身，是梦幻美丽、快乐温馨的象征。本例是为某童话故事书籍绘制的卡通图标，要求用真实直观的形象表现出雪人的洁白可爱。

2.3.2 【设计理念】

通过蓝色的背景突显出白色雪人洁白清爽的感觉。使用白到灰的渐变使雪人更具立体感。通过帽子和围巾使整体设计鲜活明朗、温馨自然。（最终效果参看光盘中的"Ch02 > 效果 > 绘制雪人"，如图 2-121 所示。）

图 2-121

2.3.3 【操作步骤】

1. 绘制雪人的身体

步骤 1 按 Ctrl+N 组合键，弹出"新建文档"对话框，选项的设置如图 2-122 所示，单击"确定"按钮，新建一个文档。选择"矩形"工具 ，在页面中拖曳鼠标绘制一个矩形。设置填充色的 C、M、Y、K 值分别为 71、15、2、0，填充图形，并设置图形描边色为无，效果如图 2-123 所示。

图 2-122

图 2-123

步骤 2 选择"椭圆"工具 ，绘制一个椭圆形，如图 2-124 所示。选择"窗口 > 渐变"命令，弹出"渐变"控制面板，分别将渐变滑块的位置设置为 0、100，分别设置 C、M、Y、K 的值分别为 0（0、0、0、0）、100（24、13、17、0），其他选项的设置如图 2-125 所示，图形被填充渐变色，并设置描边色为无，效果如图 2-126 所示。

图 2-124 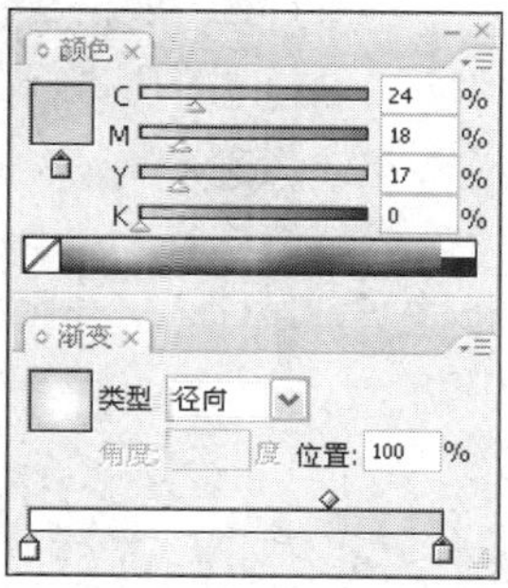　　　　　　　　　图 2-125 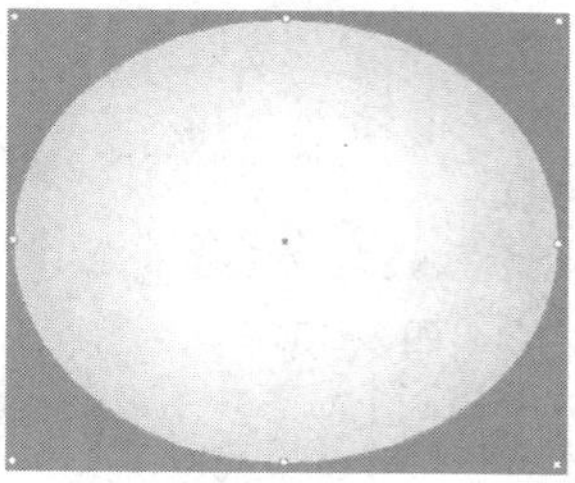　　　　　　　　　图 2-126

步骤 3　选择"渐变"工具 ，在图形上由左上方至右下方拖曳鼠标，编辑状态如图 2-127 所示，松开鼠标左键，效果如图 2-128 所示。

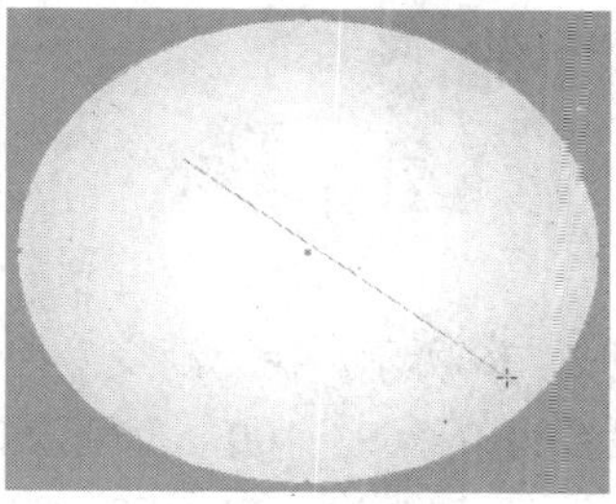

图 2-127 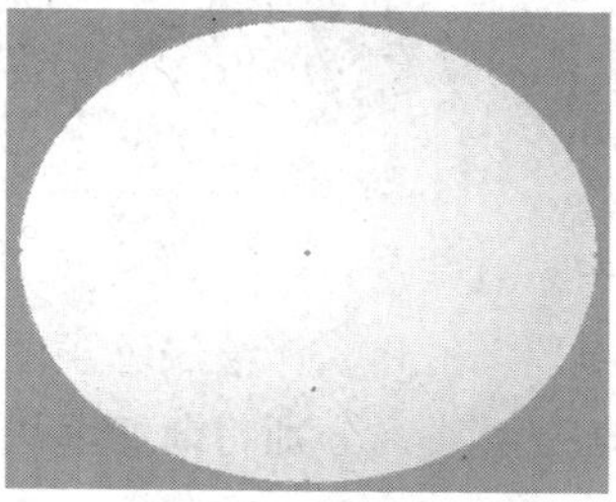　　　　　　　　　图 2-128

步骤 4　再绘制一个椭圆形，填充相同的渐变色，效果如图 2-129 所示。按 Ctrl+[组合键，后移一层，效果如图 2-130 所示。

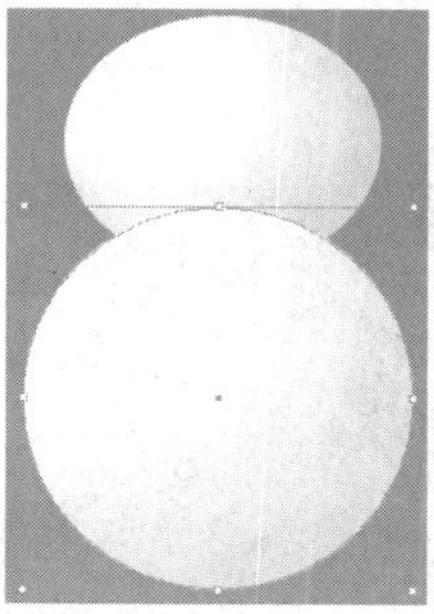

图 2-129 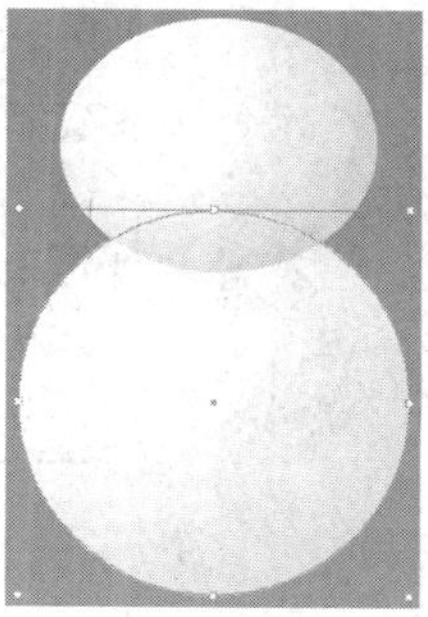　　　　　　　　　图 2-130

2. 绘制雪人的帽子和脸

步骤 1　选择"钢笔"工具 ，绘制帽子图形，如图 2-131 所示。设置图形填充色的 C、M、Y、K 值分别为 4、25、89、0，填充图形，并设置图形描边色为无，效果如图 2-132 所示。

步骤 2　选择"钢笔"工具 ，绘制一个图形，如图 2-133 所示。设置图形填充色的 C、M、Y、K 值分别为 18、28、93、0，填充图形，并设置图形描边色为无，效果如图 2-134 所示。

步骤 3　选择"椭圆"工具 ，分别绘制两个椭圆形眼睛，设置图形填充色为黑色，并设置描边色为无，效果如图 2-135 所示。

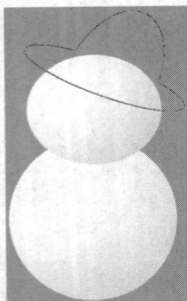

图 2-131

图 2-132

图 2-133

图 2-134

图 2-135

步骤 4 选择"钢笔"工具 ，绘制鼻子图形，如图 2-136 所示。在"渐变"控制面板中的色带上设置 3 个渐变滑块，分别将渐变滑块的位置设置为 0、69、100，分别设置 C、M、Y、K 的值分别为 0（10、0、83、0）、69（0、52、91、0）、100（4、26、82、0），其他选项的设置如图 2-137 所示，图形被填充渐变色，设置描边色为无，效果如图 2-138 所示。

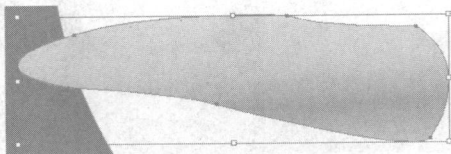

图 2-136

图 2-137

图 2-138

3. 绘制雪人的围巾和投影

步骤 1 选择"钢笔"工具 ，绘制围巾图形，如图 2-139 所示。设置图形填充色的 C、M、Y、K 值分别为 25、71、84、0，填充图形，并设置图形描边色为无，效果如图 2-140 所示。

步骤 2 选择"钢笔"工具 ，继续绘制围巾图形，如图 2-141 所示。设置图形填充色的 C、M、Y、K 值分别为 45、90、100、13，填充图形，并设置图形描边色为无，效果如图 2-142 所示。

步骤 3 选择"钢笔"工具 ，绘制一个图形，如图 2-143 所示。设置图形填充色的 C、M、Y、K 值分别为 25、71、84、0，填充图形，并设置图形描边色为无，效果如图 2-144 所示。

图 2-139

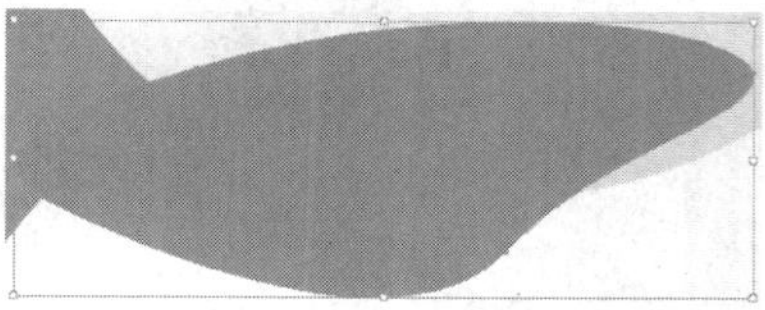

图 2-140

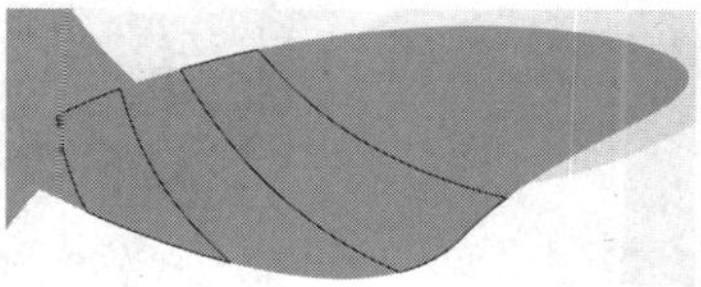

图 2-141

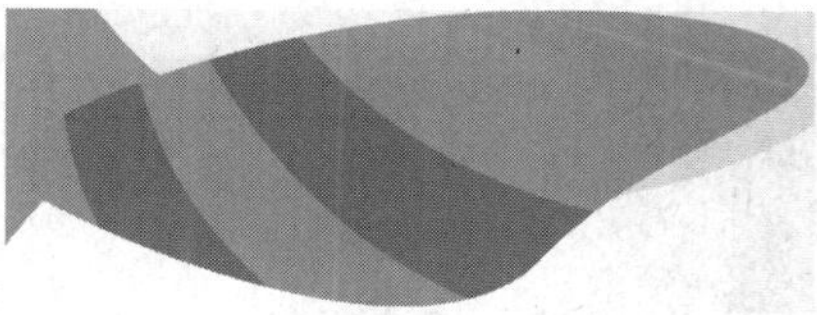

图 2-142

图 2-143

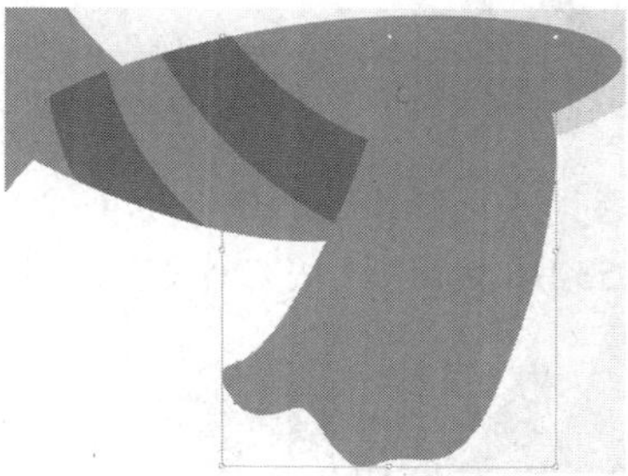

图 2-144

步骤 4 选择"钢笔"工具 📝，分别绘制两个图形，如图 2-145 所示。设置图形填充色的 C、M、Y、K 值分别为 45、90、100、13，填充图形，并设置图形描边色为无，效果如图 2-146 所示。

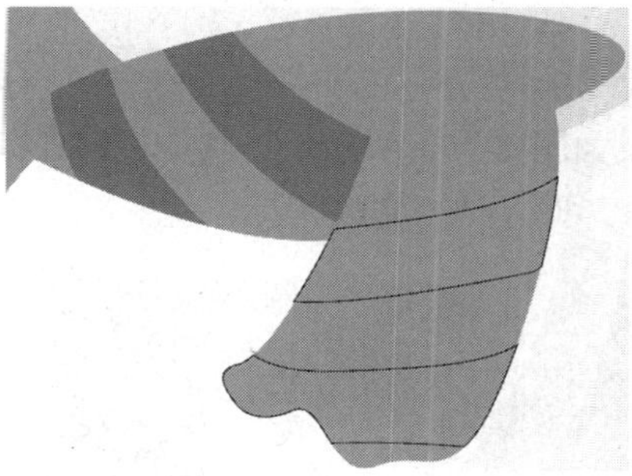

图 2-145

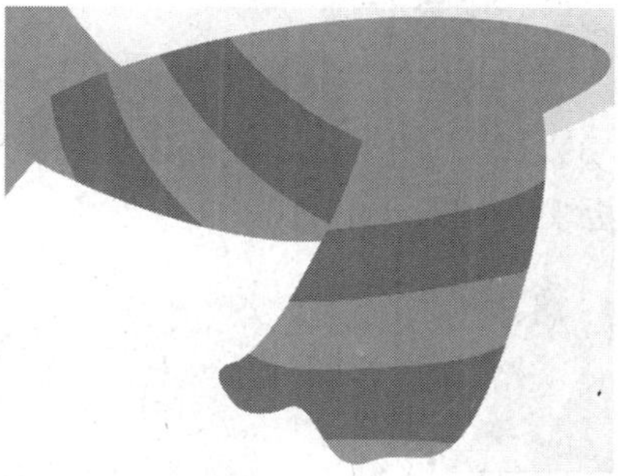

图 2-146

步骤 5 选择"钢笔"工具 📝，绘制一个图形，如图 2-147 所示。设置图形填充色的 C、M、Y、K 值分别为 25、71、84、0，填充图形，并设置图形描边色为无，效果如图 2-148 所示。

步骤 6 选择"钢笔"工具 📝，分别绘制两个图形，如图 2-149 所示。选择"选择"工具 🔺，按住 Shift 键，单击所需要的图形，将其同时选取，如图 2-150 所示。选择"吸管"工具 📝，在图形上单击，如图 2-151 所示，效果如图 2-152 所示。

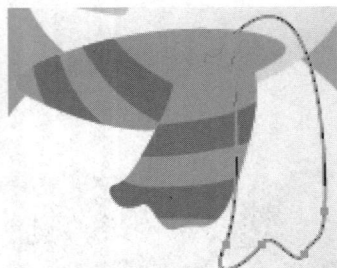

图 2-147

图 2-148

图 2-149

图 2-150

图 2-151

图 2-152

步骤 7 选择"选择"工具 ▶，按住 Shift 键的同时，分别单击围巾图形，将其同时选取，如图 2-153 所示。连续按 Ctrl+[组合键，将其后移到脸图形的下方，效果如图 2-154 所示。

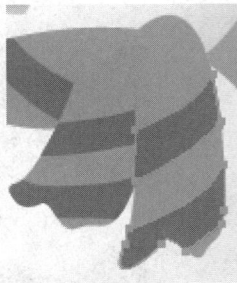

图 2-153

图 2-154

步骤 8 选择"钢笔"工具 ♦，绘制一个图形，设置图形填充色的 C、M、Y、K 值分别为 72、0、0、31，填充图形，并设置描边色为无，效果如图 2-155 所示。连续按 Ctrl+[组合键，将投影移到雪人图形的后面，效果如图 2-156 所示。雪人绘制完成。

图 2-155

图 2-156

2.3.4 【相关工具】

1. 绘制矩形

◎ 绘制矩形

选择"矩形"工具▣，在页面中需要的位置单击并按住鼠标左键不放，拖曳鼠标到需要的位置，释放鼠标左键，绘制出一个矩形，效果如图 2-157 所示。

选择"矩形"工具▣，按住 Shift 键，在页面中需要的位置单击并按住鼠标左键不放，拖曳鼠标到需要的位置，释放鼠标左键，绘制出一个正方形，效果如图 2-158 所示。

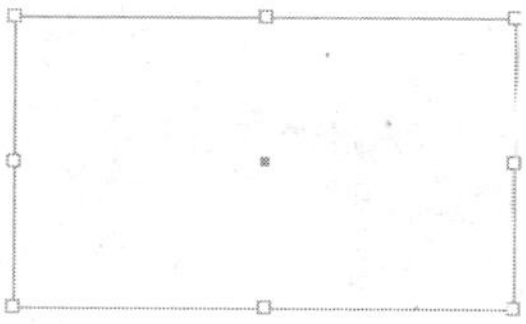

图 2-157   图 2-158

> **提 示**
>
> 选择"矩形"工具▣，按住 ～ 键，在页面中需要的位置单击并按住鼠标左键不放，拖曳鼠标到需要的位置，释放鼠标左键，绘制出多个矩形。
>
> 选择"矩形"工具▣，按住 Alt 键，在页面中需要的位置单击并按住鼠标左键不放，拖曳鼠标到需要的位置，释放鼠标左键，可以绘制一个以鼠标单击点为中心的矩形。
>
> 选择"矩形"工具▣，按住 Alt+Shift 组合键，在页面中需要的位置单击并按住鼠标左键不放，拖曳鼠标到需要的位置，释放鼠标左键，可以绘制一个以鼠标单击点为中心的正方形。
>
> 选择"矩形"工具▣，在页面中需要的位置单击并按住鼠标左键不放，拖曳鼠标到需要的位置，再按住 Space 键，可以暂停绘制工作而在页面上任意移动未绘制完成的矩形，释放 Space 键后可继续绘制矩形。
>
> 上述方法在"圆角矩形"工具▢、"椭圆"工具◯、"多边形"工具⬡和"星形"工具☆中同样适用。

◎ 精确绘制矩形

选择"矩形"工具▣，在页面中需要的位置单击，弹出"矩形"对话框，如图 2-159 所示。在对话框中，"宽度"选项可以设置矩形的宽度，"高度"选项可以设置矩形的高度。设置完成后，单击"确定"按钮，得到如图 2-160 所示的矩形。

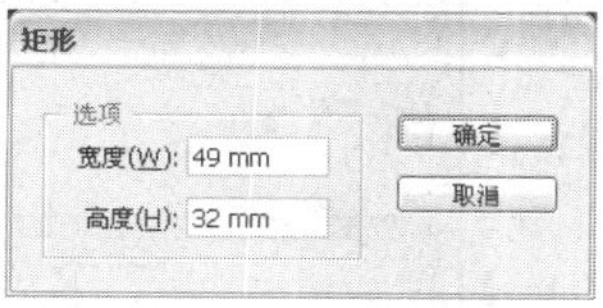

图 2-159 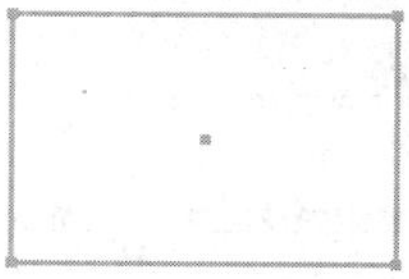   图 2-160

2. 渐变填充

◎ 创建渐变填充

使用"星形"工具☆，绘制一个五角星，如图 2-161 所示。单击工具箱下部的"渐变"按钮▣，对五角星进行渐变填充，效果如图 2-162 所示。选择"渐变"工具▣，在图形中需要的位置单击设定渐变的起点并按住鼠标左键拖曳，再次单击确定渐变的终点，如图 2-163 所示，渐变填充的效果如图 2-164 所示。

在"色板"控制面板中单击需要的渐变样本，对五角星进行渐变填充，效果如图 2-165 所示。

图 2-161 　　　　　　图 2-162 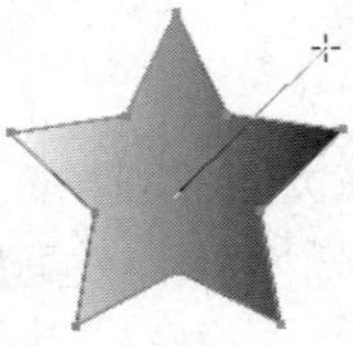　　　　　　图 2-163 　　　　　　图 2-164

图 2-165

◎ 渐变控制面板

在"渐变"控制面板中可以设置渐变参数，可选择"线性"或"径向"渐变，设置渐变的起始、中间和终止颜色，还可以设置渐变的位置和角度。

选择"窗口 > 渐变"命令，弹出"渐变"控制面板，如图 2-166 所示。从"类型"选项的下拉列表中可以选择"径向"或"线性"渐变方式，如图 2-167 所示。

在"角度"选项的数值框中显示当前的渐变角度，重新输入数值后单击 Enter 键，可以改变渐变的角度，如图 2-168 所示。

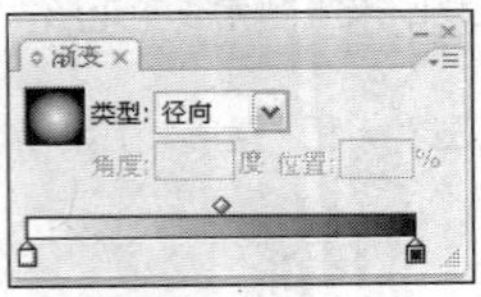

图 2-166 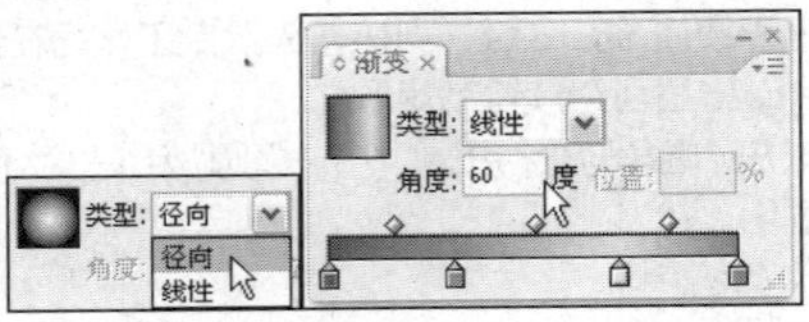　　　　　　图 2-167 　　　　　　图 2-168

单击"渐变"控制面板下面的颜色滑块，在"位置"选项的数值框中显示出该滑块在渐变颜色中的颜色位置的百分比，如图 2-169 所示，拖动该滑块，改变该颜色的位置，将改变颜色的渐变梯度，如图 2-170 所示。

图 2-169 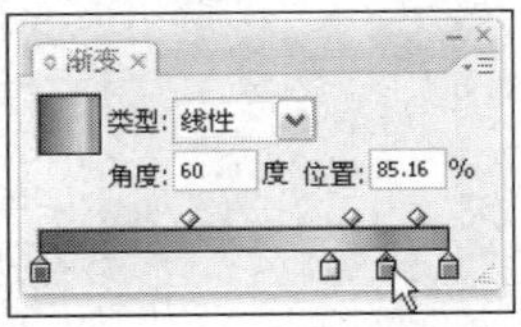　　　　　　　　　　图 2-170

在渐变色谱条底边单击，可以添加一个颜色滑块，如图 2-171 所示，在"颜色"控制面板中调配颜色，如图 2-172 所示，可以改变添加的颜色滑块的颜色，如图 2-173 所示。用鼠标按住颜色滑块不放并将其拖出到"渐变"控制面板外，可以直接删除颜色滑块。

◎ 线性渐变填充

线性渐变填充是一种比较常用的渐变填充方式，通过"渐变"控制面板，可以精确地指定线性渐变的起始和终止颜色，还可以调整渐变方向；通过调整中心点的位置，可以生成不同的颜色渐变效果。当需要绘制线性渐变填充图形时，可按以下步骤操作。

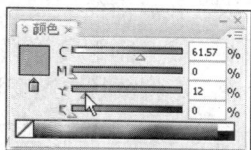

图 2-171　　　　　　　　　图 2-172　　　　　　　　　　　　图 2-173

选择绘制好的图形，如图 2-174 所示。双击"渐变"工具 或选择"窗口 > 渐变"命令（组合键为 Ctrl+F9），弹出"渐变"控制面板。在"渐变"控制面板色谱条中，显示程序默认的白色到黑色的线性渐变样式，如图 2-175 所示。在"渐变"控制面板的"类型"选项的下拉列表中选择"线性"渐变类型，如图 2-176 所示，图形将被线性渐变填充，效果如图 2-177 所示。

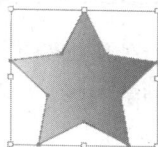

图 2-174　　　　　　图 2-175　　　　　　　　图 2-176　　　　　　　图 2-177

单击"渐变"控制面板中的起始颜色游标 ，如图 2-178 所示。然后在"颜色"控制面板中调配所需的颜色，设置渐变的起始颜色。再单击终止颜色游标 ，如图 2-179 所示，设置渐变的终止颜色，效果如图 2-180 所示，图形的线性渐变填充效果如图 2-181 所示。

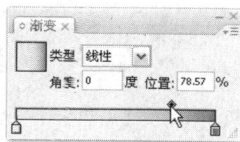

图 2-178　　　　　　图 2-179　　　　　　　图 2-180　　　　　　　图 2-181

拖动色谱条上边的控制滑块，可以改变颜色的渐变位置，如图 2-182 所示。"位置"数值框中的数值也会随之发生变化，设置"位置"数值框中的数值也可以改变颜色的渐变位置，图形的线性渐变填充效果也将改变，如图 2-183 所示。

图 2-182　　　　　　　　　　　　　　　　　　图 2-183

如果要改变颜色渐变的方向，可选择"渐变"工具 直接在图形中拖曳即可。当需要精确地改变渐变方向时，可通过"渐变"控制面板中的"角度"选项来控制图形的渐变方向。

◎ **径向渐变填充**

径向渐变填充是 Illustrator CS3 的另一种渐变填充类型，与线性渐变填充不同，它是从起始颜色以圆的形式向外发散，逐渐过渡到终止颜色。它的起始颜色和终止颜色，以及渐变填充中心点的位置都是可以改变的。使用径向渐变填充可以生成多种渐变填充效果。

选择绘制好的图形，如图 2-184 所示。双击"渐变"工具 ■ 或选择"窗口 > 渐变"命令（组合键为 Ctrl+F9），弹出"渐变"控制面板。在"渐变"控制面板色谱条中，显示程序默认的白色到黑色的线性渐变样式，如图 2-185 所示。在"渐变"控制面板的"类型"选项的下拉列表中选择"径向"渐变类型，如图 2-186 所示，图形将被径向渐变填充，效果如图 2-187 所示。

图 2-184   图 2-185   图 2-186   图 2-187

单击"渐变"控制面板中的起始颜色游标 □ 或终止颜色游标 □，然后在"颜色"控制面板中调配颜色，即可改变图形的渐变颜色，效果如图 2-188 所示。拖动色谱条上边的控制滑块，可以改变颜色的中心渐变位置，效果如图 2-189 所示。使用"渐变"工具 ■ 绘制，可改变径向渐变的中心位置，效果如图 2-190 所示。

图 2-188   图 2-189   图 2-190

2.3.5 【实战演练】绘制卡通猪

使用钢笔工具、椭圆工具和渐变工具绘制头、眼睛、耳朵、鼻子、腿图形。使用描边命令制作眉毛图形。（最终效果参看光盘中的"Ch02 > 效果 > 绘制卡通猪"，如图 2-191 所示。）

图 2-191

2.4 绘制香橙

2.4.1 【案例分析】

本例是绘制一个写实风格的水果——香橙。通过使用软件的强大绘图功能，结合写实的绘画手法和技巧，表现出橙子鲜嫩多汁、香甜可口的特色。

2.4.2 【设计理念】

通过对橙子主体添加渐变网格展示出橙子表面的鲜嫩润滑感。使用绿色的叶子使设计更加真实自然。最后通过瓣状图形展现出香橙鲜美多汁的特色。整体设计真实自然、写实感强。（最终效果参看光盘中的"Ch02 > 效果 > 绘制香橙"，如图 2-192 所示。）

图 2-192

2.4.3 【操作步骤】

1. 绘制橙子

步骤 1 按 Ctrl+N 组合键，弹出"新建文档"对话框，选项的设置如图 2-193 所示，单击"确定"按钮，新建一个文档。

步骤 2 选择"椭圆"工具 ○，按住 Shift 键的同时，在页面中绘制一个圆形，设置填充颜色的 C、M、Y、K 值分别为 0、42、90、0，填充图形，并设置描边色为无，效果如图 2-194 所示。

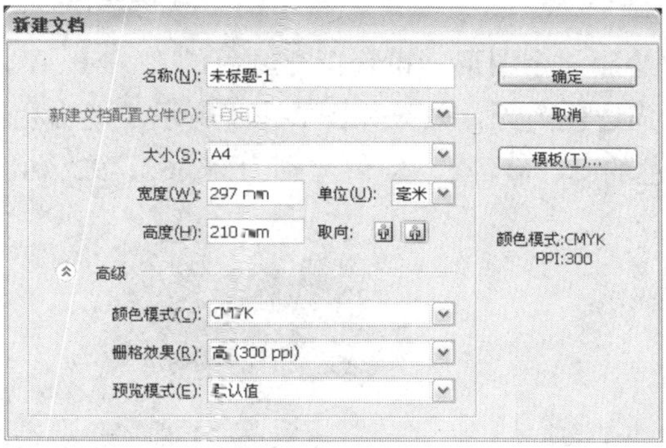

图 2-193

图 2-194

步骤 3 选择"钢笔"工具 ♪，在页面中绘制一个图形，效果如图 2-195 所示。设置填充颜色的 C、M、Y、K 值分别为 0、42、90、0，填充图形，并设置描边色为无，效果如图 2-196 所示。

步骤 4 选择"网格"工具 ⊞，在图形的中间区域单击鼠标，将图形建立为渐变网格对象，效果如图 2-197 所示。选择"直接选择"工具 ▷，选中网格中间的锚点，设置填充颜色的 C、M、Y、K 值分别为 6、13、98、0，填充网格颜色，如图 2-198 所示。

中等职业教育数字艺术类规划教材

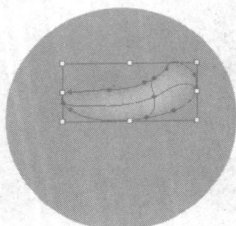

图 2-195　　　　　　图 2-196　　　　　　图 2-197　　　　　　图 2-198

步骤 5 选择"选择"工具 ▶，选取高光图形，将其拖曳到圆形的上方，并调整其大小，效果如图 2-199 所示。选择"钢笔"工具 ♠，在页面中绘制一个图形，设置填充颜色的 C、M、Y、K 值分别为 0、44、90、0，填充图形，并设置描边色为无，效果如图 2-200 所示。

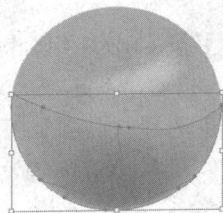

图 2-199　　　　　　　　　　　　　　　　图 2-200

步骤 6 选择"网格"工具 ▦，在图形的下方单击鼠标，将图形建立为渐变网格对象，如图 2-201 所示。选择"直接选择"工具 ▶，选取网格中间的锚点，设置填充颜色的 C、M、Y、K 值分别为 0、79、91、0，填充网格颜色，效果如图 2-202 所示。将暗部图形拖曳到圆形的下方，并调整其大小，效果如图 2-203 所示。

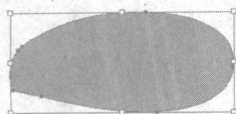

图 2-201　　　　　　　图 2-202　　　　　　　图 2-203

步骤 7 选择"钢笔"工具 ♠，在页面中绘制一个图形，设置填充颜色的 C、M、Y、K 值分别为 0、52、91、0，填充图形，并设置描边色为无，效果如图 2-204 所示。使用相同的方法，为图形添加渐变网格，并设置填充颜色的 C、M、Y、K 值分别为 2、67、92、0，填充网格颜色，效果如图 2-205 所示。

图 2-204　　　　　　　　　　图 2-205

步骤 8 选择"选择"工具 ▶，选取渐变网格图形，将其拖曳到圆形的上方，并调整其大小，效果如图 2-206 所示。选择"钢笔"工具 ♠，在页面中绘制一个图形，设置填充颜色的 C、M、Y、K 值分别为 26、71、84、0，填充图形，并设置描边色为无，效果如图 2-207 所示。

步骤 9 使用相同的方法，为图形添加渐变网格，并设置填充颜色的 C、M、Y、K 值分别为 51、85、95、26，填充网格颜色，效果如图 2-208 所示。选择"选择"工具 ▶，选取刚绘制的图形，拖曳到圆形的上方，并调整其大小，效果如图 2-209 所示。

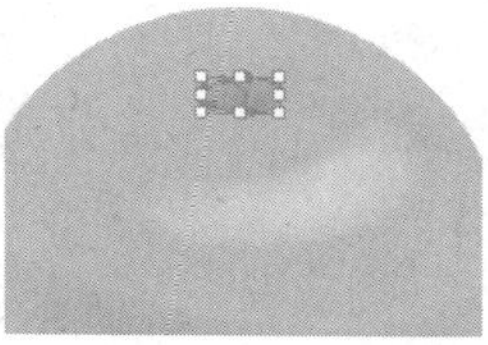

图 2-206 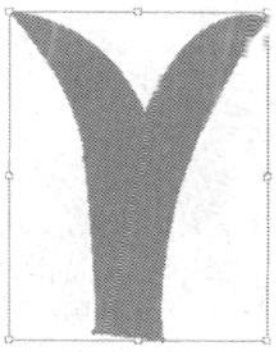   图 2-207 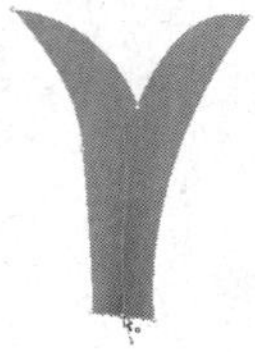   图 2-208 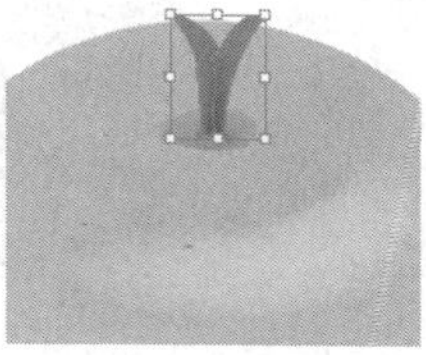   图 2-209

步骤 10 选择"钢笔"工具 ，在页面中绘制一个图形，设置填充颜色的 C、M、Y、K 值分别为 80、23、100、1，填充图形，并设置描边色为无，效果如图 2-210 所示。使用相同的方法，为图形添加渐变网格，并设置填充颜色的 C、M、Y、K 值分别为 87、47、100、10，填充网格颜色，效果如图 2-211 所示。

步骤 11 选择"选择"工具 ，选取叶子图形，拖曳到橙子图形的上方，并调整其大小，效果如图 2-112 所示。

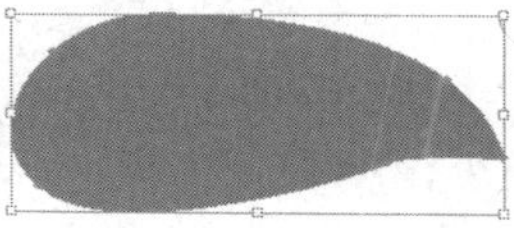

图 2-210   图 2-211 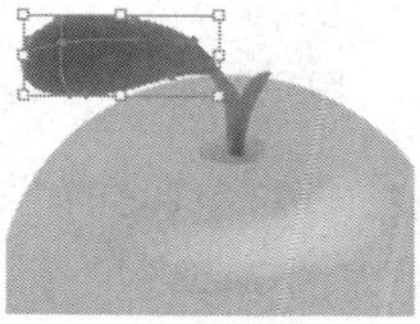   图 2-212

步骤 12 选择"钢笔"工具 ，在页面中绘制一个图形，设置填充颜色的 C、M、Y、K 值分别为 89、49、100、14，填充图形，并设置描边色为无，效果如图 2-213 所示。选择"选择"工具 ，选取叶脉图形，将叶脉图形拖曳到叶子图形的上方，并调整其大小，效果如图 2-214 所示。

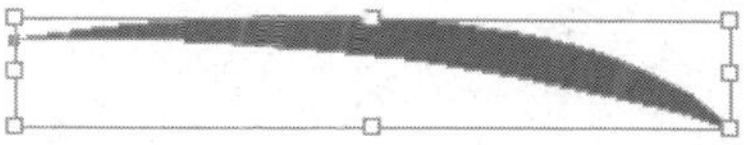

图 2-213 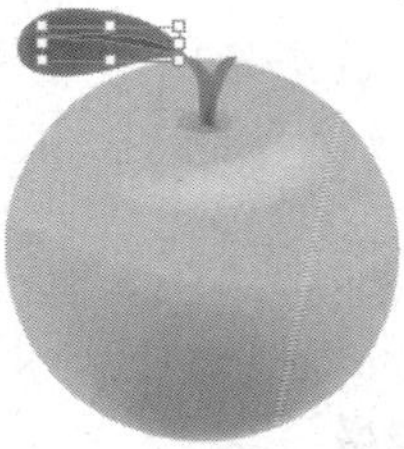   图 2-214

2. 绘制橙子瓣

步骤 1 选择"钢笔"工具 ，在页面中绘制一个图形，设置填充颜色的 C、M、Y、K 值分别为 0、40、90、0，填充图形，并设置描边色为无，效果如图 2-215 所示。使用相同的方法，在页面中绘制一个图形，设置填充颜色的 C、M、Y、K 值分别为 5、0、27、0，填充图形，并设置描边色为无，效果如图 2-216 所示。

步骤 2 选择"选择"工具 ，选取浅黄色图形，将其拖曳到橘黄色图形的上方，并调整其大小，效果如图 2-217 所示。使用相同的方法，继续绘制一个图形，设置填充颜色的 C、M、Y、K 值分别为 1、19、100、0，填充图形，并设置描边色为无，如图 2-218 所示。

步骤 3 选择"直线段"工具 ，在图形上绘制一条直线，填充直线的描边为白色，效果如图 2-219 所示。使用相同的方法，在图形上继续绘制两条直线，并设置描边色为白色，效果如图 2-220 所示。

图 2-215   图 2-216   图 2-217   图 2-218

步骤 4 选择"钢笔"工具 ✎，在图形上绘制一个图形，填充图形为白色，并设置描边色为无。效果如图 2-221 所示。用相同的方法再分别绘制 3 个图形，填充为白色，并设置描边色为无，效果如图 2-222 所示。

图 2-219   图 2-220   图 2-221   图 2-222

步骤 5 选择"选择"工具 ▶，用圈选的方法将需要的图形同时选取，拖曳到适当的位置，效果如图 2-223 所示。

图 2-223

3. 绘制阴影

步骤 1 选择"钢笔"工具 ✎，在页面中绘制一个图形，设置填充颜色的 C、M、Y、K 值分别为 29、70、100、0，填充图形，并设置描边色为无，效果如图 2-224 所示。选择 "效果 > 风格化 > 羽化"命令，在弹出的"羽化"对话框中进行设置，如图 2-225 所示，单击"确定"按钮，羽化效果如图 2-226 所示。

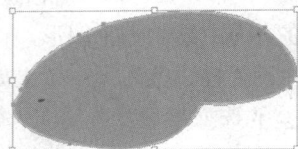

图 2-224   图 2-225   图 2-226

羽化
羽化半径(F): ⬍ 2 mm   确定
☐ 预览(P)   取消

步骤 2 选择"选择"工具 ▶，选取阴影图形，拖曳到橙子图形的下方，并调整其大小。选择"对象 > 排列 > 置于底层"命令，将阴影图形置于所有图形的后面，效果如图 2-227 所示。香橙效果绘制完成，如图 2-228 所示。

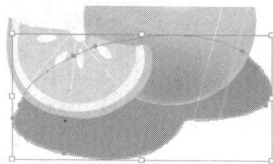

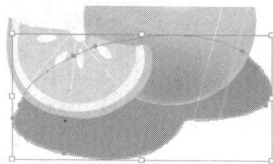

图 2-227

图 2-228

2.4.4 【相关工具】

1. 渐变网格填充

选择"圆角矩形"工具 ◻ 绘制图形，如图 2-229 所示，选择"网格"工具 ▦ 在圆角矩形中单击，建立渐变网格对象，如图 2-230 所示，在圆角矩形中的其他位置再次单击，可以添加网格点，如图 2-231 所示，同时添加了网格线。在网格线上再次单击，可以继续添加网格点，如图 2-232 所示。

图 2-229

图 2-230

图 2-231

图 2-232

使用"网格"工具 ▦ 或"直接选择"工具 ▷ 单击选中网格点，如图 2-233 所示，再按 Delete 键，即可将网格点删除，效果如图 2-234 所示。

图 2-233

图 2-234

使用"直接选择"工具 ▷ 单击选中网格点，如图 2-235 所示，在"色板"控制面板中单击需要的颜色块，如图 2-236 所示，可以为网格点填充颜色，效果如图 2-237 所示。

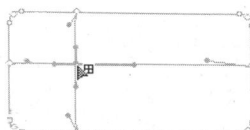

图 2-235

图 2-236

图 2-237

使用"直接选择"工具 ▷ 单击选中网格，如图 2-238 所示，在"色板"控制面板中单击需要的颜色块，如图 2-239 所示，可以为网格填充颜色，效果如图 2-240 所示。

图 2-238

图 2-239

图 2-240

使用"网格"工具 在网格点上单击并按住鼠标左键拖曳网格点，可以移动网格点，效果如图 2-241 所示。拖曳网格点的控制手柄可以调节网格线，效果如图 2-242 所示。渐变网格的填色效果如图 2-243 所示。

图 2-241

图 2-242

图 2-243

选择"对象 > 创建渐变网格"命令，弹出"创建渐变网格"对话框，如图 2-244 所示。可以通过设置行数、列数、外观和高光选项来创建渐变网格。

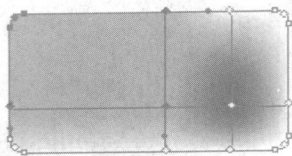

图 2-244

2. 羽化命令

效果命令中的羽化命令可以将对象的边缘从实心颜色逐渐过渡为无色。

选中要羽化的对象，如图 2-245 所示，选择"效果 > 风格化 > 羽化"命令，在弹出的"羽化"对话框中设置数值，如图 2-246 所示，单击"确定"按钮，对象的效果如图 2-247 所示。

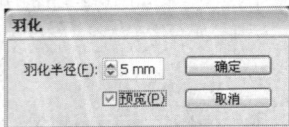

图 2-245

图 2-246

图 2-247

2.4.5 【实战演练】绘制树图形

使用钢笔工具绘制树图形。使用网格工具为图形填充渐变色。（最终效果参看光盘中的"Ch02 > 效果 > 绘制树图形"，如图 2-248 所示。）

图 2-248

2.5 绘制蝴蝶花

2.5.1 【案例分析】

本例是绘制一个装饰风格的花朵——蝴蝶花。通过应用设计软件的绘制和填充功能，结合装饰性的绘画手法，表现出蝴蝶花花色自然艳丽、花形形象生动的美感。

2.5.2 【设计理念】

通过花枝和绿叶衬托出花色的艳丽、自然之感，使蝴蝶形状的花朵更加形象生动。通过含苞待放的花骨朵表现其旺盛、蓬勃的生命气息。整体设计自然清新、形象生动。（最终效果参看光盘中的"Ch02 > 效果 > 绘制蝴蝶花"，如图 2-249 所示。）

图 2-249

2.5.3 【操作步骤】

1. 绘制花枝和花叶

步骤 1 按 Ctrl+N 组合键，弹出"新建文档"对话框，选项的设置如图 2-250 所示，单击"确定"按钮，新建一个文档。

步骤 2 选择"钢笔"工具 ，在页面中绘制一个图形，如图 2-251 所示。设置图形填充色的 C、M、Y、K 值分别为 62、0、100、10，填充图形，并设置描边色为无，效果如图 2-252 所示。

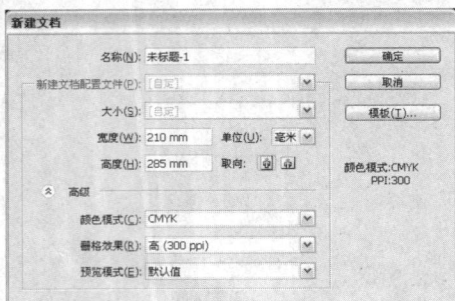

图 2-250　　　　　　　　　　　图 2-251　　　　　　　图 2-252

步骤 3 选择"钢笔"工具 🖊，在页面中绘制一个图形，如图 2-253 所示。双击"渐变"工具 ▮，弹出"渐变"控制面板，在"渐变"控制面板中的色带上设置两个渐变滑块，并分别将渐变滑块的位置设为 0、100，并设置 C、M、Y、K 值分别为 0（52、0、51、0）、100（15、0、68、0），其他选项的设置如图 2-254 所示，填充图形，并设置描边色为无，效果如图 2-255 所示。

图 2-253　　　　　　　　　图 2-254　　　　　　　　　图 2-255

步骤 4 选择"选择"工具 ▶，选取图形，按住 Alt 键的同时，拖曳鼠标到适当的位置，复制图形。选择"镜像"工具 ◿，在复制的图形上单击，镜像图形，效果如图 2-256 所示。选择"选择"工具 ▶，按住 Shift 键的同时，单击两个叶子图形，将其同时选取，按 Ctrl+Shift+[组合键，将其置于底层，效果如图 2-257 所示。

图 2-256　　　　　　　　　　　　　图 2-257

2. 绘制花苞图形

步骤 1 选择"钢笔"工具 🖊，在页面中绘制一个图形，如图 2-258 所示。设置图形的填充色的 C、M、Y、K 值分别为 0、63、0、0，填充图形，并设置描边色为无，如图 2-259 所示。

图 2-258 　　　　　　　　　　　　　　图 2-259

步骤 2　选择"钢笔"工具，在页面中绘制一个图形，如图 2-260 所示。双击"渐变"工具，
弹出"渐变"控制面板，在"渐变"控制面板中的色带上设置两个渐变滑块，并分别将渐变
滑块的位置设为 0、100，并设置 C、M、Y、K 值分别为 0（52、0、50、0）、100（15、0、
68、0），其他选项的设置如图 2-261 所示，填充图形，并设置描边色为无，效果如图 2-262
所示。

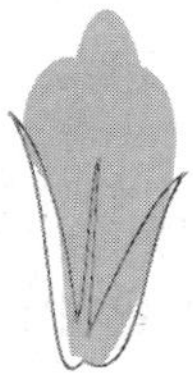

图 2-260 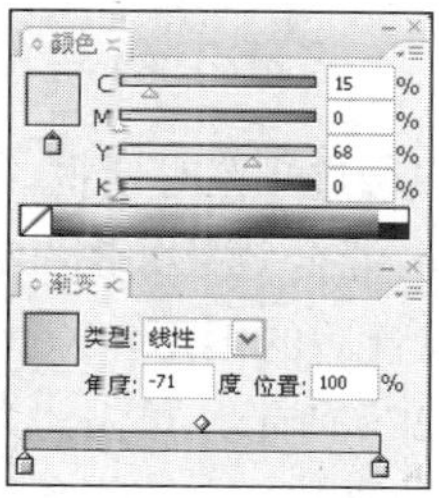　　　　　　　　图 2-261　　　　　　　　图 2-262

步骤 3　选择"选择"工具，用圈选的方法将图形同时选取，按 Ctrl+G 组合键，将其编组并
拖曳到适当的位置，调整其大小和角度，如图 2-263 所示。用相同的方法再绘制出多个图形
并填充适当的颜色，效果如图 2-264 所示。

图 2-263 　　　　　　　　　　　　　　图 2-264

3. 绘制蝴蝶花

步骤 1　选择"钢笔"工具，在页面中绘制一个图形，如图 2-265 所示。设置图形填充色
的 C、M、Y、K 值分别为 0、94、0、0，填充图形，设置描边色为无，效果如图 2-266
所示。

图 2-265 　　　　　　　　　　　　　　图 2-266

步骤 2 选择"选择"工具 ▶，选取图形，双击"镜像"工具 ᐁ，弹出"镜像"对话框，在对话框中进行设置，如图 2-267 所示，单击"复制"按钮，效果如图 2-268 所示。

步骤 3 选择"选择"工具 ▶，在页面中绘制一个图形，如图 2-269 所示。设置填充色的 C、M、Y、K 值分别为 0、100、0、0，填充图形，并设置描边色为无，效果如图 2-270 所示。选择"选择"工具 ▶，选取图形，按 Ctrl+C 组合键，复制图形，按 Ctrl+F 组合键，将复制的图形粘贴在前面。按住 Shift+Alt 组合键，向内拖曳鼠标，将图形等比例缩小，并设置图形填充色的 C、M、Y、K 值分别为 0、13、0、0，填充图形，效果如图 2-271 所示。

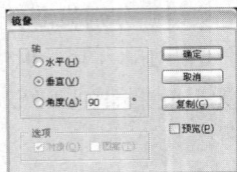

图 2-267　　　　　图 2-268　　　　　图 2-269　　　　　图 2-270　　　　　图 2-271

步骤 4 双击"混合"工具 ᐁ，弹出"混合选项"对话框，选项的设置如图 2-272 所示，单击"确定"按钮，分别在两个图形上单击，混合效果如图 2-273 所示。

步骤 5 选择"选择"工具 ▶，选取混合后的图形，双击"镜像"工具 ᐁ，弹出"镜像"对话框，在对话框中进行设置，如图 2-274 所示，单击"复制"按钮，复制图形。将复制的图形拖曳到适当的位置并调整其角度，效果如图 2-275 所示。

图 2-272　　　　　图 2-273　　　　　图 2-274　　　　　图 2-275

步骤 6 选择"钢笔"工具 ᐁ，在页面中绘制一个图形，如图 2-276 所示。设置图形填充色的 C、M、Y、K 值分别为 0、56、0、0，填充图形，并设置描边色为无，效果如图 2-277 所示。

步骤 7 选择"钢笔"工具 ᐁ，在页面中绘制一个图形，设置图形填充色的 C、M、Y、K 值分别为 0、75、0、0，填充图形，并设置描边色为无，效果如图 2-278 所示。

步骤 8 选择"钢笔"工具 ᐁ，在页面中绘制一个图形，设置图形填充色的 C、M、Y、K 值分别为 100、0、100、50，填充图形，并设置描边色为无，效果如图 2-279 所示。

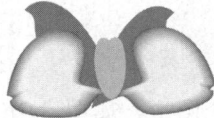
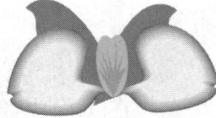

图 2-276　　　　　图 2-277　　　　　图 2-278　　　　　图 2-279

步骤 9 选择"钢笔"工具 ᐁ，绘制一个图形，设置图形填充色的 C、M、Y、K 值分别为 13、65、0、0，填充图形，并设置描边色为无，效果如图 2-280 所示。按 Ctrl+[组合键，后移图形，效果如图 2-281 所示。

步骤 10 选择"钢笔"工具 ᐁ，在页面中绘制一个图形，如图 2-282 所示。设置图形填充色的 C、M、Y、K 值分别为 0、63、0、0，填充图形，并设置描边色为无，效果如图 2-283 所示。

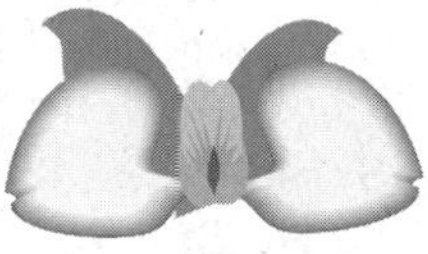

图 2-280 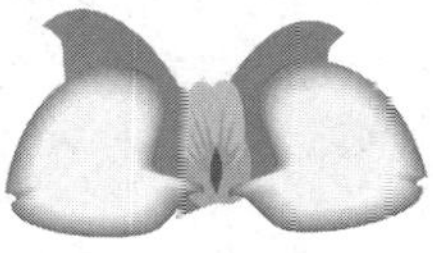   图 2-281 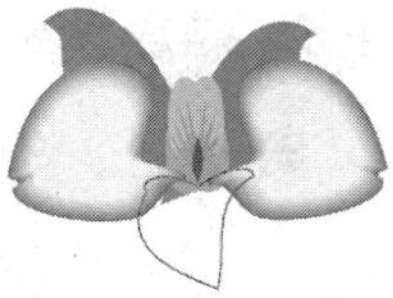   图 2-282 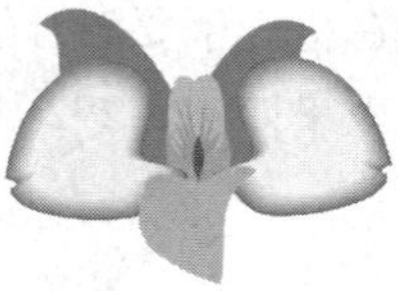   图 2-283

步骤 11 选择"选择"工具 ▶，选取图形，按 Ctrl+C 组合键，复制图形，按 Ctrl+F 组合键，将复制的图形粘贴在前面。按住 Shift+Alt 组合键，向内拖曳鼠标，等比例缩小图形，设置图形填充色的 C、M、Y、K 值分别为 0、31、0、0，填充图形，如图 2-284 所示。双击"混合"工具 ▧，弹出"混合选项"对话框，选项的设置如图 2-285 所示，单击"确定"按钮，分别在两个图形上单击，混合效果如图 2-286 所示。

图 2-284    图 2-285    图 2-286

步骤 12 选择"选择"工具 ▶，用圈选的方法将花瓣图形同时选取，按 Ctrl+G 组合键，将其编组，并拖曳到适当的位置，调整其大小和角度，如图 2-287 所示。用相同的方法绘制出多个花图形，蝴蝶花绘制完成，效果如图 2-288 所示。

图 2-287    图 2-288

2.5.4 【相关工具】

1. 混合效果的使用

混合命令可以创建一系列处于两个自由形状之间的路径，也就是一系列样式递变的过渡图形。该命令可以在两个或两个以上的图形对象之间使用。

◎ 创建混合对象

选择"选择"工具 ▶，选取要进行混合的 2 个对象，如图 2-289 所示。选择"混合"工具 ▧，用鼠标单击要混合的起始图像，如图 2-290 所示。

图 2-289    图 2-290

在另一个要混合的图像上单击鼠标，将它设置为目标图像，如图 2-291 所示，绘制出的混合图像效果如图 2-292 所示。

图 2-291 　　　　　　　　　　　图 2-292

选取要混合的对象，选择"对象 > 混合 > 建立"命令（组合键为 Alt +Ctrl+ B），也可制作出混合效果。

◎ 创建混合路径

选择"选择"工具 ，选取要进行混合的路径，如图 2-293 所示。选择"混合"工具 ，用鼠标单击要混合的起始路径上的某一节点，光标变为实心，如图 2-294 所示。用鼠标单击另一个要混合的目标路径上的某一节点，将它设置为目标路径，如图 2-295 所示。制作出混合效果，如图 2-296 所示。

图 2-293 　　　　　　图 2-294 　　　　图 2-295 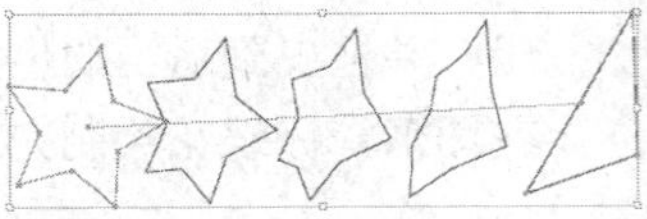　　　　　图 2-296

提　示　在起始路径和目标路径上单击的节点不同，所得出的混合效果也不同。

选择"混合"工具 ，用鼠标单击混合路径中最后一个混合对象路径上的节点，如图 2-297 所示。单击想要添加的其他路径上的节点，如图 2-298 所示。可继续混合其他对象，效果如图 2-299 所示。

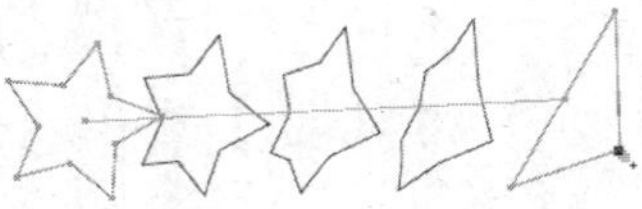

图 2-297 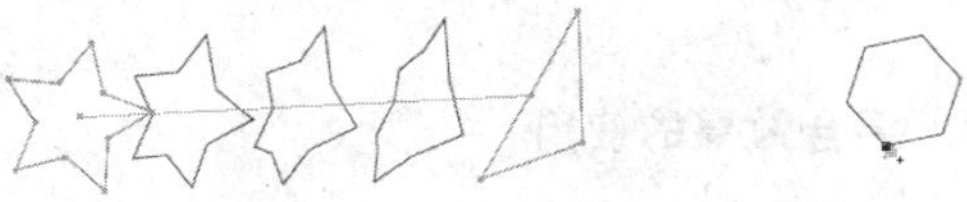　　　　　　　　　　　图 2-298

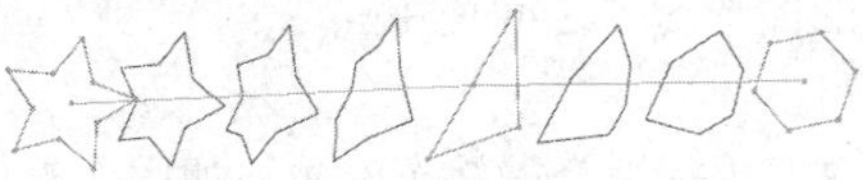

图 2-299

◎ 释放混合对象

选择"选择"工具 ，选取一组混合对象，如图 2-300 所示。选择"对象 > 混合 > 释放"命令（组合键为 Alt + Shift +Ctrl+B），释放混合对象，效果如图 2-301 所示。

◎ 使用混合选项对话框

选取要混合的对象。选择"对象 > 混合 > 混合选项"命令，弹出"混合选项"对话框，在"间距"选项组中包括 3 个选项，如图 2-302 所示。

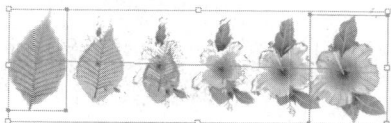

图 2-300　　　　　　　　　　　　　　图 2-301

"平滑颜色"选项：按进行混合的 2 个图形的颜色和形状来确定混合的步数。为默认的选项时，效果如图 2-303 所示。

图 2-302　　　　　　　　　　　　　　图 2-303

"指定的步数"选项：控制混合的步数。当"指定的步数"选项设置为 2 时，效果如图 2-304 所示。当"指定的步数"选项设置为 7 时，效果如图 2-305 所示。

图 2-304　　　　　　　　　　　　　　图 2-305

"指定的距离"选项：控制每一步混合的距离。当"指定的距离"选项设置为 25 时，效果如图 2-306 所示。当"指定的距离"选项设置为 2 时，效果如图 2-307 所示。

图 2-306

图 2-307

如果想要将混合图形与存在的路径结合，同时选取混合图形和外部路径，选择"对象 > 混合 > 替换混合轴"命令，可以替换混合图形中的混合路径，混合前后的效果对比如图 2-308 和图 2-309 所示。

图 2-308　　　　　　　　　　　　　　图 2-309

2. 对象的镜像

在 Illustrator CS3 中可以快速而精确地进行镜像操作，以使设计和制作工作更加轻松有效。

◎ **使用工具箱中的工具镜像对象**

选取要生成镜像的对象，效果如图 2-310 所示，选择"镜像"工具 ，用鼠标拖曳对象进行旋转，出现蓝色虚线，效果如图 2-311 所示，这样可以实现图形的旋转变换，也就是对象绕自身中心的镜像变换，镜像后的效果如图 2-312 所示。

用鼠标在绘图页面上任一位置单击，可以确定新的镜像轴标志"✧"的位置，效果如图 2-313 所示。用鼠标在绘图页面上任一位置再次单击，则单击产生的点与镜像轴标志的连线就作为镜像变换的镜像轴，对象在与镜像轴对称的地方生成镜像，对象的镜像效果如图 2-314 所示。

图 2-310　　　　图 2-311　　　　图 2-312　　　　图 2-313　　　　图 2-314

提　示　在使用"镜像"工具 生成镜像对象的过程中，只能使对象本身产生镜像。要在镜像的位置生成一个对象的复制品，方法很简单，在拖曳鼠标时按住 Alt 键即可。"镜像"工具 也可以用于旋转对象。

◎ 使用"选择"工具 镜像对象

使用"选择"工具 ，选取要生成镜像的对象，效果如图 2-315 所示。按住鼠标左键直接拖曳控制手柄到相对的边，直到出现对象的蓝色虚线，效果如图 2-316 所示，释放鼠标左键就可以得到不规则的镜像对象，效果如图 2-317 所示。

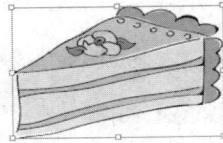

图 2-315　　　　　　图 2-316　　　　　　图 2-317

直接拖曳左边或右边中间的控制手柄到相对的边，直到出现对象的蓝色虚线，松开鼠标左键就可以得到原对象的水平镜像。直接拖曳上边或下边中间的控制手柄到相对的边，直到出现对象的蓝色虚线，释放鼠标左键就可以得到原对象的垂直镜像。

技　巧　按住 Shift 键，拖曳边角上的控制手柄到相对的边，对象会成比例地沿对角线方向生成镜像。按住 Shift+Alt 组合键，拖曳边角上的控制手柄到相对的边，对象会成比例地从中心生成镜像。

◎ 使用菜单命令镜像对象

选择"对象 > 变换 > 对称"命令，弹出"镜像"对话框，如图 2-318 所示。在"轴"选项组中，选择"水平"单选项可以垂直镜像对象，选择"垂直"单选项可以水平镜像对象，选择"角度"单选项可以输入镜像角度的数值；在"选项"选项组中，选择"对象"选项，镜像的对象不是图案，选择"图案"选项，镜像的对象是图案；"复制"按钮用于在原对象上复制一个镜像的对象。

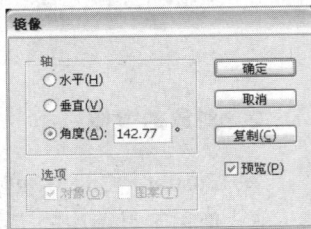

图 2-318

3. 复制对象

在 Illustrator CS3 中可以采取多种方法复制对象。下面介绍对象复制的多种方法。

◎　使用"编辑"菜单命令复制对象

选取要复制的对象，效果如图 2-319 所示，选择"编辑 > 复制"命令（组合键为 Ctrl+C），对象的副本将被放置在剪贴板中。

选择"编辑 > 粘贴"命令（组合键为 Ctrl+V），对象的副本将被粘贴到要复制对象的旁边，复制的效果如图 2-320 所示。

图 2-319

图 2-320

◎　使用鼠标右键弹出式命令复制对象

选取要复制的对象，在对象上单击鼠标右键，弹出快捷菜单，选择"变换 > 移动"命令，弹出"移动"对话框，如图 2-321 所示，单击"复制"按钮，可以在选中的对象上面复制一个对象，效果如图 2-322 所示。

接着在对象上再次单击鼠标右键，弹出快捷菜单，选择"变换 > 再次变换"命令（组合键为 Ctrl+D），对象按"移动"对话框中的设置再次进行复制，效果如图 2-323 所示。

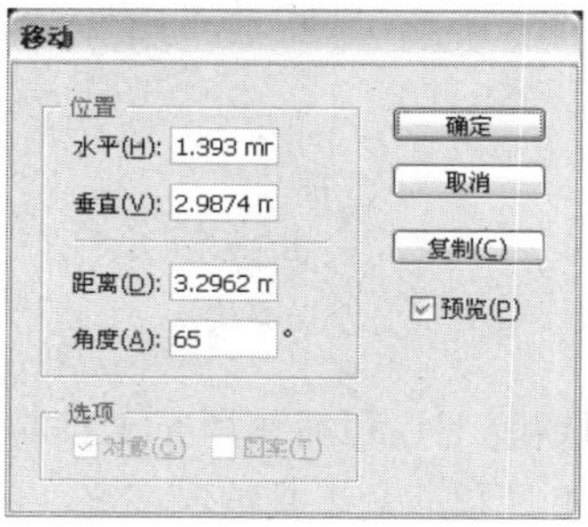

图 2-321　　　　　　　图 2-322 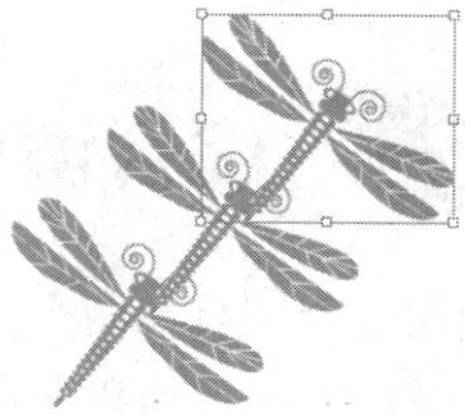　　　　　　　图 2-323

◎　使用鼠标拖曳方式复制对象

选取要复制的对象，按住 Alt 键，在对象上拖曳鼠标，出现对象的蓝色虚线效果，移动到需要的位置，释放鼠标左键，复制出一个选取对象。

也可以在两个不同的绘图页面中复制对象，使用鼠标拖曳其中一个绘图页面中的对象到另一个绘图页面中，释放鼠标左键完成复制。

2.5.5 【实战演练】绘制运动鞋

使用钢笔和渐变填充工具绘制鞋的鞋面。使用混合工具为图形进行混合制作出鞋带。（最终效果参看光盘中的"Ch02 > 效果 > 绘制运动鞋"，如图 2-324 所示。）

图 2-324

2.6 综合演练——绘制卡通青蛙

使用渐变工具、钢笔工具和填充命令绘制背景图形。使用椭圆工具绘制青蛙的眼部图形。使用钢笔工具和填充命令制作青蛙的身子。使用复制和粘贴命令复制青蛙的脚部图形。（最终效果参看光盘中的"Ch02 > 效果 > 绘制卡通青蛙"，如图 2-325 所示。）

图 2-325

2.7 综合演练——绘制圆形笑脸

使用混合工具在两个圆形间应用混合制作脸部图形。使用钢笔工具和渐变填充工具制作帽子图形。使用椭圆工具和混合命令制作眼睛和嘴图形。使用钢笔工具和渐变工具绘制高光。（最终效果参看光盘中的"Ch02 > 效果 > 绘制圆形笑脸"，如图 2-326 所示。）

图 2-326

第3章 插画设计

现代插画艺术发展迅速，已经被广泛应用于杂志、周刊、广告、包装和纺织品领域。使用 Illustrator 绘制的插画简洁明快、独特新颖、形式多样，已经成为最流行的插画表现形式。本章以多个主题插画为例，讲解了插画的绘制方法和制作技巧。

课堂学习目标

- 掌握插画的绘制思路和过程
- 掌握插画的绘制方法和技巧

3.1 绘制时尚杂志插画

3.1.1 【案例分析】

本例是为时尚杂志中的时尚生活栏目绘制的插画，时尚生活栏目这期主要介绍的是时尚服饰，在插画绘制上要以明快简约、时尚大方的风格表现现代都市中的女性魅力。

3.1.2 【设计理念】

通过深浅不同的黄色和红色圆形作背景体现出简约尊贵、极具现代气息的氛围。通过用明快的类似色来对现代女性进行刻画，增加整体画面的现代感和时尚感。最后用文字的排列变化突显主题。整体设计暖意融融、现代时尚。（最终效果参看光盘中的"Ch03 > 效果 > 绘制时尚杂志插画"，如图 3-1 所示。）

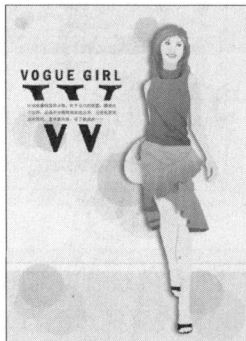

图 3-1

3.1.3 【操作步骤】

1. 绘制上衣和胳膊

步骤 1　打开光盘中的"Ch03 > 素材 > 绘制时尚杂志插画 > 01"文件，按 Ctrl+A 组合键，将所有图形选取，按 Ctrl+C 组合键，复制图形。选择正在编辑的页面，按 Ctrl+V 组合键，将其粘贴到页面中，效果如图 3-2 所示。

步骤 2　选择"钢笔"工具，在适当的位置绘制一个不规则图形，设置图形填充色的 C、M、Y、K 值分别为 59、81、59、73，填充图形，并设置描边色为无，如图 3-3 所示。在"透明度"控制面板中，将"混合模式"选项设为"正片叠底"，将"不透明度"选项设为 70，如图 3-4 所示，图形效果如图 3-5 所示。

步骤 3　选择"钢笔"工具，在适当的位置绘制一个不规则图形，设置图形填充色的 C、M、Y、K 值分别为 37、67、100、35，填充图形，并设置描边色为无，如图 3-6 所示。按 Ctrl+[组合键，后移一层，如图 3-7 所示。

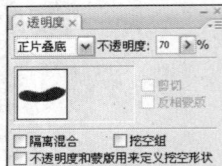   

图 3-2　　　　图 3-3　　　　　　图 3-4　　　　　　图 3-5　　　　图 3-6　　　　图 3-7

步骤 4　选择"钢笔"工具，绘制一个不规则图形，如图 3-8 所示。双击"渐变"工具，弹出"渐变"控制面板，在渐变色带上设置 3 个渐变滑块，分别将渐变滑块的位置设为 0、37、100，并设置 C、M、Y、K 的值分别为 0（50、66、92、61）、37（36、68、100、33）、100（21、45、74、2），其他选项的设置如图 3-9 所示，图形被填充渐变色，并设置描边色为无，调整图形的前后顺序，效果如图 3-10 所示。

  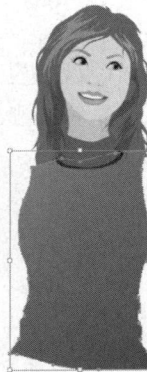

图 3-8　　　　　　　　　　图 3-9　　　　　　　　　图 3-10

步骤 5　选择"钢笔"工具，在适当的位置绘制暗部图形，设置图形填充色的 C、M、Y、K 值分别为 0、0、0、28，填充图形，并设置描边色为无，如图 3-11 所示。在"透明度"控制面板中，将"混合模式"选项设置为"正片叠底"，如图 3-12 所示，效果如图 3-13 所示。

图 3-11　　　　　　　　　图 3-12　　　　　　　　　图 3-13

步骤 6 选择"钢笔"工具，绘制胳膊图形，设置图形填充色的 C、M、Y、K 值分别为 2、24、35、0，并填充图形，设置描边色为无，如图 3-14 所示。按 Ctrl+Shift+[组合键，将其置于底层，如图 3-15 所示。

步骤 7 选择"钢笔"工具，绘制手的暗部图形，设置图形填充色的 C、M、Y、K 值分别为 2、24、35、11，填充图形，并设置描边色为无，如图 3-16 所示。选择"钢笔"工具，再绘制出另一只胳膊图形，设置图形填充色的 C、M、Y、K 值分别为 2、24、35、0，填充图形，并设置描边色为无，如图 3-17 所示，按 Ctrl+Shift+[组合键，将其置于底层，如图 3-18 所示。

图 3-14　　　　　图 3-15　　　　　图 3-16　　　　　图 3-17　　　　　图 3-18

2. 绘制裙子

步骤 1 选择"钢笔"工具，绘制裙子图形，如图 3-19 所示。双击"渐变"工具，弹出"渐变"控制面板，在渐变色带上设置 2 个渐变滑块，分别将渐变滑块的位置设为 0、100，并设置 C、M、Y、K 的值分别为 0（0、52、100、0）、100（24、78、100、11），其他选项的设置如图 3-20 所示，填充图形，并设置描边色为无，效果如图 3-21 所示。

步骤 2 选择"钢笔"工具，在适当的位置绘制一条不规则曲线，设置描边颜色的 C、M、Y、K 值分别为 38、91、63、43，并填充描边，在属性栏中将"描边粗细"选项设置为 1，如图 3-22 所示。选择"钢笔"工具，在适当的位置绘制一个不规则图形，如图 3-23 所示。双击"渐变"工具，弹出"渐变"控制面板，在渐变色带上设置 2 个渐变滑块，分别将渐变滑块的位置设为 0、100，并设置 C、M、Y、K 的值分别为 0（0、0、0、0）、100（24、78、68、11），其他选项的设置如图 3-24 所示。填充图形，并设置描边色为无，效果如图 3-25 所示。

图 3-19   图 3-20   图 3-21

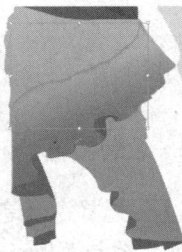

图 3-22   图 3-23   图 3-24   图 3-25

步骤 3 在"透明度"控制面板中,将"混合模式"选项设为"正片叠底",将"不透明度"选项设为 70,如图 3-26 所示,效果如图 3-27 所示。选择"钢笔"工具,在适当的位置绘制裙子的暗部图形,分别填充适当的颜色,并设置描边色为无,如图 3-28 所示。

步骤 4 选择"钢笔"工具,在适当的位置绘制一个不规则图形,设置图形填充色的 C、M、Y、K 值分别为 38、90、62、42,填充图形,并设置描边色为无,如图 3-29 所示。

图 3-26   图 3-27   图 3-28   图 3-29

步骤 5 选择"钢笔"工具,分别绘制出裙子的高光图形,如图 3-30 所示。选择"渐变"工具,弹出"渐变"控制面板,在渐变色带上设置 2 个渐变滑块,分别将渐变滑块的位置设为 0、100,并设置填充色的 C、M、Y、K 值分别为 0(25、65、56、0)、100(24、78、68、12),如图 3-31 所示,填充部分图形,其他图形填充为白色,并设置描边色为无,效果如图 3-32 所示。

步骤 6 选择"选择"工具,在"透明度"控制面板中,将"混合模式"选项设为"滤色",将"不透明度"选项设为 15,效果如图 3-33 所示。选择"钢笔"工具,再绘制出其他高光图形,分别填充适当的颜色并设置描边色为无,如图 3-34 所示。

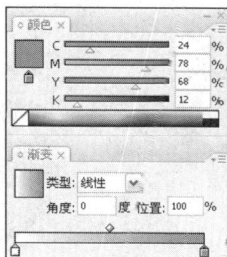

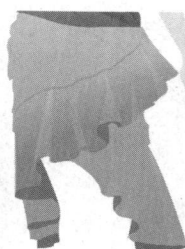

图 3-30　　　　　图 3-31　　　　　图 3-32　　　　　图 3-33　　　　　图 3-34

3. 绘制腿和鞋子

步骤 1　选择"钢笔"工具 ，绘制腿图形，设置图形填充色的 C、M、Y、K 值分别为 3、20、37、0，填充图形，并设置描边颜色为无。按 Ctrl+Shift+[组合键，将其置于底层，如图 3-35 所示。选择"钢笔"工具 ，在适当的位置绘制一个不规则图形，如图 3-36 所示。双击"渐变"工具 ，弹出"渐变"控制面板，在渐变色带上设置 2 个渐变滑块，分别将渐变滑块的位置设为 0、100，并设置填充色的 C、M、Y、K 值分别为 0（0、0、0、0）、100（27、58、75、10），如图 3-37 所示，填充图形，并设置描边色为无，效果如图 3-38 所示。

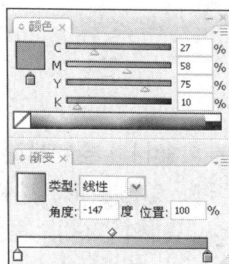

图 3-35　　　　　图 3-36　　　　　　　图 3-37　　　　　　　图 3-38

步骤 2　选择"选择"工具 ，在"透明度"控制面板中，将"混合模式"选项设为"正片叠底"，将"不透明度"选项设为 50，如图 3-39 所示，图形效果如图 3-40 所示。选择"钢笔"工具 ，在腿部适当的位置绘制暗部图形，分别填充适当的颜色并设置描边色为无，如图 3-41 所示。

图 3-39　　　　　　　　图 3-40　　　　　　图 3-41

步骤 3　选择"钢笔"工具 ，绘制脚部的暗部图形，分别填充适当的颜色，并设置描边色为无，分别添加透明效果，如图 3-42 所示。选择"钢笔"工具 ，绘制鞋子图形，填充为黑色并设置描边颜色为无，如图 3-43 所示。选择"选择"工具 ，按 Ctrl+Shift+[组合键，将其置于底层，如图 3-44 所示。

图 3-42　　　　　　　图 3-43　　　　　　　图 3-44

步骤 4 选择"钢笔"工具 ，在适当的位置再绘制一个不规则图形，填充为黑色并设置描边色为无，如图 3-45 所示。再绘制出另一只鞋子图形，如图 3-46 所示。选择"选择"工具 ，用圈选的方法将人物图形同时选取，按 Ctrl+G 组合键，将其编组，如图 3-47 所示。

图 3-45　　　　　　　　　图 3-46　　　　　　　　　图 3-47

步骤 5 打开光盘中的"Ch03 > 素材 > 绘制时尚杂志插画 > 02"文件，按 Ctrl+A 组合键，将所有图形选取，按 Ctrl+C 组合键，复制图形。选择正在编辑的页面，按 Ctrl+V 组合键，将其粘贴到页面中，拖曳到适当的位置，如图 3-48 所示。按 Ctrl+[组合键，将其后移一层，如图 3-49 所示。

步骤 6 按 Ctrl+A 组合键，将所有图形选取，按 Ctrl+C 组合键，复制图形。打开光盘中的"Ch03 > 素材 > 绘制时尚杂志插画 > 03"文件，如图 3-50 所示。按 Ctrl+V 组合键，将复制的文件粘贴到页面中，拖曳到适当的位置并调整其大小，效果如图 3-51 所示。

图 3-48　　　　　图 3-49　　　　　　　图 3-50　　　　　　　图 3-51

步骤 7 选择"效果 > 风格化 > 投影"命令，弹出"投影"对话框，选项的设置如图 3-52 所示，单击"确定"按钮，效果如图 3-53 所示。

步骤 8 打开光盘中的"Ch03 > 素材 > 绘制时尚杂志插画 > 04"文件，按 Ctrl+A 组合键，将所有图形选取，按 Ctrl+C 组合键，复制图形。选择正在编辑的页面，按 Ctrl+V 组合键，将其粘贴到页面中，拖曳到适当的位置并调整其大小，效果如图 3-54 所示。

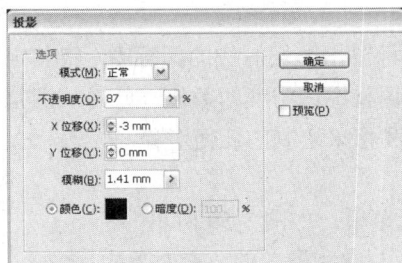

图 3-52　　　　　　　　　　图 3-53　　　　　　　　　　图 3-54

3.1.4 【相关工具】

1. 透明度控制面板

透明度是 Illustrator CS3 中对象的一个重要外观属性。通过设置透明度，绘图页面上的对象可以是完全透明、半透明或者不透明 3 种状态。在"透明度"控制面板中，可以给对象添加不透明度，还可以改变混合模式，从而制作出新的效果。

选择"窗口 > 透明度"命令（组合键为 Shift+Ctrl+F10），弹出"透明度"控制面板，如图 3-55 所示。单击控制面板右上方的图标 ▼≡，在弹出的菜单中选择"显示缩览图"命令，可以将"透明度"控制面板中的缩览图显示出来，如图 3-56 所示。在弹出的菜单中选择"显示选项"命令，可以将"透明度"控制面板中的选项显示出来，如图 3-57 所示。

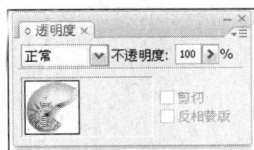

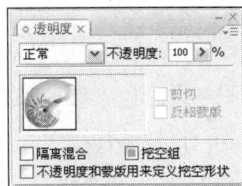

图 3-55　　　　　　　　　　图 3-56　　　　　　　　　　图 3-57

◎ "透明度"控制面板的表面属性

在"透明度"控制面板中，当"不透明度"选项设置为不同的数值时，效果如图 3-58 所示。默认状态下，对象是完全不透明的。

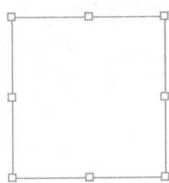
不透明度值为 0 时

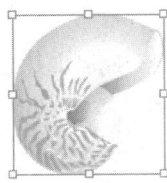
不透明度值为 50 时

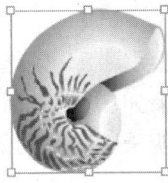
不透明度值为 100 时

图 3-58

选择"隔离混合"选项：可以使不透明度设置只影响当前组合或图层中的其他对象。

选择"挖空组"选项：可以使不透明度设置不影响当前组合或图层中的其他对象，但背景对象仍然受影响。

选择"不透明度和蒙版用来定义挖空形状"选项：可以使用不透明度蒙版来定义对象的不透明度所产生的效果。

选中"图层"控制面板中要改变不透明度的图层，用鼠标单击图层右侧的图标 ○，将其定义为目标图层，在"透明度"控制面板的"不透明度"选项中调整不透明度的数值，此时的调整会影响到整个图层不透明度的设置，包括此图层中已有的对象和将来绘制的任何对象。

◎ "透明度"控制面板的下拉式命令

单击"透明度"控制面板右上方的图标 ▼≡，弹出其下拉菜单，如图 3-59 所示。

"建立不透明蒙版"命令可以将蒙版的不透明度设置应用到它所覆盖的所有对象中。

在绘图页面中选中 2 个对象，如图 3-60 所示，选择"建立不透明蒙版"命令，"透明度"控制面板显示的效果如图 3-61 所示，制作不透明蒙版的效果如图 3-62 所示。

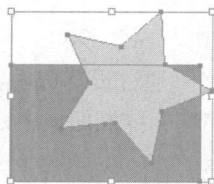
图 3-59   图 3-60   图 3-61   图 3-62

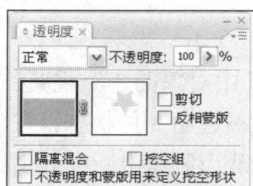

选择"释放不透明蒙版"命令，制作的不透明蒙版将被释放，对象恢复原来的效果。选中制作的不透明蒙版，选择"停用不透明蒙版"命令，不透明蒙版被禁用，"透明度"控制面板的变化如图 3-63 所示。

选中制作的不透明蒙版，选择"取消链接不透明蒙版"命令，蒙版对象和被蒙版对象之间的链接关系被取消。"透明度"控制面板中，蒙版对象和被蒙版对象缩略图之间的链接符号 ⑧ 不再显示，如图 3-64 所示。

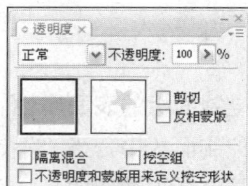
图 3-63   图 3-64

选中制作的不透明蒙版，勾选"透明度"控制面板中的"剪切"复选项，如图 3-65 所示，不透明蒙版的变化效果如图 3-66 所示。勾选"透明度"控制面板中的"反相蒙版"复选项，如图 3-67 所示，不透明蒙版的变化效果如图 3-68 所示。

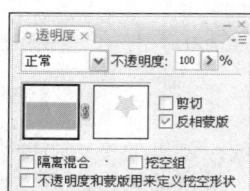
图 3-65   图 3-66   图 3-67   图 3-68

◎ "透明度"控制面板中的混合模式

在"透明度"控制面板中提供了 16 种混合模式，如图 3-69 所示。置入一张图像，如图 3-70 所示。在图像上绘制一个星形并保持其选取状态，如图 3-71 所示。分别选择不同的混合模式，可以观察图像的不同变化，效果如图 3-72 所示。

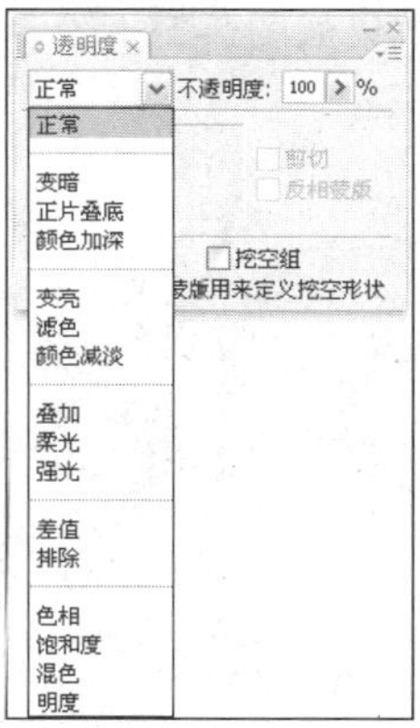

图 3-69

图 3-70

图 3-71

正常模式

变暗模式

正片叠底模式

颜色加深模式

变亮模式

滤色模式

颜色减淡模式

叠加模式

柔光模式

强光模式

差值模式

排除模式

色相模式

饱和度模式

混色模式

明度模式

图 3-72

2. 投影命令

效果命令中的投影命令可以为对象添加投影。

选中要添加阴影的对象，如图 3-73 所示，选择"效果 > 风格化 > 投影"命令，在弹出的"投影"对话框中设置数值，如图 3-74 所示，单击"确定"按钮，对象的投影效果如图 3-75 所示。

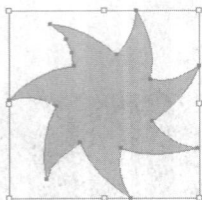

图 3-73　　　　　　　　　　　图 3-74　　　　　　　　　　　图 3-75

3. 对象的顺序

选择"对象 > 排列"命令，其子菜单包括 5 个命令：置于顶层、前移一层、后移一层、置于底层和发送至当前图层。使用这些命令可以改变图形对象的排序。

选中要排序的对象，用鼠标右键单击页面，在弹出的快捷菜单中也可选择"排列"命令，还可以应用组合键命令来对对象进行排序。

◎ **置于顶层**

置于顶层是将选取的图像移到所有图像的顶层。

选取要移动的图像，如图 3-76 所示。用鼠标右键单击页面，弹出其快捷菜单，在"排列"命令的子菜单中选择"置于顶层"命令，图像排到顶层，效果如图 3-77 所示。

◎ **前移一层**

前移一层是将选取的图像向前移过一个图像。

选取要移动的图像，如图 3-78 所示。用鼠标右键单击页面，弹出其快捷菜单，在"排列"命令的子菜单中选择"前移一层"命令，图像排向前一层，效果如图 3-79 所示。

图 3-76　　　　　　　　图 3-77　　　　　　　　图 3-78　　　　　　　　图 3-79

◎ **后移一层**

后移一层是将选取的图像向后移过一个图像。

选取要移动的图像，如图 3-80 所示。用鼠标右键单击页面，弹出其快捷菜单，在"排列"命令的子菜单中选择"后移一层"命令，图像排向后一层，效果如图 3-81 所示。

◎ 置于底层

置于底层是将选取的图像移到所有图像的底层。

选取要移动的图像，如图 3-82 所示。用鼠标右键单击页面，弹出其快捷菜单，在"排列"命令子菜单中选择"置于底层"命令，图像将排到最后面，效果如图 3-83 所示。

| 图 3-80 | 图 3-81 | 图 3-82 | 图 3-83 |

◎ 发送至当前图层

选择"图层"控制面板，在"图层 1"上新建"图层 2"，如图 3-84 所示。选取要发送到当前图层的方形图像，如图 3-85 所示，这时"图层 1"变为当前图层，如图 3-86 所示。

| 图 3-84 | 图 3-85 | 图 3-86 |

用鼠标单击"图层 2"，使"图层 2"成为当前图层，如图 3-87 所示。用鼠标右键单击页面，弹出其快捷菜单，在"排列"命令的子菜单中选择"发送至当前图层"命令。方形就被发送到当前图层，即"图层 2"中，页面效果如图 3-88 所示，"图层"控制面板效果如图 3-89 所示。

| 图 3-87 | 图 3-88 | 图 3-89 |

4. 编组

使用"编组"命令，可以将多个对象组合在一起使其成为一个对象。使用"选择"工具 ，选取要编组的图像，编组之后，单击任何一个图像，其他图像都会被一起选取。

◎ 创建组合

选取要编组的对象，如图 3-90 所示。选择"对象 > 编组"命令（组合键为 Ctrl+G），将选取的对象组合，组合后的图像，选择其中的任何一个图像，其他的图像也会同时被选取，如图 3-91 所示。

将多个对象组合后，其外观并没有变化，当对任何一个对象进行编辑时，其他对象也随之产生相应的变化。如果需要单独编辑组合中的个别对象，而不改变其他对象的状态，可以应用"编组选择"工具 进行选取。选择"编组选择"工具 ，用鼠标单击要移动的对象并按住鼠标左键不放，拖曳对象到合适的位置，效果如图 3-92 所示，其他的对象并没有变化。

图 3-90	图 3-91	图 3-92

提　示　"编组"命令还可以将几个不同的组合进行进一步的组合，或在组合与对象之间进行进一步的组合。在几个组之间进行组合时，原来的组合并没有消失，它与新得到的组合是嵌套的关系。组合不同图层上的对象，组合后所有的对象将自动移动到最上边对象的图层中，并形成组合。

◎ 取消组合

选取要取消组合的对象，如图 3-93 所示。选择"对象 > 取消编组"命令（组合键为 Shift+Ctrl+G），取消组合的图像。取消组合后，可通过单击鼠标选取任意一个图像，如图 3-94 所示。

图 3-93	图 3-94

选择一次"取消编组"命令只能取消一层组合，如 2 个组合使用"编组"命令得到一个新的组合。应用"取消编组"命令取消这个新组合后，得到 2 个原始的组合。

3.1.5 【实战演练】绘制故事期刊插画

使用钢笔工具、椭圆工具和渐变工具绘制背景、树和房子。使用不透明度命令制作装饰图形的透明效果。（最终效果参看光盘中的"Ch03 > 效果 > 绘制故事期刊插画"，如图 3-95 所示。）

图 3-95

3.2 绘制卡通书籍插画

3.2.1 【案例分析】

本例是为卡通书籍绘制的故事插画。故事中描绘的是一片繁荣富裕的农场生活，在插画绘制上要通过拟人的手法来表现出农场生活的多姿多彩。

3.2.2 【设计理念】

首先用太阳、天空、群山和土地烘托出自然风景的优美。使用夸张的大南瓜展示出丰收的喜悦和可爱轻松的氛围。使用各种在农场中常见的动物和植物展现出一幅生机勃勃、多姿多彩的农场生活。整体设计中的造型可爱活泼，颜色丰富饱满。（最终效果参看光盘中的"Ch03 > 效果 > 绘制卡通书籍插画"，如图 3-96 所示。）

图 3-96

3.2.3 【操作步骤】

1. 制作背景并绘制装饰图形

步骤 1 打开光盘中的"Ch03 > 素材 > 绘制卡通书籍插画 > 01、02"文件。选择 02 文件，按 Ctrl+A 组合键，将所有图形选取，按 Ctrl+C 组合键，复制图形。选择 01 文件，按 Ctrl+V 组合键，将其粘贴到页面中，并拖曳到适当的位置，效果如图 3-97 所示。选择"矩形"工具 ▢，绘制一个与页面大小相等的矩形，如图 3-98 所示。

图 3-97

图 3-98

步骤 2 选择"选择"工具 ▶，按住 Shift 键的同时，单击 02 图形，将其同时选取，按 Ctrl+7 组合键，建立剪切蒙版，效果如图 3-99 所示。连续按 Ctrl+[组合键，将其后移到褐色图形的后面，如图 3-100 所示。

图 3-99　　　　　　　　　　　　　　图 3-100

步骤 3 选择"椭圆"工具 ◎，绘制一个椭圆形，设置填充色的 C、M、Y、K 值分别为 7、61、92、0，填充图形，并设置描边色为无，效果如图 3-101 所示。

步骤 4 选择"钢笔"工具 ✎，绘制多个图形。选择"选择"工具 ▶，按住 Shift 键的同时，单击需要的图形，将其同时选取，设置填充色的 C、M、Y、K 值分别为 37、80、100、2，填充图形，并设置描边色为无，效果如图 3-102 所示。

步骤 5 选择"椭圆"工具 ◎，绘制一个椭圆形，设置填充色的 C、M、Y、K 值分别为 45、88、100、14，填充图形，并设置描边色为无，效果如图 3-103 所示。选择"钢笔"工具 ✎，绘制一个图形，填充和椭圆形相同的颜色，效果如图 3-104 所示。

图 3-101　　　　　　图 3-102　　　　　　图 3-103　　　　　　图 3-104

2. 添加自然界符号

步骤 1 选择"钢笔"工具 ✎，按住 Shift 键的同时，绘制出一条直线，设置描边色为白色，效果如图 3-105 所示。选择"窗口 > 符号库 > 自然界"命令，弹出"自然界"控制面板，选择需要的符号，如图 3-106 所示，拖曳符号到适当的位置并调整其大小，效果如图 3-107 所示。

步骤 2 双击"镜像"工具 ◁，弹出"镜像"对话框，选项的设置如图 3-108 所示，单击"确定"按钮，效果如图 3-109 所示。

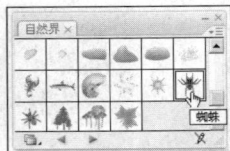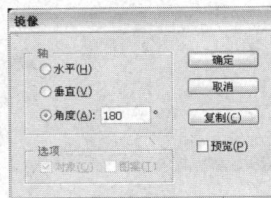

图 3-105　　　　　　图 3-106　　　　　图 3-107　　　　图 3-108　　　　图 3-109

步骤 3 选择"窗口 > 符号库 > 提基"命令，弹出"提基"控制面板，选择需要的符号，如图 3-110 所示，拖曳符号到适当的位置并调整其大小，效果如图 3-111 所示。

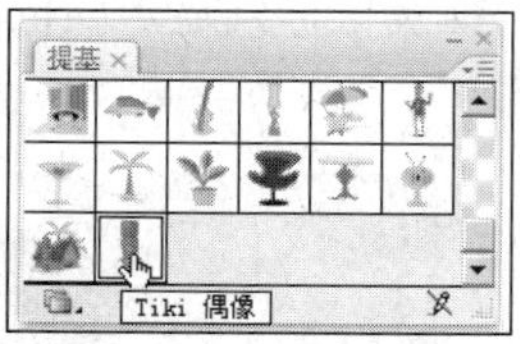

图 3-110

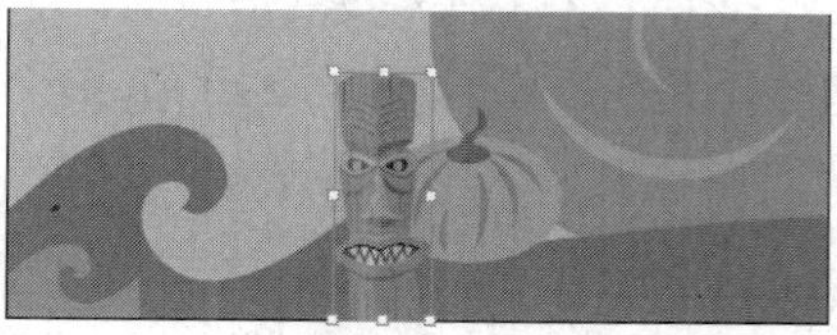

图 3-111

步骤 4 在"提基"控制面板，选择需要的符号，如图 3-112 所示，拖曳符号到适当的位置并调整其大小，效果如图 3-113 所示。

图 3-112

图 3-113

步骤 5 打开光盘中的"Ch03 > 素材 > 绘制卡通书籍插画 > 01"文件，按 Ctrl+A 组合键，将所有图形选取，按 Ctrl+C 组合键，复制图形。选择正在编辑的页面，按 Ctrl+V 组合键，将其粘贴到页面中，并拖曳到适当的位置，如图 3-114 所示。按 Ctrl+Shift+[组合键，将其置于底层，如图 3-115 所示。

图 3-114

图 3-115

步骤 6 选择"矩形"工具，绘制一个与页面大小相等的矩形，效果如图 3-116 所示。按住 Shift 键的同时，单击下面的叶子图形，将其同时选取，按 Ctrl+7 组合键，建立剪切蒙版，效果如图 3-117 所示。

图 3-116

图 3-117

步骤 7 选择"窗口 > 符号库 > 自然界"命令，弹出"自然界"控制面板，选择需要的符号，如图 3-118 所示，拖曳符号到适当的位置，调整其大小，效果如图 3-119 所示。

步骤 8 选择"选择"工具 ，选取符号，按住 Alt 键的同时，拖曳鼠标到适当的位置，复制符号并调整其大小，效果如图 3-120 所示。

图 3-118

图 3-119

图 3-120

步骤 9 在"自然界"控制面板，选择需要的符号，如图 3-121 所示，拖曳符号到适当的位置，调整其大小，效果如图 3-122 所示。选择"选择"工具 ，选取符号，按住 Alt 键的同时，拖曳鼠标到适当的位置，复制符号并调整其大小，用相同的方法再复制多个符号，效果如图 3-123 所示。

图 3-121

图 3-122

图 3-123

3. 绘制太阳和蜗牛效果

步骤 1 选择"椭圆"工具 ，按住 Shift 键的同时，绘制一个圆形，设置填充色的 C、M、Y、K 值分别为 5、17、87、0，填充图形，设置描边色为无，效果如图 3-124 所示。选择"晶格化"工具 ，按住 Alt 键的同时拖曳鼠标调整描边的大小，在圆形上单击，效果如图 3-125 所示。

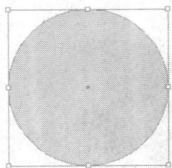

步骤 2 选择"晶格化"工具 ，按住 Alt 键的同时拖曳鼠标调整描边的大小，在圆形上单击，效果如图 3-126 所示。选择"椭圆"工具 ，按住 Shift 键的同时，绘制一个圆形，如图 3-127 所示。设置填充色的 C、M、Y、K 值分别为 4、1、43、0，填充图形，设置描边颜色为无，效果如图 3-128 所示。

图 3-124

图 3-125

图 3-126

图 3-127

图 3-128

步骤 3 选择"选择"工具 ，用圈选的方法将图形同时选取，按 Ctrl+G 组合键，将其编组，拖曳太阳图形到适当的位置，如图 3-129 所示。选择"椭圆"工具 ，按住 Shift 键的同时，绘制一个圆形，如图 3-130 所示。设置填充色的 C、M、Y、K 值分别为 57、51、100、5，填充图形，设置描边色为无，效果如图 3-131 所示。

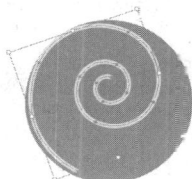

图 3-129   图 3-130   图 3-131

步骤 4 选择"螺旋线"工具 ◎，绘制出螺旋线，如图 3-132 所示。设置描边色的 C、M、Y、K 值分别为 6、1、69、0，填充螺旋线描边，在属性栏中将"描边粗细"选项设置为 1，效果如图 3-133 所示。

步骤 5 选择"钢笔"工具 ◊，绘制一个图形，如图 3-134 所示。设置填充色的 C、M、Y、K 值分别为 65、81、100、55，填充图形，并设置描边色为无，效果如图 3-135 所示。

图 3-132   图 3-133   图 3-134   图 3-135

步骤 6 选择"矩形"工具 □，绘制一个矩形并旋转其角度，填充和上次图形相同的颜色，设置描边色为无，效果如图 3-136 所示。选择"椭圆"工具 ◎，按住 Shift 键的同时，绘制一个圆形，填充和上次图形相同的颜色，效果如图 3-137 所示。

步骤 7 选择"选择"工具 ▶，用圈选的方法将矩形和圆形同时选取，按住 Alt 键的同时，拖曳鼠标到适当的位置，复制图形并将其旋转，效果如图 3-138 所示。选择"选择"工具 ▶，用圈选的方法将图形同时选取，按 Ctrl+G 组合键，将其编组，拖曳到适当的位置并调整大小，如图 3-139 所示。卡通书籍插画绘制完成，如图 3-140 所示。

图 3-136   图 3-137   图 3-138   图 3-139   图 3-140

3.2.4 【相关工具】

1. 使用符号

符号是一种能存储在"符号"控制面板中，并且在一个插图中可以多次重复使用的对象。Illustrator CS3 提供了"符号"控制面板，专门用来创建、存储和编辑符号。

◎"符号"控制面板

"符号"控制面板具有创建、编辑和存储符号的功能。单击控制面板右上方的图标 ▾ ，弹出其下拉菜单，如图 3-141 所示。

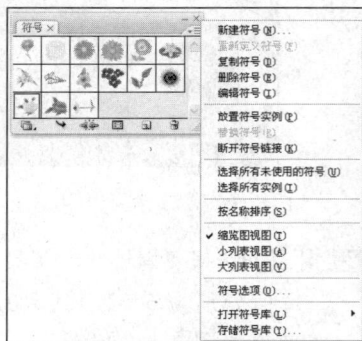

图 3-141

在"符号"控制面板下边有以下 6 个按钮。

符号库菜单按钮 ：包括了多种符合库，可以选择调用。

置入符号实例按钮 ：将当前选中的一个符号范例放置在页面的中心。

断开符号链接按钮 ：将添加到插图中的符号范例与"符号"控制面板断开链接。

符号选项按钮 ：单击该按钮，可以打开"符号选项"对话框，并进行设置。

新建符号按钮 ：单击该按钮可以将选中的要定义为符号的对象添加到"符号"控制面板中作为符号。

删除符号按钮 ：单击该按钮可以删除"符号"控制面板中被选中的符号。

◎ 创建和应用符号

单击"新建符号"按钮 可以将选中的要定义为符号的对象添加到"符号"控制面板中作为符号。

将选中的对象直接拖曳到"符号"控制面板中也可以创建符号，如图 3-142 所示。

在"符号"控制面板中选中需要的符号，直接将其拖曳到当前插图中，得到一个符号范例，如图 3-143 所示。

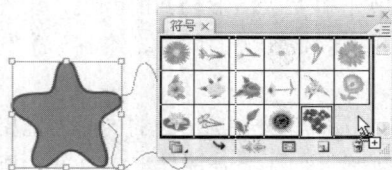
图 3-142

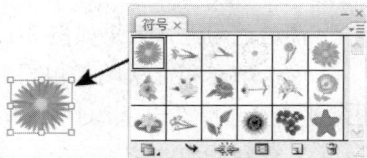
图 3-143

选择"符号喷枪"工具 可以同时创建多个符号范例，并且可以将它们作为一个符号集合。

◎ 使用符号工具

Illustrator CS3 工具箱的符号工具组中提供了 8 个符号工具，展开的符号工具组如图 3-144 所示。

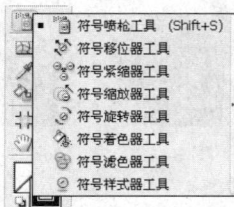
图 3-144

符号喷枪工具 ：创建符号集合，可以将"符号"控制面板中的符号对象应用到插图中。

符号移位器工具 ：移动符号范例。

符号紧缩器工具 ：对符号范例进行缩紧变形。

符号缩放器工具 ：对符号范例进行放大操作。按住 Alt 键，可以对符号范例进行缩小操作。

符号旋转器工具 ：对符号范例进行旋转操作。

符号着色器工具 ：使用当前颜色为符号范例填色。

符号滤色器工具 ：增加符号范例的透明度。按住 Alt 键，可以减小符号范例的透明度。

符号样式器工具 ：将当前样式应用到符号范例中。

可以设置符号工具的属性,双击任意一个符号工具将弹出"符号工具选项"对话框,如图3-145所示。

"直径"选项:设置笔刷直径的数值。这时的笔刷指的是选取符号工具后,鼠标指针的形状。

"强度"选项:设定拖曳鼠标时,符号范例随鼠标变化的速度,数值越大,被操作的符号范例变化得越快。

"符号组密度"选项:设定符号集合中包含符号范例的密度,数值越大,符号集合所包含的符号范例数目就越多。

"显示画笔大小及强度"复选项:勾选该复选项,在使用符号工具时可以看到笔刷,不勾选该复选项则隐藏笔刷。

使用符号工具应用符号的具体操作如下。

选择"符号喷枪"工具 ,鼠标光标将变成一个中间有喷壶的圆形,如图3-146所示。在"符号"控制面板中选取一种需要的符号对象,如图3-147所示。

图3-145　　　　　　　　　图3-146　　　　　　　　　图3-147

在页面上按下鼠标左键不放并拖曳鼠标,符号喷枪工具将沿着鼠标拖曳的轨迹喷射出多个符号范例,这些符号范例将组成一个符号集合,如图3-148所示。

使用"选择"工具 选中符号集合,再选择"符号移位器"工具 ,将鼠标指针移到要移动的符号范例上按下鼠标左键不放并拖曳鼠标,在鼠标指针之中的符号范例随着鼠标移动,如图3-149所示。

图3-148　　　　　　　　　　　　　图3-149

使用"选择"工具 选中符号集合,选择"符号紧缩器"工具 ,将鼠标指针移到要使用符号紧缩器工具的符号范例上,按下鼠标左键不放并拖曳鼠标,符号范例被紧缩,如图3-150所示。

使用"选择"工具 选中符号集合,选择"符号缩放器"工具 ,将鼠标指针移到要调整的符号范例上,按下鼠标左键不放并拖曳鼠标,在鼠标指针之中的符号范例变大,如图3-151所示。按住Alt键,则可缩小符号范例。

图 3-150

图 3-151

使用"选择"工具 选中符号集合，选择"符号旋转器"工具 ，将鼠标指针移到要旋转的符号范例上，按下鼠标左键不放并拖曳鼠标，在鼠标指针之中的符号范例发生了旋转，如图 3-152 所示。

在"色板"控制面板或"颜色"控制面板中设定一种颜色作为当前色，使用"选择"工具 选中符号集合，选择"符号着色器"工具 ，将鼠标指针移到要填充颜色的符号范例上，按下鼠标左键不放并拖曳鼠标，在鼠标指针中的符号范例被填充上当前色，如图 3-153 所示。

图 3-152

图 3-153

使用"选择"工具 选中符号集合，选择"符号滤色器"工具 ，将鼠标指针移到要改变透明度的符号范例上，按下鼠标左键不放并拖曳鼠标，在鼠标指针中的符号范例的透明度被增大，如图 3-154 所示。按住 Alt 键，可以减小符号范例的透明度。

使用"选择"工具 选中符号集合，选择"符号样式器"工具 ，在"图形样式"控制面板中选中一种样式，将鼠标指针移到要改变样式的符号范例上，按下鼠标左键不放并拖曳鼠标，在鼠标指针中的符号范例被改变样式，如图 3-155 所示。

使用"选择"工具 选中符号集合，选择"符号喷枪"工具 ，按住 Alt 键，在要删除的符号范例上按下鼠标左键不放并拖曳鼠标，鼠标指针经过的区域中的符号范例被删除，如图 3-156 所示。

图 3-154

图 3-155

图 3-156

2. 剪贴蒙版

将一个对象制作为蒙版后，对象的内部变得完全透明，这样就可以显示下面的被蒙版对象，同时也可以遮挡住不需要显示或打印的部分。

◎ 制作图像蒙版

选择"文件 > 置入"命令，在弹出的"置入"对话框中选择图像文件，如图 3-157 所示，单击"置入"按钮，图像出现在页面中，效果如图 3-158 所示。选择"椭圆"工具 ○，在图像上绘制一个椭圆形作为蒙版，如图 3-159 所示。

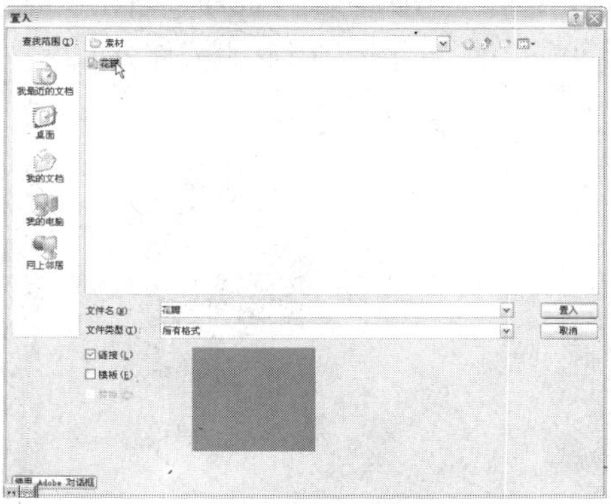

图 3-157 　　　　　　图 3-158 　　　　　　图 3-159

使用"选择"工具 ▶，同时选中图像和椭圆形，如图 3-160 所示（作为蒙版的图形必须在图像的上面）。选择"对象 > 剪切蒙版 > 建立"命令（组合键为 Ctrl+7），制作出蒙版效果，如图 3-161 所示。图像在椭圆形蒙版外面的部分被隐藏，释放选区后，蒙版的效果如图 3-162 所示。

图 3-160 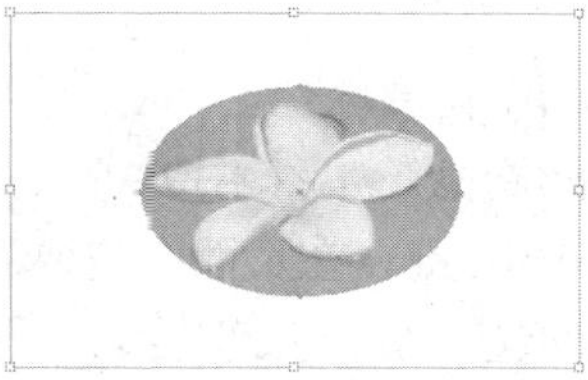　　　　　　图 3-161 　　　　　　图 3-162

使用"选择"工具 ▶，选中图像和椭圆形，在选中的对象上单击鼠标右键，在弹出的菜单中选择"建立剪切蒙版"命令，制作出蒙版效果。

使用"选择"工具 ▶，选中图像和椭圆形，单击"图层"控制面板右上方的图标 ▾≡，在弹出的菜单中选择"建立剪切蒙版"命令，制作出蒙版效果。

◎ 查看蒙版

使用"选择"工具 ▶，选中蒙版图像，如图 3-163 所示。单击"图层"控制面板右上方的图标 ▾≡，在弹出的菜单中选择"定位对象"命令，"图层"控制面板如图 3-164 所示，可以在"图层"控制面板中查看蒙版状态，也可以编辑蒙版。

◎ 锁定蒙版

使用"选择"工具 ▶，选中需要锁定的蒙版图像，如图 3-165 所示。选择"对象 > 锁定 > 所选对象"命令，可以锁定蒙版图像，效果如图 3-166 所示。

图 3-163 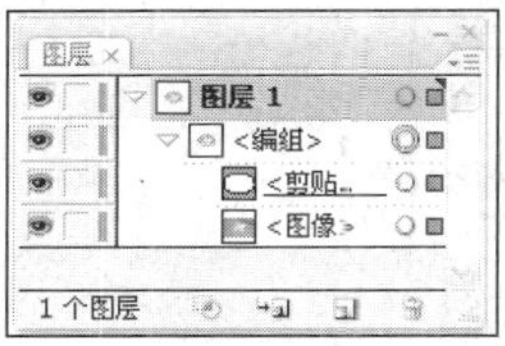　　　　　　图 3-164 　　　　　　图 3-165  图 3-166

◎ **添加对象到蒙版**

选中要添加的对象，如图 3-167 所示。选择"编辑 > 剪切"命令，剪切该对象。使用"直接选择"工具 ，选中被蒙版图形中的对象，如图 3-168 所示。选择"编辑 > 贴在前面、贴在后面"命令，就可以将要添加的对象粘贴到相应的蒙版图形的前面或后面，并成为图形的一部分，贴在前面的效果如图 3-169 所示。

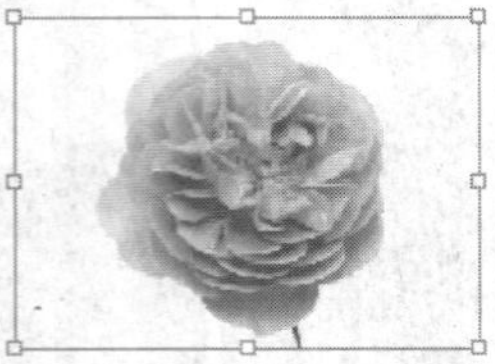

图 3-167	图 3-168	图 3-169

◎ **删除被蒙版的对象**

选中被蒙版的对象，选择"编辑 > 清除"命令或按 Delete 键，即可删除被蒙版的对象。

也可以在"图层"控制面板中选中被蒙版对象所在图层，再单击"图层"控制面板下方的"删除所选图层"按钮 ，也可删除被蒙版的对象。

3. 绘制螺旋线

选择"螺旋线"工具 ，在页面中需要的位置单击鼠标并按住鼠标左键不放，拖曳鼠标到需要的位置，释放鼠标左键，绘制出螺旋线，如图 3-170 所示。

选择"螺旋线"工具 ，按住 Shift 键，在页面中需要的位置单击鼠标并按住鼠标左键不放，拖曳鼠标到需要的位置，释放鼠标左键，绘制出螺旋线，绘制的螺旋线转动的角度将是强制角度（默认设置是 45°）的整数倍。

选择"螺旋线"工具 ，按住~键，在页面中需要的位置单击鼠标并按住鼠标左键不放，拖曳鼠标到需要的位置，释放鼠标左键，绘制出多条螺旋线，效果如图 3-171 所示。

选择"螺旋线"工具 ，在页面中需要的位置单击，弹出"螺旋线"对话框，如图 3-172 所示。在对话框中，"半径"选项可以设置螺旋线的半径，螺旋线的半径指的是从螺旋线的中心点到螺旋线终点之间的距离；"衰减"选项可以设置螺旋形内部线条之间的螺旋圈数；"段数"选项可以设置螺旋线的螺旋段数；"样式"单选项用于设置螺旋线的旋转方向。设置完成后，单击"确定"按钮，得到如图 3-173 所示的螺旋线。

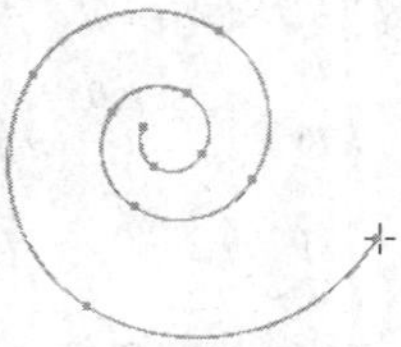

图 3-170	图 3-171	图 3-172	图 3-173

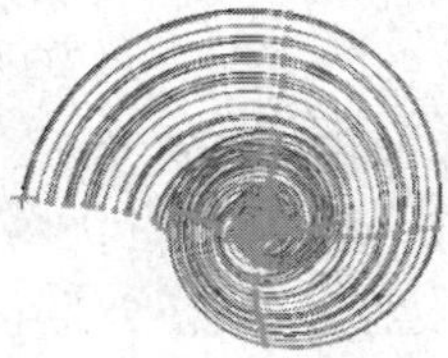

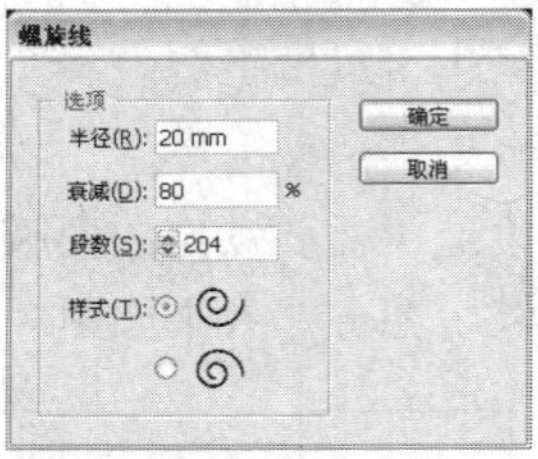

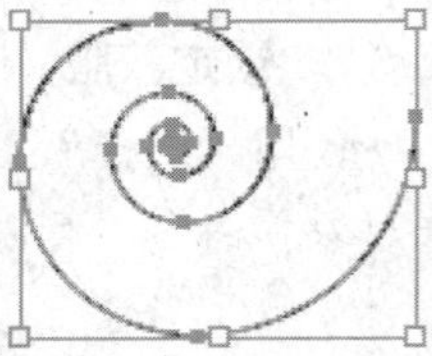

4. 晶格化工具

选择"晶格化"工具 ，将鼠标指针放到对象中适当的位置，如图 3-174 所示，在对象上拖

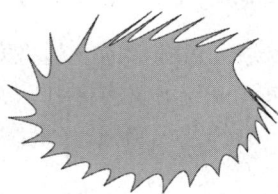

曳鼠标，如图 3-175 所示，就可以变形对象，效果如图 3-176 所示。

| 图 3-174 | 图 3-175 | 图 3-176 |

双击"晶格化"工具 ，弹出"晶格化工具选项"对话框，如图 3-177 所示。对话框中选项的功能与"扇贝工具选项"对话框中的选项功能相同。

图 3-177

3.2.5 【实战演练】绘制儿童故事插画

使用符号库命令添加装饰图形。使用剪切蒙版命令将圆形剪切到矩形中。（最终效果参看光盘中的"Ch03 > 效果 > 绘制儿童故事插画"，如图 3-178 所示。）

图 3-178

3.3　绘制艺术杂志插画

3.3.1 【案例分析】

本例是为艺术杂志绘制的插画。在插画绘制上要通过艺术的手法将太阳和月亮有机地结合起来，表现出新的装饰造型和装饰色彩风格。

中等职业教育数字艺术类规划教材

3.3.2 【设计理念】

通过对圆形的分割将太阳和月亮结合在一起，并通过添加不同的形状和颜色，将两者区分开来，既统一又有区别，并通过对图形的扩展将区别也不断扩大到整个画面。整体设计主题突出、装饰艺术感强。（最终效果参看光盘中的"Ch03 > 效果 > 绘制艺术杂志插画"，如图 3-179 所示。）

图 3-179

3.3.3 【操作步骤】

1. 绘制背景效果

步骤 1　按 Ctrl+N 组合键，弹出"新建文档"对话框，选项的设置如图 3-180 所示，单击"确定"按钮，新建一个文档。

步骤 2　选择"矩形"工具，在页面中单击，弹出"矩形"对话框，在对话框中进行参数设置，如图 3-181 所示，单击"确定"按钮，得到一个矩形，如图 3-182 所示。

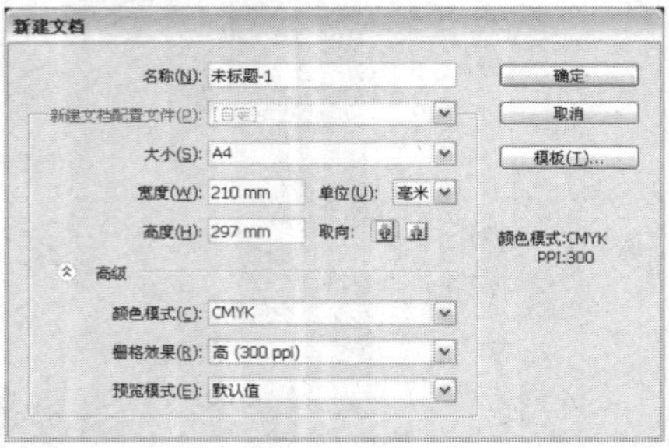

图 3-180 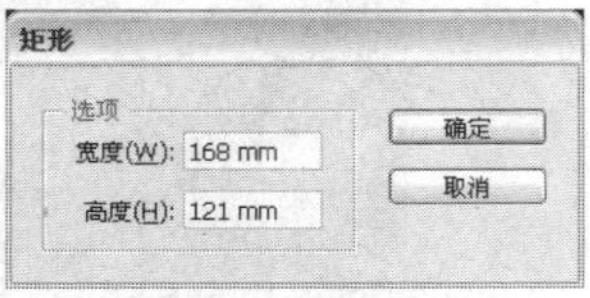　　　　图 3-181　　　　图 3-182

步骤 3　设置图形填充色的 C、M、Y、K 值分别为 15、25、49、0，填充图形，效果如图 3-183 所示。

步骤 4　选择"窗口 > 画笔库 > 边框_装饰"命令，弹出"边框_装饰"控制面板，选择需要的边框，如图 3-184 所示，单击鼠标左键，效果如图 3-185 所示。

2. 绘制底图及装饰图形

步骤 1　选择"椭圆"工具，在页面中单击，弹出"椭圆"对话框，在对话框中进行参数设置，如图 3-186 所示，单击"确定"按钮，得到一个椭圆形，如图 3-187 所示。

图 3-183   图 3-184   图 3-185

步骤 2 选择"钢笔"工具 ，绘制一条路径，如图 3-188 所示。选择"对象 > 路径 > 分割下方对象"命令，将椭圆形进行分割，效果如图 3-189 所示。

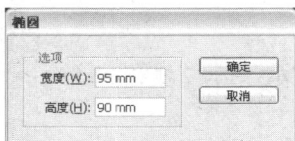

图 3-186   图 3-187   图 3-188   图 3-189

步骤 3 选择"选择"工具 ，选取不需要的分割图形，如图 3-190 所示，按 Delete 键，将其删除，效果如图 3-191 所示。选取未删除的图形，设置填充色的 C、M、Y、K 值分别为 100、98、27、0，填充图形，并设置图形描边色为白色，在属性栏中将"描边粗细"选项设置为 2，效果如图 3-192 所示。

步骤 4 选择"画笔"工具 ，选择"窗口 > 画笔"命令，弹出"画笔"控制面板，选择合适的样式，如图 3-193 所示，在图形中适当的位置绘制一个图形，设置描边色的 C、M、Y、K 值分别为 6、4、64、0，并填充描边，在属性栏中将"描边粗细"选项设置为 0.5，效果如图 3-194 所示。

  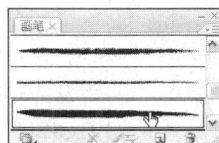 

图 3-190   图 3-191   图 3-192   图 3-193   图 3-194

步骤 5 选择"旋转"工具 ，按住 Shift+Alt 组合键，将中心点拖曳到图形适当的位置，如图 3-195 所示，弹出"旋转"对话框，在对话框中进行参数设置，如图 3-196 所示，单击"复制"按钮，如图 3-197 所示，连续按 Ctrl+D 组合键，再复制出 5 个图形，效果如图 3-198 所示。

 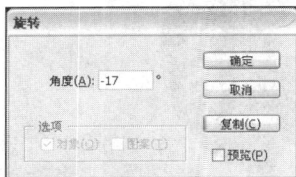  

图 3-195   图 3-19€   图 3-197   图 3-198

3. 绘制太阳及月亮的轮廓图形

步骤 1 选择"椭圆"工具 ○，在页面中单击，弹出"椭圆"对话框，在对话框中进行参数设置，如图 3-199 所示，单击"确定"按钮，得到一个椭圆图形，如图 3-200 所示。

步骤 2 选择"钢笔"工具 ♦，在圆形上绘制一条路径，如图 3-201 所示，选择"对象 > 路径 > 分割下方对象"命令，将圆形进行分割，效果如图 3-202 所示。

图 3-199   图 3-200   图 3-201   图 3-202

步骤 3 选择"钢笔"工具 ♦，在右半部分绘制一条路径，如图 3-203 所示，选择"对象 > 路径 > 分割下方对象"命令，将右边图形进行分割，效果如图 3-204 所示。

步骤 4 用相同的方法，在左半部分绘制一条路径，选择"对象 > 路径 > 分割下方对象"命令，将左边图形进行分割，效果如图 3-205 所示。

步骤 5 选择"选择"工具 ▶，将所有的分割图形同时选取，如图 3-206 所示，拖曳到适当的位置，效果如图 3-207 所示。

图 3-203   图 3-204   图 3-205   图 3-206   图 3-207

步骤 6 选择"选择"工具 ▶，选取分割后的图形，如图 3-208 所示。设置图形填充色的 C、M、Y、K 值分别为 6、46、93、0，填充图形，并设置描边色为白色，在属性栏中将"描边粗细"选项设置为 2，效果如图 3-209 所示。

步骤 7 用相同的方法分别选取分割后的图形，分别设置图形填充色的 C、M、Y、K 值分别为（50、47、5、0）、（4、21、45、0）、（31、11、3、0），填充图形，并设置描边色为白色，在属性栏中将"描边粗细"选项设置为 2，效果如图 3-210 所示。

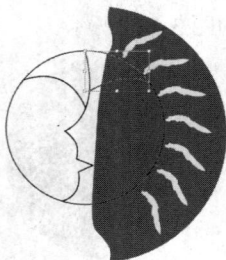
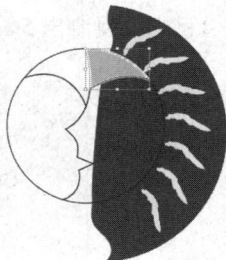
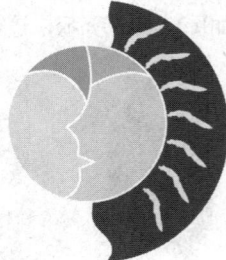

图 3-208   图 3-209   图 3-210

4. 绘制眼部、脸部及嘴部图形

步骤 1 选择"椭圆"工具 ⬭，按住 Shift 键的同时，绘制一个圆形，如图 3-211 所示。设置图形填充色的 C、M、Y、K 值分别为 6、46、93、0，填充图形，并设置图形描边色为白色，在属性栏中将"描边粗细"选项设置为 1，效果如图 3-212 所示。

步骤 2 选择"椭圆"工具 ⬭，绘制一个椭圆形，如图 3-213 所示。设置图形填充色的 C、M、Y、K 值分别为 6、25、89、0，填充图形，并设置图形描边色为白色，在属性栏中将"描边粗细"选项设置为 1，效果如图 3-214 所示。

图 3-211　　　　　　图 3-212　　　　　　图 3-213　　　　　　图 3-214

步骤 3 选择"星形"工具 ⭐，在页面中单击，弹出"星形"对话框，在对话框中进行参数设置，如图 3-215 所示，单击"确定"按钮，得到一个星形，选择"选择"工具 ▷，拖曳星形到适当的位置，如图 3-216 所示。

步骤 4 设置图形填充色的 C、M、Y、K 值分别为 7、61、95、0，填充图形，并设置图形描边色为白色，在属性栏中将"描边粗细"选项设置为 1，效果如图 3-217 所示。

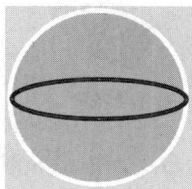

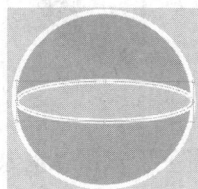

图 3-215　　　　　　　　　图 3-216　　　　　　　　　图 3-217

步骤 5 双击"旋转"工具 ↻，弹出"旋转"对话框，在对话框中进行参数设置，如图 3-218 所示，单击"确定"按钮，效果如图 3-219 所示。

步骤 6 选择"钢笔"工具 ✎，绘制一个图形，如图 3-220 所示。设置图形填充色的 C、M、Y、K 值分别为 7、51、5、0，填充图形，并设置图形描边色为白色，在属性栏中将"描边粗细"选项设置为 1，效果如图 3-221 所示。

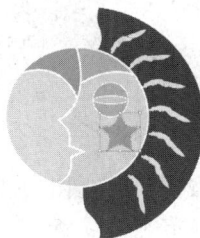

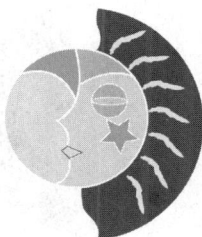

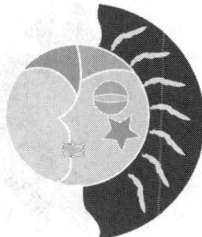

图 3-218　　　　　　图 3-219　　　　　　图 3-220　　　　　　图 3-221

步骤 **7** 选择"钢笔"工具 🖊，绘制一个图形，如图 3-222 所示。设置图形填充色的 C、M、Y、K 值分别为 6、46、93、0，填充图形，并设置描边色为白色，在属性栏中将"描边粗细"选项设置为 1，效果如图 3-223 所示。

步骤 **8** 选择"螺旋线"工具 ◎，在页面中单击，弹出"螺旋线"对话框，在对话框中进行参数设置，如图 3-224 所示，单击"确定"按钮，得到一个螺旋线，如图 3-225 所示。

图 3-222 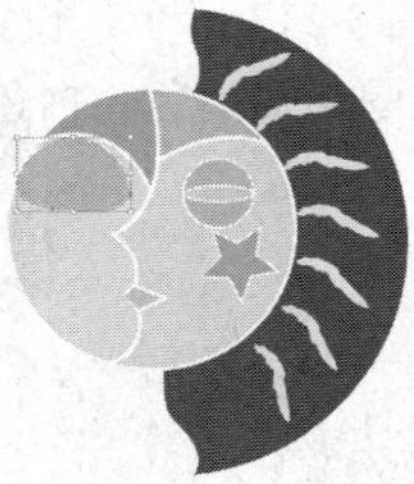   图 3-223 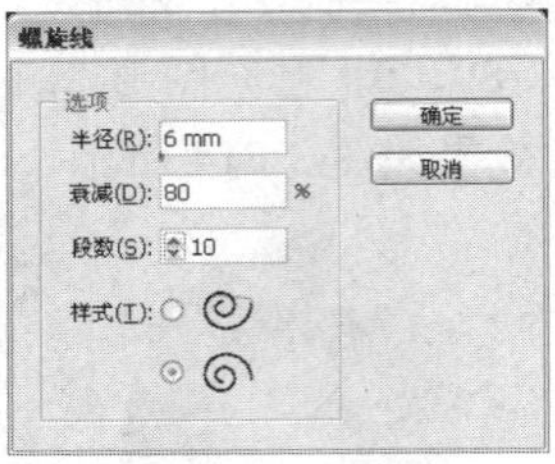   图 3-224 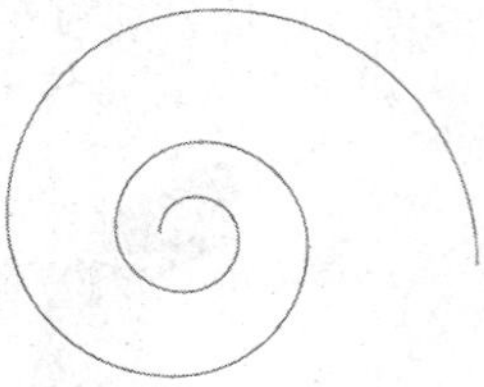   图 3-225

步骤 **9** 双击"镜像"工具 ◺，弹出"镜像"对话框，在对话框中进行参数设置，如图 3-226 所示，单击"确定"按钮，效果如图 3-227 所示。

步骤 **10** 选择"选择"工具 ▶，拖曳螺旋线到适当的位置并调整其大小，设置描边色为白色，在属性栏中将"描边粗细"选项设置为 1，效果如图 3-228 所示。

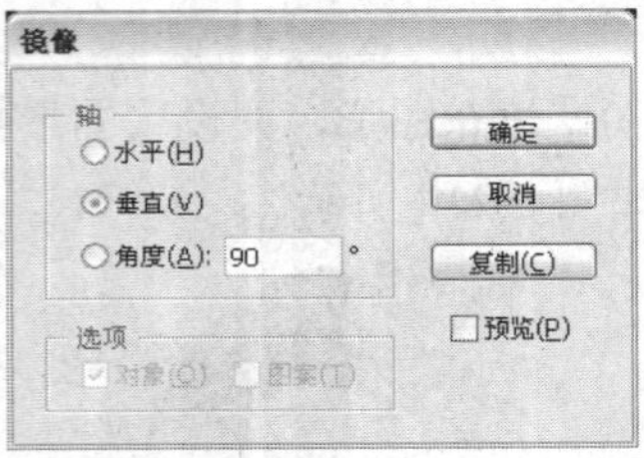

图 3-226 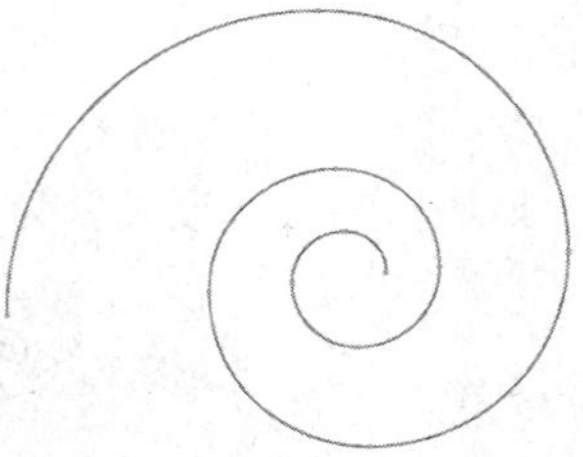   图 3-227    图 3-228

步骤 **11** 选择"椭圆"工具 ◯，按住 Shift 键的同时，绘制一个圆形，如图 3-229 所示。设置图形填充色的 C、M、Y、K 值分别为 7、51、5、0，填充图形，并设置图形描边色为白色，在属性栏中将"描边粗细"选项设置为 1，效果如图 3-230 所示。

5. 绘制装饰图形

步骤 **1** 选择"钢笔"工具 🖊，绘制一个图形，如图 3-231 所示。设置图形填充色的 C、M、Y、K 值分别为 6、30、90、0，填充图形，并设置图形描边色为白色，在属性栏中将"描边粗细"选项设置为 1，效果如图 3-232 所示。

图 3-229    图 3-230    图 3-231    图 3-232

步骤 2 选择"旋转"工具 ⟳，按住 Shift-Alt 组合键，将中心点拖曳到图形适当的位置，如图 3-233 所示，弹出"旋转"对话框，在对话框中进行参数设置，如图 3-234 所示，单击"复制"按钮，如图 3-235 所示，连续按 Ctrl+D 组合键，按照需要再复制出 3 个图形，效果如图 3-236 所示。

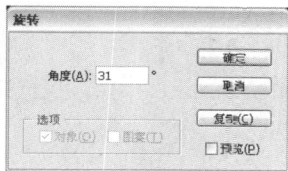

旋转

角度(A): 31 °

确定

取消

复制(C)

选项
☑ 对象(O) ☐ 图案(T)
☐ 预览(P)

图 3-233   图 3-234   图 3-235   图 3-236

步骤 3 选择"星形"工具 ☆，在页面中单击，弹出"星形"对话框，在"角点数"文本框中输入 3，单击"确定"按钮，绘制出一个三角形，如图 3-237 所示。选择"选择"工具 ▶，选取三角形左边的控制手柄向右拖曳，编辑状态如图 3-238 所示，松开鼠标，效果如图 3-239 所示。

图 3-237   图 3-238   图 3-239

步骤 4 设置图形填充色的 C、M、Y、K 值分别为 8、67、97、0，填充图形，并设置图形描边色为白色，在属性栏中将"描边粗细"选项设置为 1，效果如图 3-240 所示。选择"选择"工具 ▶，拖曳三角形到适当的位置，并旋转适当的角度，效果如图 3-241 所示。

图 3-240   图 3-241

步骤 5 选择"旋转"工具 ⟳，按住 Shift+Alt 组合键，将中心点拖曳到图形适当的位置，如图 3-242 所示，弹出"旋转"对话框，在对话框中进行参数设置，如图 3-243 所示，单击"复制"按钮，复制出一个图形，如图 3-244 所示，连续按 Ctrl+D 组合键，再复制出 4 个图形，效果如图 3-245 所示。

步骤 6 选择"选择"工具 ▶，按住 Shift 键的同时，单击所需要的图形，将其同时选取，按 Ctrl+G

组合键，将其编组，效果如图 3-246 所示。按 Ctrl+Shift+[组合键，将其置于底层，效果如图 3-247 所示。

图 3-242 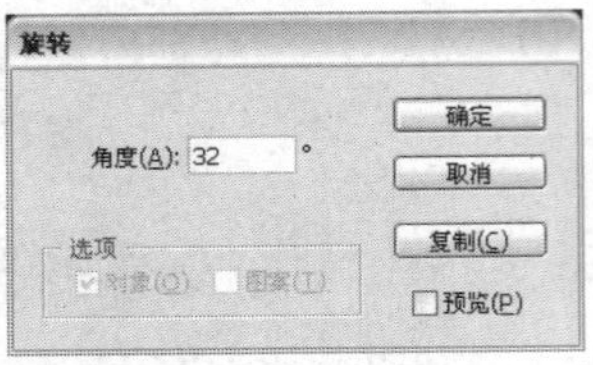   图 3-243   图 3-244

图 3-245    图 3-246   图 3-247

步骤 7 选择"钢笔"工具 ，绘制一个图形，如图 3-248 所示。设置图形填充色的 C、M、Y、K 值分别为 43、5、73、0，填充图形，并设置描边色为白色，在属性栏中将"描边粗细"选项设置为 2，效果如图 3-249 所示。

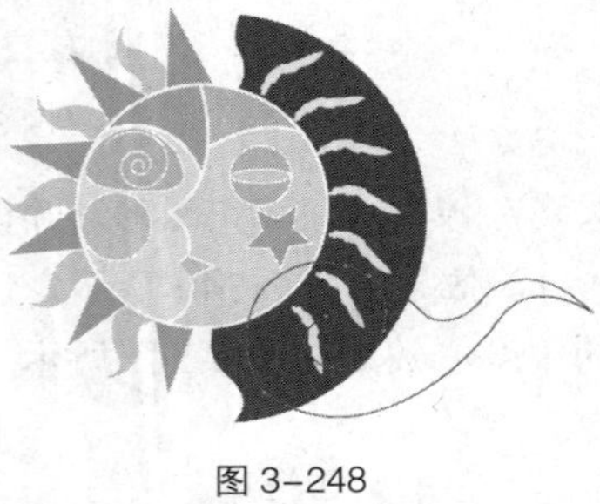

图 3-248    图 3-249

步骤 8 选择"选择"工具 ，用圈选的方法将所需要的图形同时选取，按 Ctrl+G 组合键，将其编组，如图 3-250 所示。拖曳图形到适当的位置并调整其大小，效果如图 3-251 所示。艺术杂志插画绘制完成。

图 3-250   图 3-251

3.3.4 【相关工具】

1. 使用星形工具

选择"星形"工具 ☆，在页面中需要的位置单击并按住鼠标左键不放，拖曳鼠标到需要的位置，释放鼠标左键，绘制出一个星形，效果如图 3-252 所示。

选择"星形"工具 ☆，按住 Shift 键，在页面中需要的位置单击并按住鼠标左键不放，拖曳鼠标到需要的位置，释放鼠标左键，绘制出一个正星形，效果如图 3-253 所示。

选择"星形"工具 ☆，按住 ~ 键，在页面中需要的位置单击并按住鼠标左键不放，拖曳鼠标到需要的位置，释放鼠标左键，绘制出多个星形，效果如图 3-254 所示。

图 3-252　　　　　　　　　　图 3-253　　　　　　　　　　图 3-254

选择"星形"工具 ☆，在页面中需要的位置单击，弹出"星形"对话框，如图 3-255 所示。在对话框中，"半径 1"选项可以设置从星形中心点到各外部角的顶点的距离，"半径 2"选项可以设置从星形中心点到各内部角的端点的距离，"角点数"选项可以设置星形中的边角数量。设置完成后，单击"确定"按钮，得到如图 3-256 所示的星形。

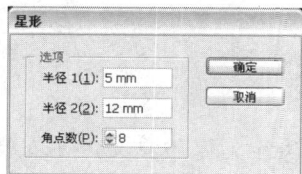

图 3-255　　　　　　　　　　　　　　　　图 3-256

2. 使用分割下方对象命令

"分割下方对象"命令可以使用已有的路径切割位于它下方的封闭路径。

◎ 用开放路径分割对象

选择一个对象作为被切割对象，如图 3-257 所示。制作一个开放路径作为切割对象，将其放在被切割对象之上，如图 3-258 所示。选择"对象 > 路径 > 分割下方对象"命令，切割后，移动对象得到新的切割后的对象，效果如图 3-259 所示。

图 3-257　　　　　　　　　　图 3-258　　　　　　　　　　图 3-259

◎ 用闭合路径分割对象

选择一个对象作为被切割对象，如图 3-260 所示。制作一个闭合路径作为切割对象，将其放在被切割对象之上，如图 3-261 所示。选择"对象 > 路径 > 分割下方对象"命令。切割后，移动对象得到新的切割后的对象，效果如图 3-262 所示。

图 3-260 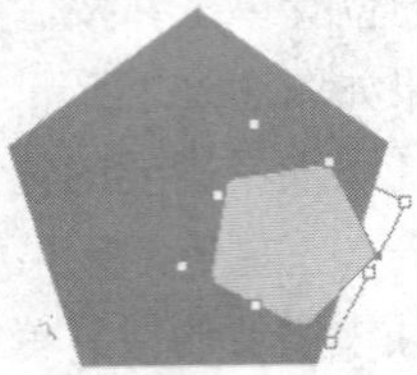　　　　　　　图 3-261 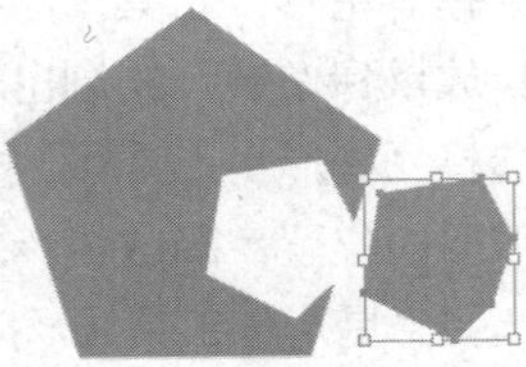　　　　　　　图 3-262

3. 使用剪刀、美工刀工具

◎ 剪刀工具

绘制一段路径，如图 3-263 所示。选择"剪刀"工具 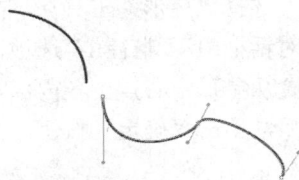，单击路径上任意一点，路径就会从单击的地方被剪切为两条路径，如图 3-264 所示。按键盘上"方向"键中的"向下"键，移动剪切的锚点，即可看见剪切后的效果，如图 3-265 所示。

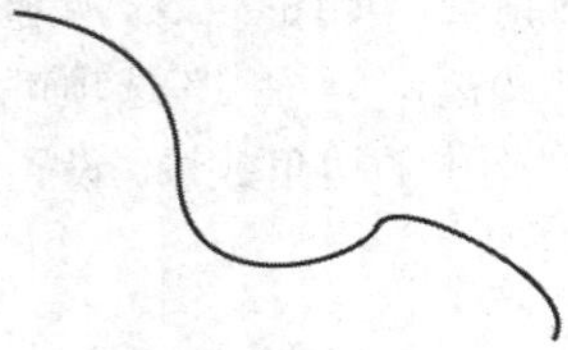

图 3-263 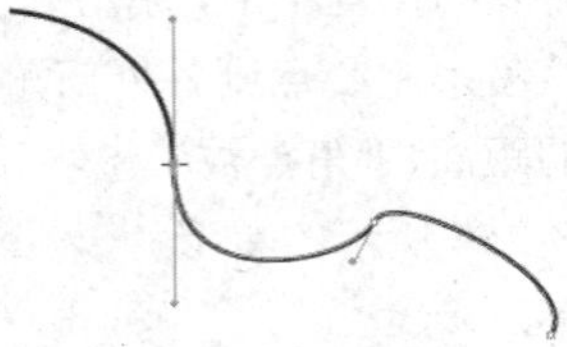　　　　　　　图 3-264　　　　　　　图 3-265

◎ 美工刀工具

绘制一段闭合路径，如图 3-266 所示。选择"美工刀"工具 ，在需要的位置单击并按住鼠标左键从路径的上方至下方拖曳出一条线，如图 3-267 所示，释放鼠标左键，闭合路径被裁切为两个闭合路径，效果如图 3-268 所示。选中路径的右半部，按键盘上的"方向"键中的"向右"键，移动路径，如图 3-269 所示。可以看见路径被裁切为两部分，效果如图 3-270 所示。

图 3-266 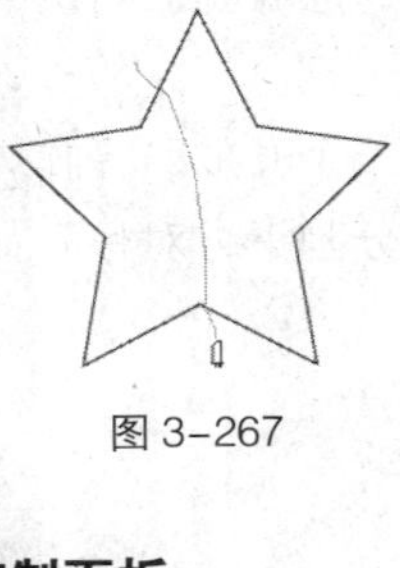　　　　图 3-267 　　　　图 3-268 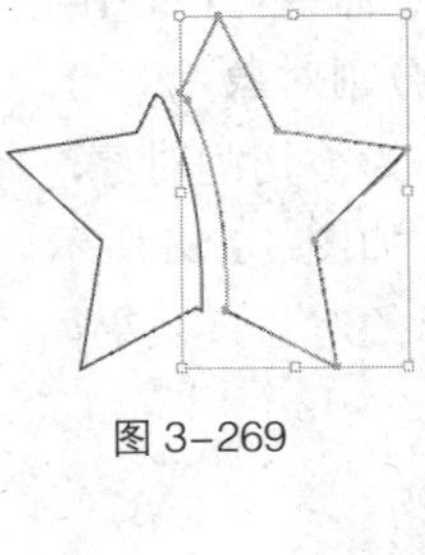　　　　图 3-269　　　　图 3-270

4. 使用画笔控制面板

选择"窗口 > 画笔"命令，弹出"画笔"控制面板。在"画笔"控制面板中，包含了许多的内容。下面进行详细讲解。Illustrator CS3 包括 4 种类型的画笔，即散点画笔、书法画笔、图案画笔和艺术画笔。

◎ 散点画笔

单击"画笔"控制面板右上角的图标 ，将弹出其下拉菜单，在系统默认状态下"显示散点画笔"命令为灰色，选择"打开画笔库"命令，弹出子菜单，如图 3-271 所示。在弹出的菜单中选择任意一种散点画笔，弹出相应的控制面板，如图 3-272 所示。在控制面板中单击画笔，画笔就被加载到"画笔"控制面板中，如图 3-273 所示。选择任意一种散点画笔，再选择"画笔"工具 ，用鼠标在页面上连续单击或拖曳鼠标，就可以绘制出需要的图像，效果如图 3-274 所示。

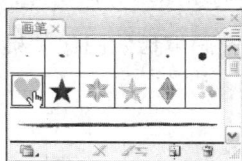

图 3-271　　　　　　图 3-272　　　　　　图 3-273　　　　　　图 3-274

◎ 书法画笔

在系统默认状态下，书法画笔为显示状态，"画笔"控制面板的第 1 排为书法画笔，如图 3-275 所示。选择任意一种书法画笔，选择"画笔"工具 ，在页面中需要的位置单击并按住鼠标左键不放，拖曳鼠标进行线条的绘制，释放鼠标左键，线条绘制完成，效果如图 3-276 所示。

图 3-275　　　　　　　　　　　图 3-276

◎ 图案画笔

单击"画笔"控制面板右上角的图标 ，将弹出其下拉菜单，在系统默认状态下"显示图案画笔"命令为灰色，选择"打开画笔库"命令，在弹出的菜单中选择任意一种图案画笔，弹出相应的控制面板，如图 3-277 所示。在控制面板中单击画笔，画笔就被加载到"画笔"控制面板中，如图 3-278 所示。选择任意一种图案画笔，再选择"画笔"工具 ，用鼠标在页面上连续单击或拖曳鼠标，就可以绘制出需要的图像，效果如图 3-279 所示。

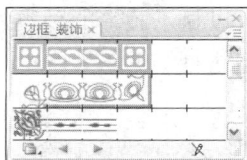　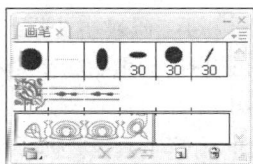　

图 3-277　　　　　　图 3-278　　　　　　图 3-279

◎ **艺术画笔**

在系统默认状态下，艺术画笔为显示状态，"画笔"控制面板的第 2 排以下为艺术画笔，如图 3-280 所示。选择任意一种艺术画笔，选择"画笔"工具 ，在页面中需要的位置单击并按住鼠标左键不放，拖曳鼠标进行线条的绘制，释放鼠标左键，线条绘制完成，效果如图 3-281 所示。

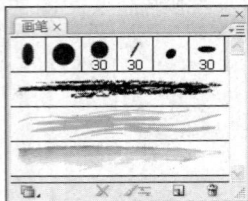

图 3-280

图 3-281

◎ **更改画笔类型**

选中想要更改画笔类型的图像，如图 3-282 所示，在"画笔"控制面板中单击需要的画笔样式，如图 3-283 所示，更改画笔后的图像效果如图 3-284 所示。

图 3-282

图 3-283

图 3-284

◎ **"画笔"控制面板的按钮**

"画笔"控制面板下面有 4 个按钮。从左到右依次是"移去画笔描边"按钮 、"所选对象的选项"按钮 、"新建画笔"按钮 、"删除画笔"按钮 。

"移去画笔描边"按钮 ：可以将当前被选中的图形上的描边删除，而留下原始路径。

"所选对象的选项"按钮 ：可以打开应用到被选中图形上的画笔的选项对话框，在对话框中可以编辑画笔。

"新建画笔"按钮 ：可以创建新的画笔。

"删除画笔"按钮 ：可以删除选定的画笔样式。

◎ **"画笔"控制面板的下拉式菜单**

单击"画笔"控制面板右上角的图标 ，弹出其下拉菜单，如图 3-285 所示。

"新建画笔"命令、"删除画笔"命令、"移去画笔描边"命令和"所选对象的选项"命令与相应的按钮功能是一样的。选择"复制画笔"命令可以复制选定的画笔。选择"选择所有未使用的画笔"命令将选中在当前文档中还没有使用过的所有画笔。选择"列表视图"命令可以将所有的画笔类型以列表的方式按照名称顺序排列，在显示小图标的同时还可以显示画笔的种类，如图 3-286 所示。选择"画笔选项"命令可以打开相关的选项对话框对画笔进行编辑。

◎ **使用画笔库**

Illustrator CS3 不但提供了功能强大的画笔工具，还提供了多种画笔库，其中包含箭头、艺术效果、装饰、边框、默认画笔等，这些画笔可以任意调用。

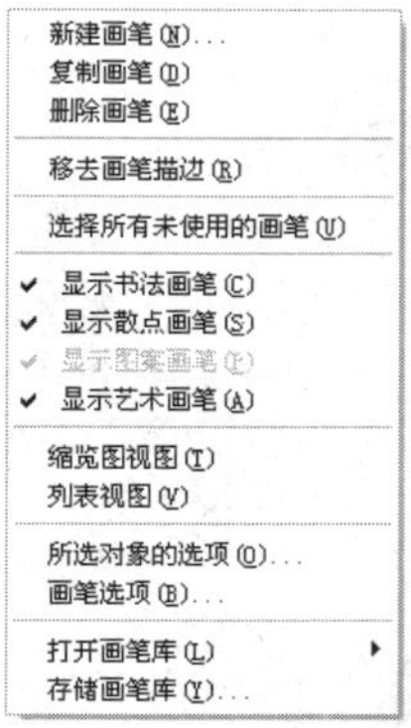

新建画笔 (N)...
复制画笔 (D)
删除画笔 (E)

移去画笔描边 (R)

选择所有未使用的画笔 (U)

✔ 显示书法画笔 (C)
✔ 显示散点画笔 (S)
　 显示图案画笔 (E)
✔ 显示艺术画笔 (A)

缩览图视图 (T)
列表视图 (V)

所选对象的选项 (O)...
画笔选项 (B)...

打开画笔库 (L)
存储画笔库 (Y)...

图 3-285

图 3-286

选择"窗口 > 画笔库"命令,在弹出式菜单中显示一系列的画笔库命令。分别选择各个命令,可以弹出一系列的"画笔"控制面板,如图 3-287 所示。Illustrator CS3 还允许调用其他"画笔库"。选择"窗口 > 画笔库 > 其他库"命令,弹出"选择要打开的库"对话框,如图 3-288 所示。可以选择其他合适的库。

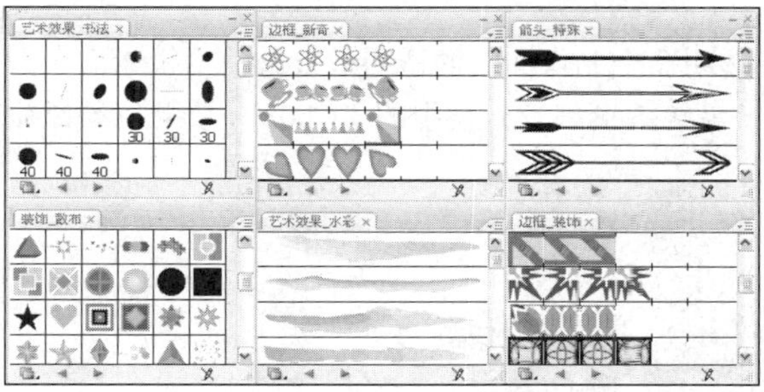

图 3-287

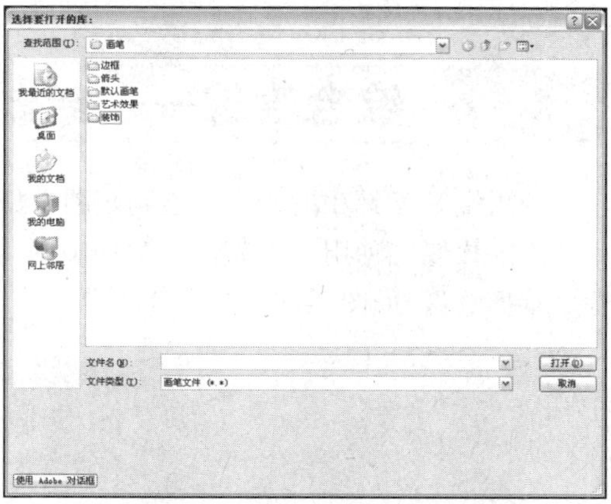

图 3-288

3.3.5 【实战演练】绘制休闲卡通插画

使用分割下方对象命令分割背景图形。使用建立不透明蒙版命令为太阳图形制作高光和投影效果。使用钢笔工具、混合工具和透明度面板制作云图形。使用符号库的徽标元素添加房子图形。使用钢笔工具、填充工具和复制命令制作花形。(最终效果参看光盘中的"Ch03 > 效果 > 绘制休闲卡通插画",如图 3-289 所示。)

图 3-289

3.4 综合演练——绘制人物期刊插画

使用渐变工具和钢笔工具绘制人物。使用羽化命令为椭圆形添加羽化效果。使用剪切蒙版命令将人物剪切到圆形背景中。使用星形工具绘制星形。（最终效果参看光盘中的"Ch03 > 效果 > 绘制人物期刊插画"，如图 3-290 所示。）

图 3-290

3.5 综合演练——绘制旅行风景插画

使用钢笔工具和渐变工具绘制底图。使用不透明命令制作曲线的透明效果。使用投影命令为图形添加投影。使用符号库命令添加装饰图形。（最终效果参看光盘中的"Ch03 > 效果 > 绘制旅行风景插画"，如图 3-291 所示。）

图 3-291

第4章 书籍装帧设计

精美的书籍装帧设计可以使读者享受到阅读的愉悦。书籍装帧整体设计所考虑的项目包括开本设计、封面设计、版本设计、使用材料等内容。本章以多个类别的书籍封面为例，介绍书籍封面的设计方法和制作技巧。

课堂学习目标

- 掌握书籍封面的设计思路和过程
- 掌握书籍封面的制作方法和技巧

4.1 制作旅游书籍封面

4.1.1 【案例分析】

本例制作的是一本旅游书籍封面设计。书中的内容讲解的是在西藏旅游所需要的吃、住、行、游、购、租方面的最新信息。在设计中要通过对书名的设计和对文字、图片的合理编排，表现出最全、最新、最实用的特点。

4.1.2 【设计理念】

通过黄色背景和藏文底图展示出西藏神秘尊贵的气息。使用竖排的红色和黑色制作书名，使其醒目突出，强化了视觉冲击力。使用具有民族风情的图片展示西藏深厚的文化底蕴。整体设计简洁突出、醒目鲜明。（最终效果参看光盘中的"Ch03 > 效果 > 制作旅游书籍封面"，如图4-1所示。）

图 4-1

4.1.3 【操作步骤】

1. 制作书名

步骤 ⊥ 打开光盘中的"Ch04 > 素材 > 制作旅游书籍封面 > 01"文件，如图 4-2 所示。选择"直排文字"工具 T，在页面中输入所需要的文字。选择"选择"工具 ，在属性栏中选择合适的字体并设置文字大小，设置文字填充色的 C、M、Y、K 值分别为 25、100、100、0，填充文字，效果如图 4-3 所示。

步骤 2 打开光盘中的"Ch04 > 素材 > 制作旅游书籍封面 > 02、03"文件，将其粘贴到页面中，调整其大小并拖曳到适当的位置，效果如图 4-4 所示。选择"钢笔"工具 ，在适当的位置绘制一条折线，设置描边色的 C、M、Y、K 值分别为 25、100、100、0，并填充描边，在属性栏中将"描边粗细"选项设置为 2，效果如图 4-5 所示。

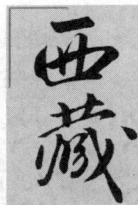

图 4-2　　　　　　图 4-3　　　　　　图 4-4　　　　　　图 4-5

步骤 3 双击"旋转"工具 ，弹出"旋转"对话框，在对话框中进行参数设置，如图 4-6 所示，单击"确定"按钮，效果如图 4-7 所示。选择"选择"工具 ，拖曳折线到适当的位置，效果如图 4-8 所示。

步骤 4 选择"直排文字"工具 T，在页面中输入所需要的文字。选择"选择"工具 ，在属性栏中选择合适的字体并设置文字大小，效果如图 4-9 所示。按 Alt+↓ 组合键，调整文字的间距，效果如图 4-10 所示。

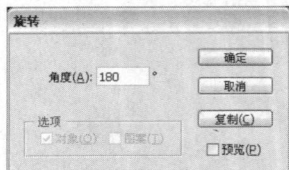
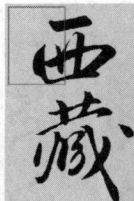

图 4-6　　　　　图 4-7　　　　图 4-8　　　　图 4-9　　　　图 4-10

2. 绘制装饰图形和文字

步骤 1 选择"椭圆"工具 ，按住 Shift 键的同时，拖曳鼠标，绘制一个圆形，设置图形填充色的 C、M、Y、K 值分别为 25、100、100、0，填充图形，并设置描边色为无，效果如图 4-11

所示。按住 Alt 键，再按住 Shift 键，垂直向下拖曳鼠标左键到适当的位置，复制一个图形，如图 4-12 所示，连续按 Ctrl+D 组合键，再复制出多个图形，效果如图 4-13 所示。

步骤 2 选择"直排文字"工具 T，在页面中输入所需要的文字。选择"选择"工具 ，在属性栏中选择合适的字体并设置文字大小，效果如图 4-14 所示。按 Alt+↓组合键，调整文字的间距，如图 4-15 所示。选择"直排文字"工具 T，选取需要的文字，设置文字填充色的 C、M、Y、K 值分别为 0、25、100、0，并填充文字，效果如图 4-16 所示。

图 4-11   图 4-12   图 4-13   图 4-14   图 4-15   图 4-16

步骤 3 选择"文字"工具 T，在页面中输入所需要的文字。选择"选择"工具 ，在属性栏中选择合适的字体并设置文字大小，按 Alt+→组合键，调整文字的间距，设置文字填充色的 C、M、Y、K 值分别为 25、100、100、0，并填充文字，效果如图 4-17 所示。

步骤 4 选择"直线段"工具 ，按住 Shift 键的同时，拖曳鼠标，绘制出一条直线，设置描边色的 C、M、Y、K 值分别为 25、100、100、0，并填充描边，在属性栏中将"描边粗细"选项设置为 1，效果如图 4-18 所示。

步骤 5 选择"直排文字"工具 T，在页面中输入所需要的文字。选择"选择"工具 ，在属性栏中选择合适的字体并设置文字大小，设置文字填充色的 C、M、Y、K 值分别为 0、100、100、0，并填充文字，效果如图 4-19 所示。

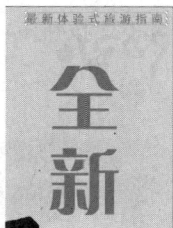

图 4-17   图 4-18   图 4-19

步骤 6 选择"直排文字"工具 T，在适当的位置插入光标，如图 4-20 所示。选择"文字 > 字形"命令，弹出"字形"对话框，选取需要的字形，如图 4-21 所示，双击鼠标插入字形，效果如图 4-22 所示。用相同的方法分别在适当的位置插入字形，效果如图 4-23 所示。

图 4-20   图 4-21   图 4-22   图 4-23

步骤 7 选择"文字"工具 ，在页面中输入需要的文字。选择"选择"工具 ，在属性栏中选择合适的字体并设置文字大小，设置文字填充色的 C、M、Y、K 值分别为 0、100、100、0，并填充文字，效果如图 4-24 所示。

步骤 8 选择"文字"工具 ，在页面中输入需要的文字。选择"选择"工具 ，分别在属性栏中选择合适的字体并设置文字大小，如图 4-25 所示。选择"文字"工具 ，选取需要的文字，设置文字填充色的 C、M、Y、K 值分别为 25、100、100、0，并填充文字，效果如图 4-26 所示。

图 4-24

图 4-25

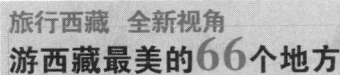

图 4-26

3. 置入图片并添加内容文字

步骤 1 选择"文件 > 置入"命令，弹出"置入"对话框，选择光盘中的"Ch04 > 素材 > 制作旅游书籍封面 > 04、05"文件，单击"置入"按钮，在页面中单击置入图片，在属性栏中单击"嵌入"按钮，嵌入图片。选择"选择"工具 ，分别拖曳图片到适当的位置并调整其大小，效果如图 4-27 所示。

步骤 2 选择"选择"工具 ，按住 Shift 键的同时，单击需要的图片，将其同时选取，如图 4-28 所示。选择"窗口 > 对齐"命令，弹出"对齐"控制面板，单击"水平居中对齐"按钮 ，如图 4-29 所示，效果如图 4-30 所示。

图 4-27   图 4-28   图 4-29

图 4-30

步骤 3 选择"直排文字"工具 T,，在适当的位置拖曳出一个文本框，如图 4-31 所示。在文本框中输入需要的文字，选择"选择"工具 ,，在属性栏中选择合适的字体并设置文字大小，效果如图 4-32 所示。选择"直排文字"工具 T,，分别选取需要的文字，设置文字填充色的 C、M、Y、K 值分别为 25、100、100、25，并填充文字，效果如图 4-33 所示。

步骤 4 选择"文字"工具 T,，在页面中输入需要的文字。选择"选择"工具 ,，在属性栏中选择合适的字体并设置文字大小，设置文字填充色的 C、M、Y、K 值分别为 25、100、100、25，并填充文字，效果如图 4-34 所示。

图 4-31　　　　　图 4-32　　　　　图 4-33　　　　　图 4-34

步骤 5 选择"文字"工具 T,，在页面中输入需要的文字。选择"选择"工具 ,，在属性栏中选择合适的字体并设置文字大小，效果如图 4-35 所示。旅游书籍封面制作完成，如图 4-36 所示。

图 4-35　　　　　　　　　　　图 4-36

4.1.4 【相关工具】

1. 置入图片

在 Illustrator CS3 中，要使用外部图片，需要将其置入到文档中。

选择"文件 > 置入"命令，弹出"置入"对话框，在对话框中选择需要的文件，如图 4-37 所示。若直接单击"置入"按钮，将图片置入到页面中，图片是链接状态，如图 4-38 所示。若取消勾选"链接"选项，将图片置入到页面中，图片是嵌入状态，如图 4-39 所示。

> **提　示**　当原图片进行修改或移动时，链接状态的图片可能会因为丢失链接而无法显示，但嵌入状态的图片却无任何影响。

中等职业教育数字艺术类规划教材

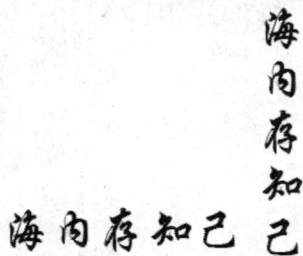

图 4-37

图 4-38

图 4-39

2. 文本工具的使用

利用"文字"工具 T 和"直排文字"工具 T 可以直接输入沿水平方向和直排方向排列的文本。

◎ 输入点文本

选择"文字"工具 T 或"直排文字"工具 T，在绘图页面中单击鼠标，出现插入文本光标，切换到需要的输入法并输入文本，如图 4-40 所示。

> **提 示** 当输入文本需要换行时，按 Enter 键开始新的一行。

结束文字的输入后，单击"选择"工具 ▶ 即可选中所输入的文字，这时文字周围将出现一个选择框，文本上的细线是文字基线的位置，效果如图 4-41 所示。

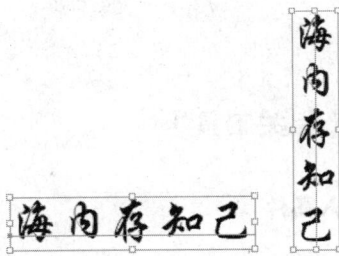

图 4-40

图 4-41

◎ 输入文本块

使用"文字"工具 T 或"直排文字"工具 T 可以定制一个文本框，然后在文本框中输入文字。

选择"文字"工具 T 或"直排文字"工具 T，在页面中需要输入文字的位置单击并按住鼠标左键拖曳，如图 4-42 所示。当绘制的文本框的大小符合需要时，释放鼠标，页面上会出现一个蓝色边框的矩形文本框，矩形文本框左上角会出现插入光标，如图 4-43 所示。

可以在矩形文本框中输入文字，输入的文字将在指定的区域内排列，如图 4-44 所示。当输入的文字到矩形文本框的边界时，文字将自动换行，文本块的效果如图 4-45 所示。

图 4-42   图 4-43   图 4-44   图 4-45

3. 字体和字号的设置

选择"字符"控制面板，在"字体"选项的下拉列表中选择一种字体即可将该字体应用到选中的文字中，各种字体的效果如图 4-46 所示。

图 4-46

Illustrator CS3 提供的每种字体都有一定的字形，如常规、加粗、斜体等，字体的具体选项因字而定。

> 提 示　默认字体单位为 pt，72pt 相当于 1 英寸。默认状态下字号为 12pt，可调整的范围为 0.1～1 296。

设置字体的具体操作如下。

选中部分文本，如图 4-47 所示。选择"窗口 > 文字 > 字符"命令，弹出"字符"控制面板，从"字体"选项的下拉列表中选择一种字体，如图 4-48 所示。或选择"文字 > 字体"命令，在列出的字体中进行选择，更改文本字体后的效果如图 4-49 所示。

图 4-47   图 4-48   图 4-49

选中文本，如图 4-50 所示。单击"字体大小"选项 ⊤ 12pt 数值框后的按钮 ⌄ ，在弹出的下拉列表中可以选择适合的字体大小。也可以通过数值框左侧的上、下微调按钮 ⬍ 来调整字号大小。

文本字号分别为 18pt 和 22pt 时的效果如图 4-51 所示。

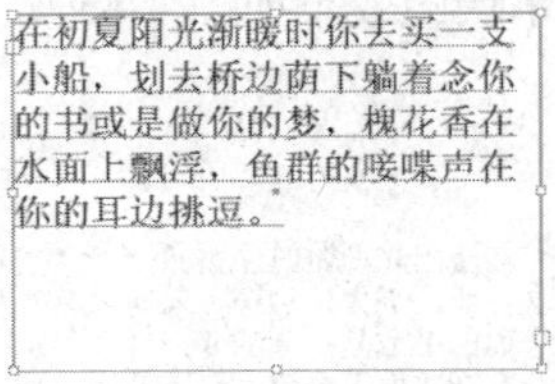

| 图 4-50 | 图 4-51 |

在初夏阳光渐暖时你去买一支小船，划去桥边荫下躺着念你的书或是做你的梦，槐花香在水面上飘浮，鱼群的喋喋声在你的耳边挑逗。

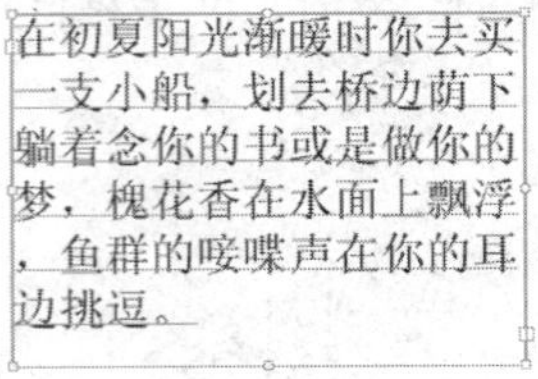

在初夏阳光渐暖时你去买一支小船，划去桥边荫下躺着念你的书或是做你的梦，槐花香在水面上飘浮，鱼群的喋喋声在你的耳边挑逗。

4. 字距的调整

当需要调整文字或字符之间的距离时，可使用"字符"控制面板中的两个选项，即"设置两个字符间的字偶间距调整"选项和"设置所选字符的字符间距调整"选项。"设置两个字符间的字偶间距调整"选项用来控制两个文字或字母之间的距离。"设置所选字符的字符间距调整"选项可使两个或更多个被选择的文字或字母之间保持相同的距离。

选中要设定字距的文字，如图 4-52 所示。在"字符"控制面板中的"设置两个字符间的字偶间距调整"选项的下拉列表中选择"自动"选项，这时程序就会以最合适的参数值设置选中文字的距离。

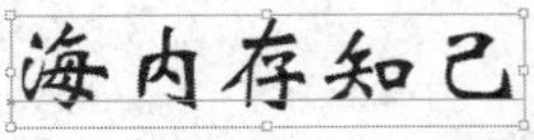

海内存知己

图 4-52

提 示 在"特殊字距"选项的数值框中输入 0 时，将关闭自动调整文字距离的功能。

"设置两个字符间的字偶间距调整"选项只有在两个文字或字符之间插入光标时才能进行设置。将光标插入到需要调整间距的两个文字或字符之间，如图 4-53 所示。在"设置两个字符间的字偶间距调整"选项的数值框中输入所需要的数值，就可以调整两个文字或字符之间的距离。设置数值为 300，按 Enter 键确认，字距效果如图 4-54 所示，设置数值为-300，按 Enter 键确认，字距效果如图 4-55 所示。

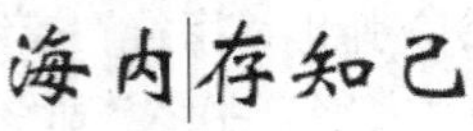

海内|存知己   海内 |存知己   海内存知己

图 4-53    图 4-54 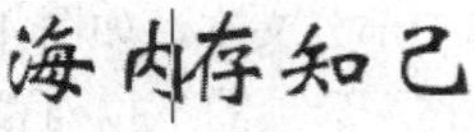   图 4-55

"设置所选字符的字符间距调整"选项可以同时调整多个文字或字符之间的距离。选中整个文本对象，如图 4-56 所示，在"设置所选字符的字符间距调整"选项的数值框中输入所需要的数值，可以调整文本字符间的距离。设置数值为 200，按 Enter 键确认，字距效果如图 4-57 所示，设置数值为-200，按 Enter 键确认，字距效果如图 4-58 所示。

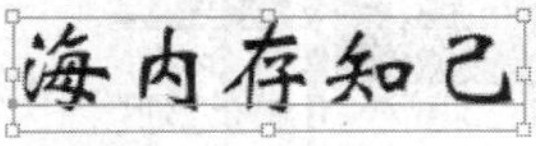

海内存知己   海内存知己   海内存知己

图 4-56    图 4-57 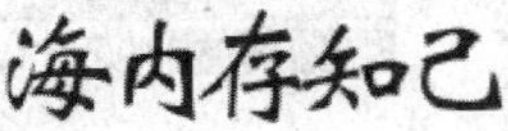   图 4-58

5. 文字的填充

Illustrator CS3 中的文字和图形一样，具有填充和描边属性。文字在默认设置状态下，描边颜色为无色，填充颜色为黑色。

　　使用工具箱中的"填色"或"描边"按钮，可以将文字设置在填充或描边状态。使用"颜色"控制面板可以填充或更改文本的填充颜色或描边颜色。使用"色板"控制面板中的颜色和图案可以为文字上色。

　　提　示　在对文本进行轮廓化处理前，渐变的效果不能应用到文字上。

　　选中文本，在工具箱中单击"填色"按钮，如图 4-59 所示。在"色板"控制面板中单击需要的颜色，如图 4-60 所示，文字的颜色填充效果如图 4-61 所示。在"色板"控制面板中单击需要的图案，如图 4-62 所示，文字的图案填充效果如图 4-63 所示。

图 4-59

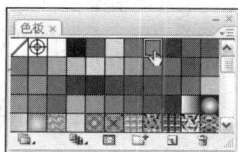
图 4-60　　　　图 4-61

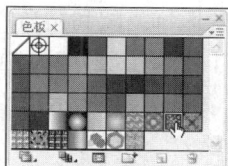
图 4-62　　　　图 4-63

　　选中文本，在工具箱中单击"描边"按钮，如图 4-64 所示。在"描边"控制面板中设置描边的宽度，如图 4-65 所示，文字的描边效果如图 4-66 所示。在"色板"控制面板中单击需要的图案，如图 4-67 所示，文字描边的图案填充效果如图 4-68 所示。

图 4-64　　　　图 4-65　　　　图 4-66　　　　图 4-67　　　　图 4-68

4.1.5 【实战演练】制作建筑艺术书籍封面

　　使用矩形工具绘制背景图形。使用置入命令置入图片。使用复制和旋转命令编辑图片。使用剪切蒙版菜单命令遮挡住蒙版以外的背景图片。使用符号菜单命令添加装饰图形。使用文本工具输入书名和介绍性文字。（最终效果参看光盘中的"Ch04 > 效果 > 制作建筑艺术书籍封面"，如图 4-69 所示。）

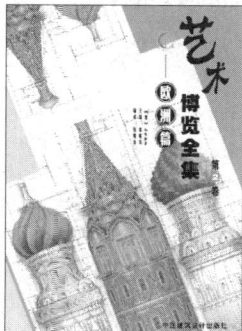
图 4-69

4.2 制作服饰搭配书籍封面

4.2.1 【案例分析】

本例制作的是一本服饰搭配的书籍封面。书的内容讲解的是通过对色彩的感知，搭配出适合自己的服饰。在封面设计上用最形象、最易被视觉接受的表现形式充分体现色彩与巧搭的关系。整体设计要简洁新颖、清新自然。

4.2.2 【设计理念】

通过冷色调的条纹背景，表现出简约自然的气氛，衬托出时尚人物和文字，加深设计的层次感。使用人物身上的服饰搭配和精巧的文字设计点明主题。通过其他装饰文字介绍书中的相关内容。整体设计用色丰富、层次分明、主题突出。（最终效果参看光盘中的"Ch04 > 效果 > 制作服饰搭配书籍封面"，如图 4-70 所示。）

图 4-70

4.2.3 【操作步骤】

1. 制作标题文字

步骤 1 打开光盘中的"Ch04 > 素材 > 制作服饰搭配书籍封面 > 01"文件，如图 4-71 所示。选择"文字"工具 T，在页面中输入需要的文字，选择"选择"工具 ，在属性栏中选择合适的字体并设置文字大小，设置填充色的 C、M、Y、K 值分别为 11、99、100、0，填充文字，如图 4-72 所示。选取文字，按 Ctrl+Shift+O 组合键，将文字转换为轮廓，效果如图 4-73 所示。

图 4-71    图 4-72   图 4-73

106

步骤 2 选择"钢笔"工具 ，绘制一个图形，设置填充色的 C、M、Y、K 值分别为 11、99、100、0，填充图形，设置描边色为无，效果如图 4-74 所示。

步骤 3 选择"螺旋线"工具 ，在页面中单击，弹出"螺旋线"对话框，在对话框中进行设置，如图 4-75 所示，单击"确定"按钮，得到一个螺旋图形，效果如图 4-76 所示。

图 4-74   图 4-75   图 4-76

步骤 4 选择"选择"工具 ，选取螺旋线图形，调整大小并旋转其角度，效果如图 4-77 所示。选择"文字"工具 ，在页中插入光标，选择"文字 > 字形"命令，弹出"字形"对话框，选择需要的字形，如图 4-78 所示，双击鼠标插入字形，拖曳字形到适当的位置并调整大小，效果如图 4-79 所示。

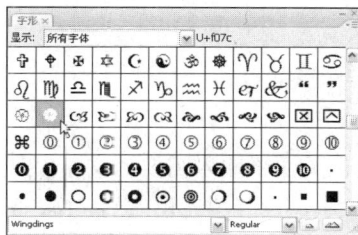

图 4-77   图 4-78   图 4-79

步骤 5 选择"选择"工具 ，选取字形，设置填充色的 C、M、Y、K 值分别为 11、99、100、0，填充字形，效果如图 4-80 所示。

步骤 6 选择"钢笔"工具 ，绘制一个图形，设置填充色的 C、M、Y、K 值分别为 11、99、100、0，填充图形，设置描边色为无，效果如图 4-81 所示。选择"选择"工具 ，选取图形，按住 Alt 键的同时，拖曳鼠标到适当的位置，复制图形，调整其大小并旋转适当的角度，用相同的方法复制多个图形，效果如图 4-82 所示。

图 4-80   图 4-81   图 4-82

步骤 7 选择"窗口 > 符号库 > 花朵"命令，弹出"花朵"控制面板，选择需要的字符，如图 4-83 所示，拖曳字符到适当的位置，如图 4-84 所示。

步骤 8 选择"钢笔"工具 ，分别在适当的位置绘制曲线和叶子图形，分别填充适当的颜色，效果如图 4-85 所示。选择"选择"工具 ，同时选取两个图形，连续按 Ctrl+[组合键，后移到花符号的后面，效果如图 4-86 所示。

图 4-83　　　　图 4-84　　　　图 4-85　　　　图 4-86

步骤 9 选择"选择"工具 ，按住 Shift 键的同时，单击需要的图形，将其同时选取，按 Ctrl+G 组合键，将其编组，如图 4-87 所示。选择"效果 > 风格化 > 外发光"命令，弹出"外发光"对话框，设置外发光颜色的 C、M、Y、K 值分别为 5、0、35、0，其他选项的设置如图 4-88 所示，单击"确定"按钮，效果如图 4-89 所示。

图 4-87　　　　　　　　　图 4-88　　　　　　　　　图 4-89

2. 添加其他说明性文字

步骤 1 选择"文字"工具 ，在页面中输入需要的文字，选择"选择"工具 ，在属性栏中选择合适的字体并设置文字大小，设置填充色的 C、M、Y、K 值分别为 68、8、99、0，填充文字，效果如图 4-90 所示。选择"文字"工具 ，分别在页面中输入需要的文字，选择"选择"工具 ，在属性栏中选择合适的字体并设置文字大小，设置填充色的 C、M、Y、K 值分别为 11、80、9、0，填充文字，效果如图 4-91 所示。

图 4-90　　　　　　　　　　　　　　　　图 4-91

步骤 2 选择"文字"工具 ，在页面中输入需要的文字，选择"选择"工具 ，在属性栏中选择合适的字体并设置文字大小，文字的效果如图 4-92 所示。选择"椭圆"工具 ，按住 Shift 键的同时，绘制一个圆形，设置填充色的 C、M、Y、K 值分别为 62、7、5、0，填充图形，设置描边色为无，效果如图 4-93 所示。用相同的方法再绘制两个圆形，填充相同的颜色，效果如图 4-94 所示。

图 4-92

图 4-93

图 4-94

步骤 3 选择"文字"工具 T, 在页面中输入需要的文字, 选择"选择"工具 ↖, 在属性栏中选择合适的字体并设置文字大小, 文字的效果如图 4-95 所示。选取下方的文字, 选择"窗口 > 文字 > 段落"命令, 在弹出的"段落"面板中单击"右对齐"按钮 ≣, 使文本右对齐, 并将其拖曳到适当的位置, 效果如图 4-96 所示。选择"椭圆"工具 ○, 按住 Shift 键的同时, 绘制一个圆形, 设置填充色的 C、M、Y、K 值分别为 8、73、98、0, 填充图形, 设置描边色为无, 效果如图 4-97 所示。

图 4-95

图 4-96

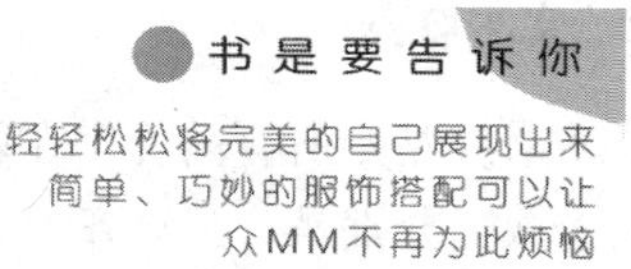

图 4-97

步骤 4 选择"选择"工具 ↖, 选取圆形, 连续按 Ctrl+[组合键, 后移到文字的下方, 如图 4-98 所示。用相同的方法绘制出其他圆形, 效果如图 4-99 所示。

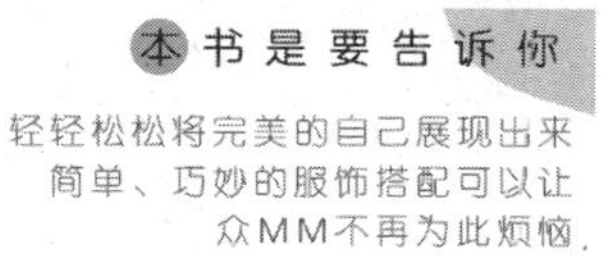

图 4-98

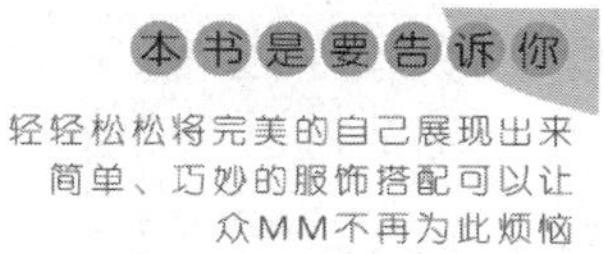

图 4-99

步骤 5 选择"选择"工具 ↖, 选取需要的文字, 填充文字为白色, 效果如图 4-100 所示。选择"文字"工具 T, 在页面中输入需要的文字, 选择"选择"工具 ↖, 在属性栏中选择合适的字体并设置文字大小, 文字的效果如图 4-101 所示。时尚服饰书籍封面制作完成。

图 4-100

图 4-101

4.2.4 【相关工具】

1. 将文本转化为轮廓

选中文本，选择"文字 > 创建轮廓"命令（组合键为 Shift+Ctrl+O），创建文本轮廓，如图 4-102 所示。文本转化为轮廓后，可以对文本进行渐变填充，效果如图 4-103 所示，还可以对文本应用滤镜，效果如图 4-104 所示。

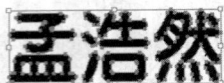

图 4-102　　　　　　　　图 4-103　　　　　　　　图 4-104

> **提示**　文本转化为轮廓后，将不再具有文本的一些属性，这就需要在文本转化成轮廓之前先按需要调整文本的字体大小。而且将文本转化为轮廓时，会把文本块中的文本全部转化为路径。不能在一行文本内转化单个文字，要想转化一个单独的文字为轮廓时，可以创建只包括该字的文本，然后再进行转化。

2. 文本对齐

文本对齐是指所有的文字在段落中按一定的标准有序地排列。Illustrator CS3 提供了 7 种文本对齐的方式，分别是：左对齐▤、居中对齐▤、右对齐▤、两端对齐末行左对齐▤、两端对齐末行居中对齐▤、两端对齐末行右对齐▤和全部两端对齐▤。

选中要对齐的段落文本，单击"段落"控制面板中的各个对齐方式按钮，应用不同对齐方式的段落文本效果如图 4-105 所示。

  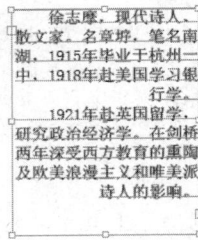

左对齐　　　　　　　　居中对齐　　　　　　　　右对齐

   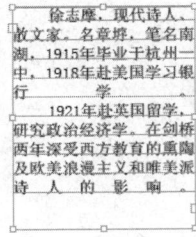

两端对齐末行左对齐　　两端对齐末行居中对齐　　两端对齐末行右对齐　　　全部两端对齐

图 4-105

3. 插入字形

选择"文字"工具 T.，在需要插入字形的位置单击鼠标，插入光标，如图 4-106 所示。选择"文字 > 字形"命令，弹出"字形"面板，选取需要的字体查找字形，如图 4-107 所示。双击字形，将其插入到文本中，效果如图 4-108 所示。

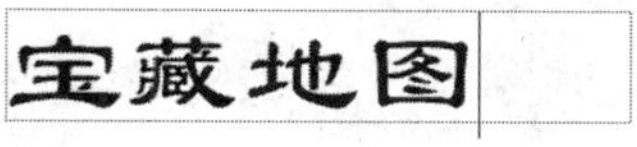

宝藏地图

图 4-106 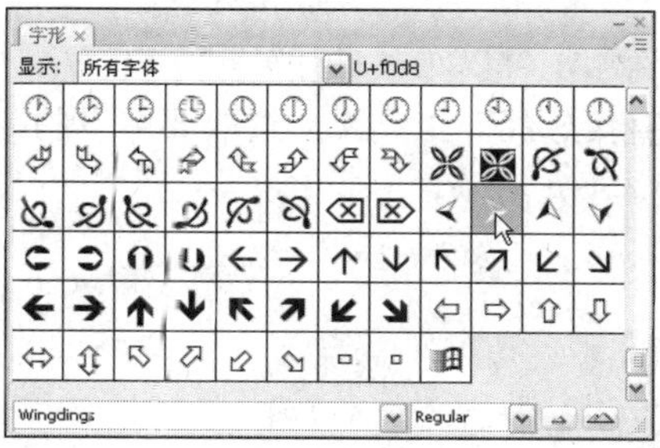　　　　　　　　　　图 4-107 　　　　　　　　　　图 4-108

4. 路径文字

使用"路径文字"工具 ✓.和"直排路径文字"工具 ✓.，可以在创建文本时，让文本沿着一个开放或闭合路径的边缘进行水平或垂直方向的排列，路径可以是规则或不规则的。如果使用这两种工具，原来的路径将不再具有填充或描边填充的属性。

◎ 创建路径文本

使用"钢笔"工具 ✍.，在页面上绘制一个任意形状的开放路径，如图 4-109 所示。使用"路径文字"工具 ✓.，在绘制好的路径上单击，路径将转换为文本路径，文本插入点将位于文本路径的左侧，如图 4-110 所示。

图 4-109 　　　　　　　　　　　　　　　图 4-110

在光标处输入所需要的文字，文字将会沿着路径排列，文字的基线与路径是平行的，效果如图 4-111 所示。

使用"钢笔"工具 ✍.，在页面上绘制一个任意形状的开放路径，使用"直排路径文字"工具 ✓.在绘制好的路径上单击，路径将转换为文本路径，文本插入点将位于文本路径的左侧，如图 4-112 所示。

图 4-111 　　　　　　　　　　　　　　　图 4-112

在光标处输入所需要的文字，文字将会沿着路径排列，文字的基线与路径是直排的，效果如图 4-113 所示。

图 4-113

◎ 编辑路径文本

如果对创建的路径文本不满意，可以对其进行编辑。

选择"选择"工具 或"直接选择"工具 ，选取要编辑的路径文本。这时在文本开始处会出现一个"I"形的符号，如图 4-114 所示。

图 4-114

拖曳文字中部的"I"形符号，可沿路径移动文本，效果如图 4-115 所示。还可以按住"I"形的符号向路径相反的方向拖曳，文本会翻转方向，效果如图 4-116 所示。

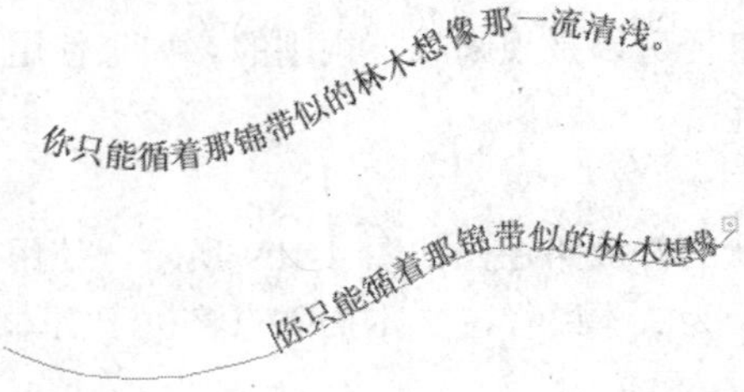

图 4-115    图 4-116

5. 外发光命令

效果命令中的外发光命令可以在对象的外部创建发光的外观效果。

选中要添加外发光效果的对象，如图 4-117 所示，选择"效果 > 风格化 > 外发光"命令，在弹出的"外发光"对话框中设置数值，如图 4-118 所示，单击"确定"按钮，对象的外发光效果如图 4-119 所示。

图 4-117 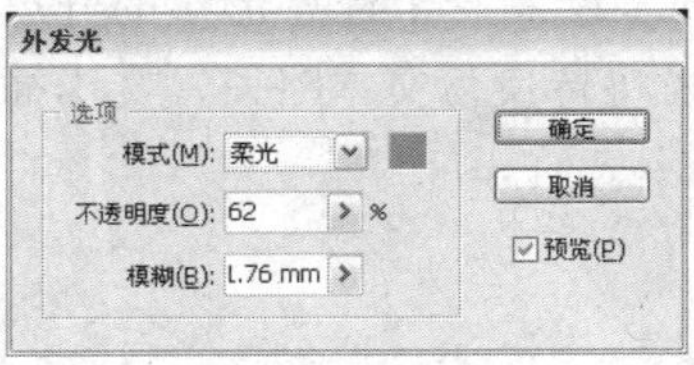   图 4-118   图 4-119

4.2.5 【实战演练】制作健康饮食书籍封面

使用投影命令为图片添加阴影效果。使用符号库的自然界面板为广告语添加需要的符号。使用将文本转化为轮廓命令和钢笔工具制作标志文字。（最终效果参看光盘中的"Ch04 > 效果 > 制作健康饮食书籍封面",如图 4-120 所示。)

图 4-120

4.3 综合演练——制作戏曲书籍封面

使用矩形工具和渐变工具绘制背景渐变。使用置入命令置入脸谱图片。使用剪切蒙版命令将脸谱图片置入页面内。使用文字工具、透明度面板和美工刀工具刻划背景文字。使用投影命令为书名添加投影效果。(最终效果参看光盘中的"Ch04 > 效果 > 制作戏曲书籍封面",如图 4-121 所示。)

图 4-121

4.4 综合演练——制作少儿读物书籍封面

使用文字工具输入需要的文字。使用将文本转化为轮廓命令、描边面板和旋转命令制作标题文字。使用符号库面板添加需要的按钮。(最终效果参看光盘中的"Ch04 > 效果 > 制作少儿读物书籍封面",如图 4-122 所示。)

图 4-122

第5章 杂志设计

杂志是比较专项的宣传媒介之一，它具有目标受众准确、实效性强、宣传力度大、效果明显等特点。时尚生活类杂志的设计可以轻松活泼、色彩丰富。版式内的图文编排可以灵活多变，但要注意把握风格的整体性。本章以多个杂志栏目为例，讲解了杂志的设计方法和制作技巧。

课堂学习目标

- 掌握杂志栏目的设计思路和过程
- 掌握杂志栏目的制作方法和技巧

5.1 制作时尚生活杂志封面

5.1.1 【案例分析】

时尚生活杂志是一本为走在时尚前沿的人们准备的资讯类杂志。杂志的主要内容是介绍完美彩妆、流行影视、时尚服饰等信息。本杂志在封面设计上要营造出生活时尚和现代感。

5.1.2 【设计理念】

通过极具现代气息的女性照片和暗棕色调烘托出整体的时尚氛围。通过对杂志名称的艺术处理，表现出现代感。通过不同样式的栏目标题表达杂志的核心内容。封面中的文字与图形的编排布局相对集中紧凑，使页面布局合理有序。（最终效果参看光盘中的"Ch05 > 效果 > 制作时尚生活杂志封面"，如图 5-1 所示。）

图 5-1

5.1.3 【操作步骤】

1. 制作杂志名称

步骤 1 按 Ctrl+N 组合键，弹出"新建文栏"对话框，选项的设置如图 5-2 所示，单击"确定"按钮，新建一个文档。如图 5-3 所示。

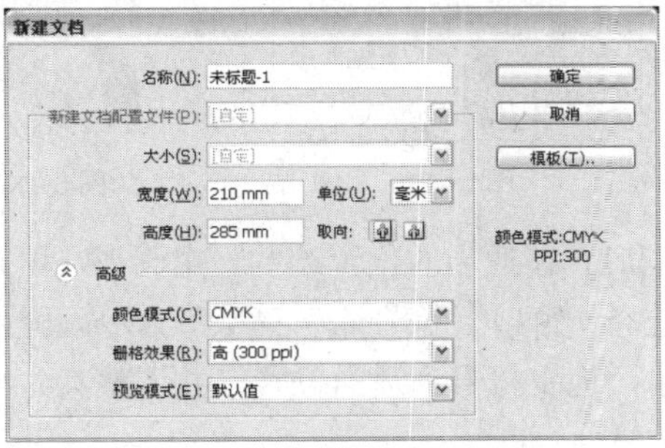

图 5-2

图 5-3

步骤 2 双击打开光盘中的文件"Ch05 > 素材 > 制作时尚生活杂志封面 > 封面文本"，选取并复制记事文档中的杂志名称"时尚生活"，如图 5-4 所示。返回到 Illustrator 的页面中，选择"文字"工具 T，在页面顶部单击插入光标，按 Ctrl+V 组合键，将复制的文字粘贴到页面中，效果如图 5-5 所示。

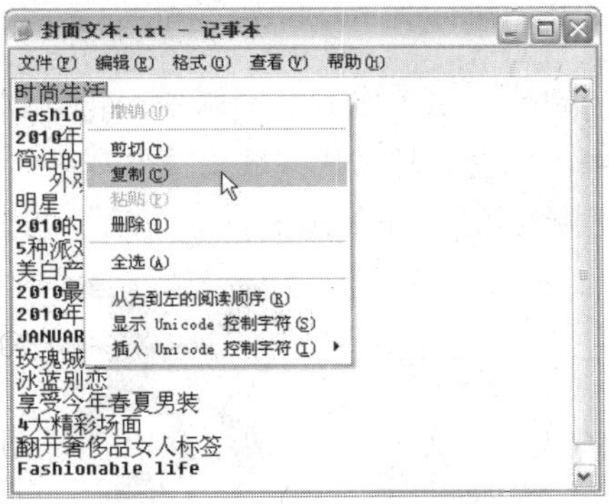

图 5-4

图 5-5

步骤 3 选择"选择"工具 ，在属性栏中选择合适的字体并设置适当的文字大小，效果如图 5-6 所示。按 Ctrl+Shift+O 组合键，将文字转换为轮廓。选择"直接选择"工具 ，用圈选的方法将需要的节点同时选取，如图 5-7 所示，按 Delete 键，将其删除，效果如图 5-8 所示。

图 5-6

图 5-7

图 5-8

步骤 **4** 选择"矩形"工具□，在适当的位置绘制一个矩形，如图 5-9 所示。选择"选择"工具▶，按住 Shift 键的同时，单击需要的文字，将其同时选取，如图 5-10 所示。选择"窗口 > 路径查找器"命令，弹出"路径查找器"控制面板，单击"与形状区域相交"按钮□，如图 5-11 所示，生成新的对象，再单击"扩展"按钮 扩展 ，效果如图 5-12 所示。

图 5-9

图 5-10

图 5-11

图 5-12

步骤 **5** 选择"椭圆"工具○，按住 Shift 键的同时，在适当的位置绘制一个圆形，填充为黑色，并设置描边色为无，效果如图 5-13 所示。选择"窗口 > 符号库 > 箭头"命令，弹出"箭头"控制面板，选择需要的符号，如图 5-14 所示，拖曳符号到适当位置，并调整其大小和角度，效果如图 5-15 所示。

图 5-13

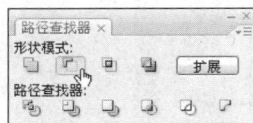
图 5-14

图 5-15

步骤 **6** 选择"选择"工具▶，按住 Shift 键的同时，单击所需要的圆形，将其同时选取，如图 5-16 所示。在"路径查找器"控制面板中，单击"与形状区域相减"按钮□，如图 5-17 所示，生成新的对象，再单击"扩展"按钮 扩展 ，效果如图 5-18 所示。

图 5-16

图 5-17

图 5-18

步骤 **7** 按 Ctrl+C 组合键，复制图形，按 Ctrl+F 组合键，将复制的图形粘贴在前面。选择"选择"工具▶，拖曳图形到适当的位置并调整其大小。双击"镜像"工具◁，弹出"镜像"对话框，其他选项的设置如图 5-19 所示，单击"确定"按钮，效果如图 5-20 所示。选择"选择"工具▶，将文字和图形同时选取，按 Ctrl+G 组合键，将其编组，如图 5-21 所示。

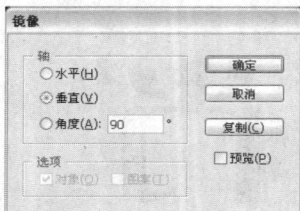
图 5-19

图 5-20

图 5-21

步骤 8 设置文字填充色的 C、M、Y、K 值分别为 17、100、0、0，填充文字，并设置描边色为白色，如图 5-22 所示。选取并复制记事本文档中的文字"Fashionable Life"，返回到 Illustrator 的页面中，将复制的文字粘贴到适当的位置，如图 5-23 所示。选择"选择"工具 ，在属性栏中选择合适的字体并设置文字大小，设置文字填充色的 C、M、Y、K 值分别为 0、0、100、0，填充文字，效果如图 5-24 所示。

图 5-22　　　　　　　　　　　图 5-23　　　　　　　　　　　图 5-24

2. 添加底图和栏目名称

步骤 1 选择"文件 > 置入"命令，弹出"置入"对话框，选择光盘中的"Ch05 > 素材 > 制作时尚生活杂志封面 > 01"文件，单击"置入"按钮，在文件中置入图片，单击属性栏中的"嵌入"按钮，拖曳图片到适当的位置并调整其大小，效果如图 5-25 所示。按 Ctrl+Shift+[组合键，将其置于底层，效果如图 5-26 所示。

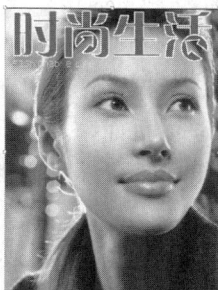

图 5-25　　　　　　　　　　　图 5-26

步骤 2 分别选取并复制记事本文档中的杂志期刊号、月份和部分栏目名称。返回到 Illustrator 的页面中，选择"文字"工具 ，在适当的位置单击插入光标，分别将复制的文字粘贴到封面页中。选择"选择"工具 ，分别在属性栏中选择合适的字体并设置文字大小。选取文字"简洁的外观设计"，设置填充色的 C、M、Y、K 值分别为 0、100、0、0，填充文字，选取文字"明星"，填充为白色，效果如图 5-27 所示。

步骤 3 选择"矩形"工具 ，在页面的适当位置绘制一个矩形，设置填充色为无，设置描边色的 C、M、Y、K 值分别为 0、0、100、0，填充描边。在属性栏中将"描边粗细"选项设置为 2，效果如图 5-28 所示。

步骤 4 选取并复制记事本文档中的文字"2010 的期待"，返回到 Illustrator 的页面中，选择"文字"工具 ，在矩形中单击插入光标，将其复制的文字粘贴到到矩形中，选择"选择"工具 ，在属性栏中选择合适的字体并设置文字大小。设置文字填充色的 C、M、Y、K 值分别为

0、100、0、0，填充文字，如图 5-29 所示。选择"选择"工具，按住 Shift 键的同时，单击所需要的图形，将其同时选取，按 Ctrl+G 组合键，将其编组，并旋转适当的角度，效果如图 5-30 所示。

图 5-27　　　　图 5-28　　　　图 5-29　　　　图 5-30

步骤 5 选取并复制记事本文档中的文字"5 种派对着装新规则"，返回到 Illustrator 的页面中，将复制的文字粘贴到封面页中的适当位置，选择"文字"工具，分别选取需要的文字，选择"选择"工具，分别在属性栏中选择合适的字体并设置文字大小，选择"文字"工具，选取文字"5"，设置填充色的 C、M、Y、K 值分别为 0、94、0、0，填充文字，如图 5-31 所示。选取"种派对着装新规则"填充文字为白色，效果如图 5-32 所示。

步骤 6 选取并复制记事本文档中的文字"美白产品到底怎么选"和"2010 最值得期待的事"，返回到 Illustrator 的页面中，选择"文字"工具，在适当的位置单击插入光标，将复制的文字粘贴到页面中，选择"选择"工具，分别在属性栏中选择合适的字体并设置文字大小，设置文字填充色的 C、M、Y、K 值分别为 0、0、100、0 和白色，填充文字，如图 5-33 所示。选取并复制记事本文档中的文字"2010 年第 1 期总第 56 期"，返回到 Illustrator 的页面中，选择"选择"工具，在属性栏中选择合适的字体并设置文字大小，按住 Alt+→组合键，调整文字的间距，设置文字的填充色为白色，效果如图 5-34 所示。

图 5-31　　　　图 5-32　　　　图 5-33　　　　图 5-34

步骤 7 分别选取并复制记事本文档中的部分标题栏目。返回到 Illustrator 页面中，分别将复制的文字粘贴到封面页中的适当位置。选择"选择"工具，在属性栏中选择合适的字体并设置文字大小，选取文字"JANUARY"，设置填充色的 C、M、Y、K 值分别为 0、100、0、0，填充文字。选取文字"玫瑰城堡冰蓝别恋"和"翻开奢侈品女人标签"，填充为白色。选取文字"享受今年春夏男装 4 大精彩场面"，设置填充色的 C、M、Y、K 值分别为 0、0、100、0，填充文字。选取文字"Fashionable life"，设置填充色的 C、M、Y、K 值分别为 0、100、0、0，填充文字，效果如图 5-35 所示。

步骤 8　分别选取并复制记事本文档中剩余的栏目名称、杂志网址和价格。返回到 Illustrator 的页面中，分别将复制的文字粘贴到封面页中右下角处。选择"选择"工具 ，分别在属性栏中选择合适的字体并设置文字大小，填充文字为白色，效果如图 5-36 所示。

步骤 9　打开光盘中的"Ch05 > 素材 > 制作时尚生活杂志封面 > 02"文件，将其粘贴到页面中，拖曳到适当的位置并调整其大小。时尚生活杂志封面制作完成，效果如图 5-37 所示。

图 5-35　　　　　　　　　　图 5-36　　　　　　　　　　图 5-37

5.1.4 【相关工具】

1. 直接选择工具

选择"直接选择"工具 ，用鼠标单击对象可以选取整个对象，如图 5-38 所示。在对象的某个节点上单击，该节点将被选中，如图 5-39 所示。选中该节点不放，向下拖曳，将改变对象的形状，如图 5-40 所示。

图 5-38　　　　　　　　　　图 5-39　　　　　　　　　　图 5-40

也可使用"直接选择"工具 圈选对象，使用"直接选择"工具 拖曳出一个矩形圈选框，在框中的所有对象将被同时选取。

> **提　示**　在移动节点的时候，按住 Shift 键，节点可以沿着 45° 角的整数倍方向移动；在移动节点的时候，按住 Alt 键，此时可以复制节点，这样就可以得到一段新路径。在删除节点时，按 Delete 键，即可删除选取的节点。

2. 文本的变换

选择"对象 > 变换"命令或"变换"工具，可以对文本进行变换。选中要变换的文本，再利用各种变换工具对文本进行旋转、对称、缩放、倾斜等变换操作。将文本进行倾斜效果如图 5-41 所示，旋转效果如图 5-42 所示，对称效果如图 5-43 所示。

图 5-41　　　　　图 5-42　　　　　图 5-43

3. 路径查找器面板

在 Illustrator CS3 中编辑图形时，"路径查找器"控制面板是最常用的工具之一。它包含了一组功能强大的路径编辑命令。使用"路径查找器"控制面板可以将许多简单的路径经过特定的运算之后形成各种复杂的路径。

选择"窗口 > 路径查找器"命令（组合键为 Shift+Ctrl+F9），弹出"路径查找器"控制面板，如图 5-44 所示。

图 5-44

在"路径查找器"控制面板的"形状模式"选项组中有 5 个按钮，从左至右分别是"与形状区域相加"按钮 、"与形状区域相减"按钮 、"与形状区域相交"按钮 、"排除重叠形状区域"按钮 和"扩展"按钮。前 4 个按钮可以通过不同的组合方式在多个图形间制作出对应的复合图形，而"扩展"按钮则可以把复合图形转变为复合路径。

在"路径查找器"选项组中有 6 个按钮，从左至右分别是"分割"按钮 、"修边"按钮 、"合并"按钮 、"裁剪"按钮 、"轮廓"按钮 和"减去后方对象"按钮 。这组按钮主要是把对象分解成各个独立的部分，或者删除对象中不需要的部分。

◎ **与形状区域相加按钮**

在绘图页面中绘制两个图形对象，如图 5-45 所示。选中两个对象，单击"与形状区域相加"按钮 ，从而生成新的对象，效果如图 5-46 所示，新对象的填充和描边属性与位于顶部的对象的填充和描边属性相同，取消选取状态后的效果如图 5-47 所示。

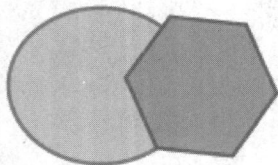

图 5-45　　　　　图 5-46　　　　　图 5-47

◎ **与形状区域相减按钮**

在绘图页面中绘制两个图形对象，如图 5-48 所示。选中这两个对象，单击"与形状区域相减"按钮 ，从而生成新的对象，效果如图 5-49 所示，与形状区域相减命令可以在最下层对象的基础上，将被上层的对象挡住的部分和上层的所有对象同时删除，只剩下最下层对象的剩余部分。取消选取状态后的效果如图 5-50 所示。

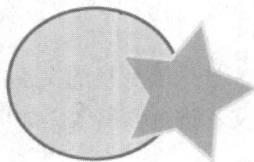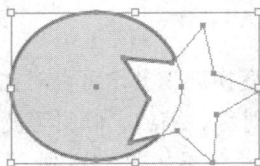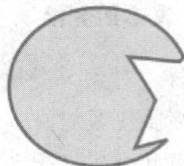

图 5-48　　　　　图 5-49　　　　　图 5-50

◎ **与形状区域相交按钮**

在绘图页面中绘制两个图形对象，如图 5-51 所示。选中这两个对象，单击"与形状区域相交"按钮 ，从而生成新的对象，效果如图 5-52 所示，与形状区域相交命令可以将图形没有重叠的部分删除，而仅仅保留重叠部分。所生成的新对象的填充和描边属性与位于顶部的对象的填充和描边属性相同。取消选取状态后的效果如图 5-53 所示。

图 5-51　　　　　　　　图 5-52　　　　　　　　图 5-53

◎ **排除重叠形状区域按钮**

在绘图页面中绘制两个图形对象，如图 5-54 所示。选中这两个对象，单击"排除重叠形状区域"按钮 ，从而生成新的对象，效果如图 5-55 所示。排除重叠形状区域命令可以删除对象间重叠的部分。所生成的新对象的填充和笔画属性与位于顶部的对象的填充和描边属性相同。取消选取状态后的效果如图 5-56 所示。

图 5-54　　　　　　　　图 5-55　　　　　　　　图 5-56

◎ **分割按钮**

在绘图页面中绘制两个图形对象，如图 5-57 所示。选中这两个对象，单击"分割"按钮 ，从而生成新的对象，效果如图 5-58 所示，分割命令可以分离相互重叠的图形，而得到多个独立的对象。所生成的新对象的填充和笔画属性与位于顶部的对象的填充和描边属性相同。取消选取状态后的效果如图 5-59 所示。

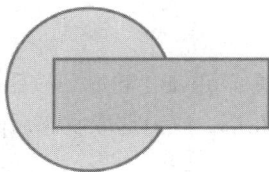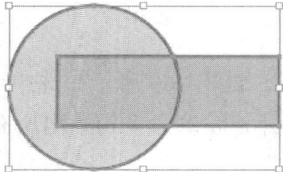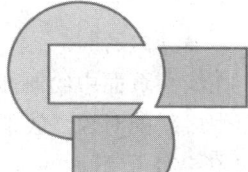

图 5-57　　　　　　　　图 5-58　　　　　　　　图 5-59

◎ **修边按钮**

在绘图页面中绘制两个图形对象，如图 5-60 所示。选中这两个对象，单击"修边"按钮 ，从而生成新的对象，效果如图 5-61 所示，修边命令对于每个单独的对象而言，均被裁减分成包含有重叠区域的部分和重叠区域之外的部分，新生成的对象保持原来的填充属性。取消选取状态后的效果如图 5-62 所示。

图 5-60

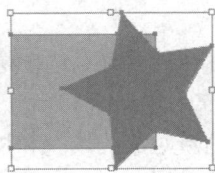
图 5-61

图 5-62

◎ **合并按钮**

在绘图页面中绘制两个图形对象，如图 5-63 所示。选中这两个对象，单击"合并"按钮，从而生成新的对象，效果如图 5-64 所示。如果对象的填充和描边属性都相同，合并命令将把所有的对象组成一个整体后合为一个对象，但对象的描边色将变为没有；如果对象的填充和笔画属性都不相同，则合并命令就相当于"裁剪"按钮的功能。取消选取状态后的效果如图 5-65 所示。

图 5-63

图 5-64

图 5-65

◎ **裁剪按钮**

在绘图页面中绘制两个图形对象，如图 5-66 所示。选中这两个对象，单击"裁剪"按钮，从而生成新的对象，效果如图 5-67 所示。裁剪命令的工作原理和蒙版相似，对重叠的图形来说，修剪命令可以把所有放在最前面对象之外的图形部分修剪掉，同时最前面的对象本身将消失。取消选取状态后的效果如图 5-68 所示。

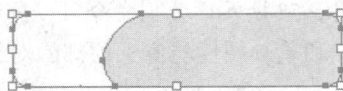

图 5-66

图 5-67

图 5-68

◎ **轮廓按钮**

在绘图页面中绘制两个图形对象，如图 5-69 所示。选中这两个对象，单击"轮廓"按钮，从而生成新的对象，效果如图 5-70 所示。轮廓命令勾勒出所有对象的轮廓。取消选取状态后的效果如图 5-71 所示。

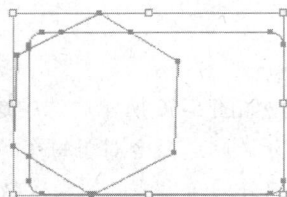

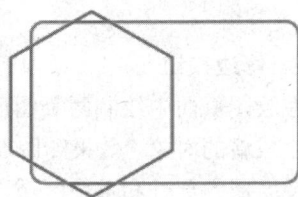

图 5-69

图 5-70

图 5-71

◎　减去后方对象按钮 🔲

　　在绘图页面中绘制两个图形对象，如图 5-72 所示。选中这两个对象，单击"减去后方对象"按钮 🔲，从而生成新的对象，效果如图 5-73 所示，减去后方对象命令可以使位于最底层的对象裁减去位于该对象之上的所有对象。取消选取状态后的效果如图 5-74 所示。

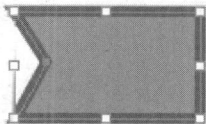

图 5-72　　　　　　　　　　　图 5-73　　　　　　　　　　　图 5-74

5.1.5　【实战演练】制作健康饮食杂志封面

　　使用置入命令置入封面底图。使用文字工具、渐变工具、描边命令和投影命令编辑标题文字。使用对齐命令将栏目名称对齐。（最终效果参看光盘中的"Ch05 > 效果 > 制作健康饮食杂志封面"，如图 5-75 所示。）

图 5-75

5.2　制作时尚饮食栏目

5.2.1　【案例分析】

　　时尚饮食栏目是介绍现代流行的健康饮食的搭配方法和制作方法的栏目。时尚饮食栏目的内容包括健康果饮、美食搭配、休闲小吃等内容。在栏目的页面设计上要抓住栏目特色，营造出时尚、健康、美味的氛围。

5.2.2　【设计理念】

　　通过图标的设计和对栏目名称的编辑，突出栏目主题。使用橙色的底图和鲜美的简餐美食营造出营养健康的美食氛围。通过水果底图和酒杯状的文字使整体设计活泼有趣，吸引读者的注意。通过对图形、文字和图片的巧妙编排将版面分割成不同的区域，达到活而不散的效果。（最终效果参看光盘中的"Ch05 > 效果 > 制作时尚饮食栏目"，如图 5-76 所示。）

图 5-76

5.2.3 【操作步骤】

1. 制作背景和栏目标题

步骤 1 按 Ctrl+N 组合键，弹出"新建文档"对话框，选项的设置如图 5-77 所示，单击"确定"按钮，新建一个文档。双击打开光盘中的"Ch05 > 素材 > 制作时尚饮食栏目 > 美食文本"文件，选取并复制文档中的标题"Healthy Food"。返回到 Illustrator 页面中，选择"文字"工具 T，在页面中单击插入光标，按 Ctrl+V 组合键，将复制的文字粘贴到页面中，在属性栏中选择合适的字体并设置大小，如图 5-78 所示。

图 5-77

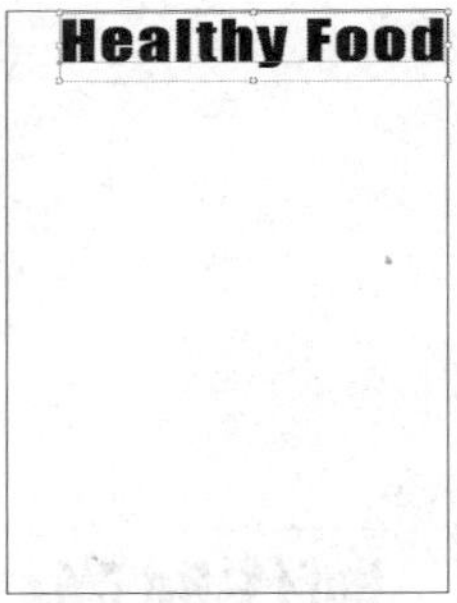

Healthy Food

图 5-78

步骤 2 选择"文字"工具 T，选取文字"Healthy"，如图 5-79 所示。设置文字填充色的 C、M、Y、K 值分别为 40、0、40、0，填充文字，再将文字"Food"选取，设置文字填充色的 C、M、Y、K 值分别为 40、0、100、0，填充文字，如图 5-80 所示。

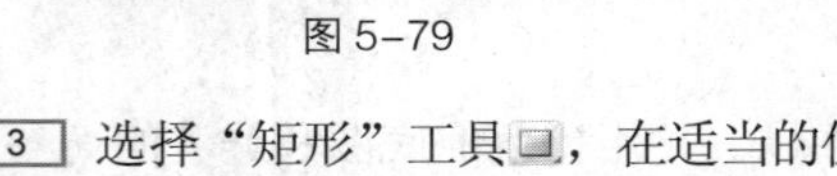

图 5-79

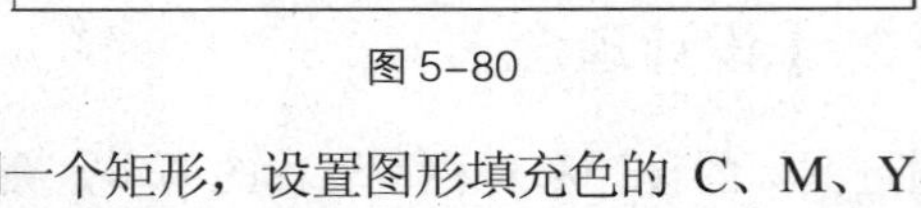

图 5-80

步骤 3 选择"矩形"工具 ▢，在适当的位置绘制一个矩形，设置图形填充色的 C、M、Y、K 值分别为 0、100、100、0，填充图形，并设置描边色为无，如图 5-81 所示。选择"文字"工具 T，在页面上单击插入光标，选择"文字 > 字形"命令，弹出"字形"对话框，选择需要的字形，如图 5-82 所示，双击字形并拖曳字形到红色矩形上，调整其大小，填充为白色，如图 5-83 所示。

图 5-81 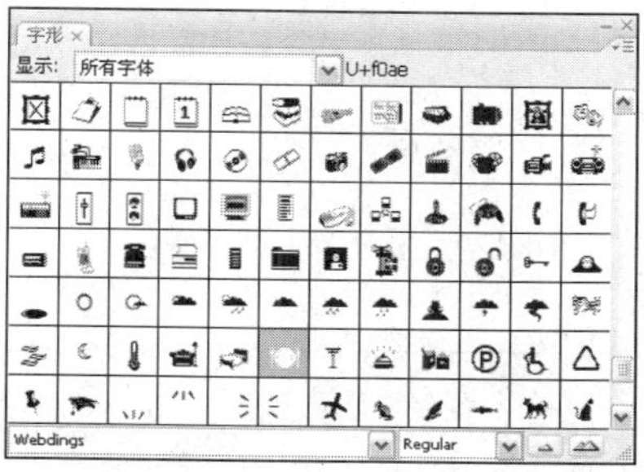 图 5-82  图 5-83

步骤 4 选择"矩形"工具 ▢，在适当的位置绘制一个矩形，设置图形填充色的 C、M、Y、K 值分别为 0、100、100、0，填充图形，如图 5-84 所示。选取并复制记事本文档中的文字"健康美食坊"，返回到 Illustrator 页面中，将复制的文字粘贴到矩形上，选择"选择"工具 ▶，在属性栏中选择合适的字体并设置文字大小，填充为白色，效果如图 5-85 所示。

图 5-84

图 5-85

步骤 5 选择"矩形"工具 ▢，在页面中适当的位置绘制一个矩形，设置图形填充色的 C、M、Y、K 值分别为 20、0、60、0，填充图形，并设置描边色为无，如图 5-86 所示。选择"矩形"工具 ▢，在适当的位置绘制一个矩形，如图 5-87 所示。设置图形填充色的 C、M、Y、K 值分别为 60、0、40、20，填充图形，并设置描边色的 C、M、Y、K 值分别为 0、0、100、0，填充描边，在属性栏中将"描边粗细"选项设置为 4，按 Ctrl+Shift+[组合键，将其置于底层，如图 5-88 所示。

图 5-86

图 5-87

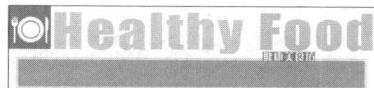

图 5-88

步骤 6 选取并复制记事本文档中的标题文字"摄入食物的营养，确保春季健康"，返回到 Illustrator 页面中，将复制的文字粘贴到矩形上。选择"选择"工具 ▶，在属性栏中选择合适的字体并设置文字大小，填充为白色，效果如图 5-89 所示。选择"文字"工具 T，在页面上单击插入光标，选择"文字 > 字形"命令，弹出"字形"对话框，选择需要的字形，如图 5-90 所示。双击字形并拖曳字形到适当的位置，调整其大小，如图 5-91 所示。设置图形填充色的 C、M、Y、K 值分别为 40、0、40、0，填充图形，如图 5-92 所示。

图 5-89

图 5-90

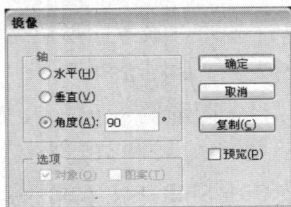

图 5-91

图 5-92

步骤 7 双击"镜像"工具 ，弹出"镜像"对话框，选项的设置如图 5-93 所示。单击"复制"
按钮，复制一个镜像图形，并拖曳到适当的位置，如图 5-94 所示。

图 5-93

图 5-94

2. 为内容文本分栏

步骤 1 选取并复制记事本文档中的标题文字"摄入食物的营养，确保春季健康"的内容文
字，返回到 Illustrator 页面中，选择"文字"工具 ，拖曳出一个文本框，将复制的文字
粘贴到文本框中，如图 5-95 所示。选择"文字"工具 ，对文字进行换行，如图 5-96
所示。选择"选择"工具 ，在属性栏中选择合适的字体并设置文字大小，效果如图 5-97
所示。

图 5-95

图 5-96

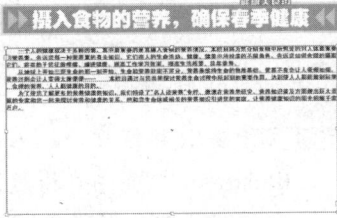

图 5-97

步骤 2 选择"选择"工具 ，选择"文字 > 区域文字选项"命令，弹出"区域文字选项"对
话框，选项的设置如图 5-98 所示，单击"确定"按钮，并调整文本框的大小，效果如图 5-99
所示。

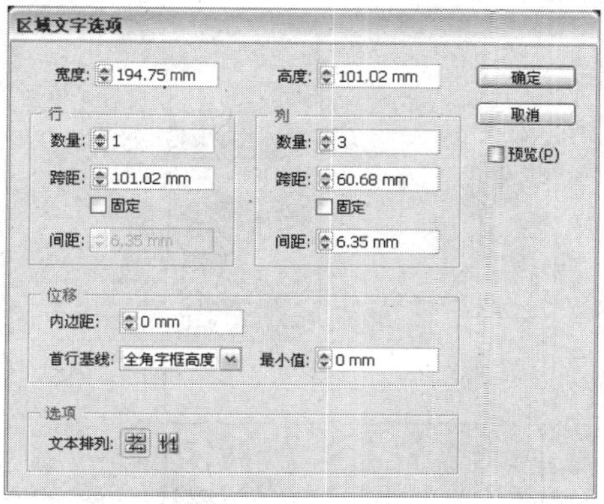
区域文字选项
宽度: 194.75 mm
高度: 101.02 mm
确定
取消
行
数量: 1
跨距: 101.02 mm
固定
间距: 6.35 mm
列
数量: 3
跨距: 60.68 mm
固定
间距: 6.35 mm
预览(P)
位移
内边距: 0 mm
首行基线: 全角字框高度
最小值: 0 mm
选项
文本排列:

图 5-98

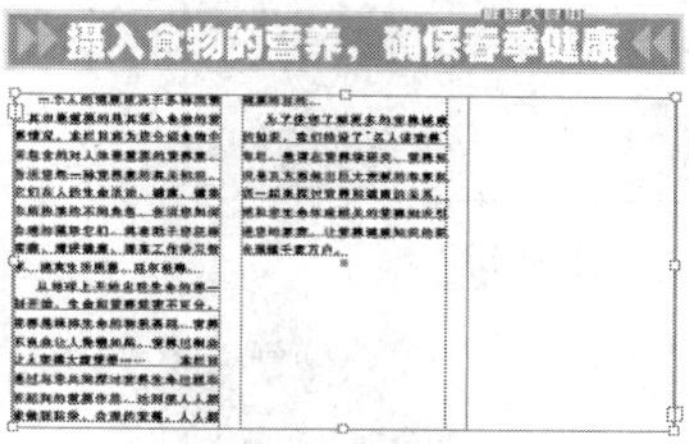
摄入食物的营养，确保春季健康

图 5-99

步骤 3 选择“矩形”工具，在页面适当的位置绘制一个矩形，设置图形填充色的 C、M、Y、K 值分别为 0、25、90、0，填充图形，并设置描边色为无，按 Ctrl+Shift+[组合键，将其置于底层，如图 5-100 所示。选择“选择”工具，按住键盘上的 Alt 键，拖曳图形到适当的位置，复制一个图形，如图 5-101 所示。

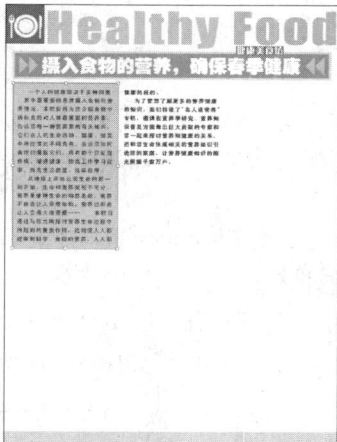

Healthy Food
摄入食物的营养，确保春季健康

图 5-100

Healthy Food
摄入食物的营养，确保春季健康

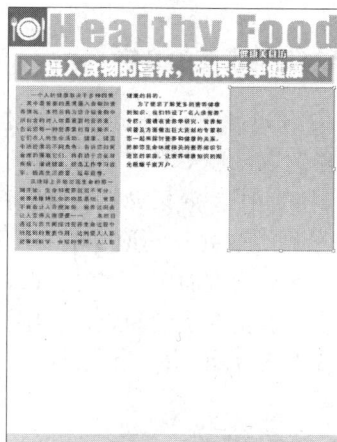

图 5-101

3. 置入图片并制作文本绕排

步骤 1 选择“文件 > 置入”命令，弹出“置入”对话框，分别选择光盘中的“Ch05 > 素材 > 制作时尚饮食栏目 > 01、02、03”文件，单击“置入”按钮，分别在页面中置入图片。单击属性栏中的“嵌入”按钮，在弹出的对话框中，单击“确定”按钮，拖曳图片到适当的位置并调整其大小，如图 5-102 所示。

步骤 2 选择“矩形”工具，在图片适当的位置上绘制一个矩形，如图 5-103 所示。选择“选择”工具，按住 Shift 键的同时，单击矩形和图片，将其同时选取，按 Ctrl+G 组合键，将其编组。选择“对象 > 文本绕排 > 建立”命令，建立文本绕图片排列，设置矩形描边色为无，效果如图 5-104 所示。

步骤 3 选择“选择”工具，选取 01 图片，选择“对象 > 文本绕排 > 建立”命令，建立文本绕图片排列，效果如图 5-105 所示。使用相同的方法，再将 03 图片制作文本绕排效果，如图 5-106 所示。

图 5-102　　　　　　　　　　图 5-103　　　　　　　　　　图 5-104

图 5-105　　　　　　　　　　图 5-106

4. 添加其他说明性文字

步骤 1　打开光盘中的"Ch06 > 素材 > 制作时尚饮食栏目 > 04"文件，按 Ctrl+A 组合键，将所有图形选取，按 Ctrl+C 组合键，复制图形。选择正在编辑的页面，按 Ctrl+V 组合键，将其粘贴到页面中，效果如图 5-107 所示。

步骤 2　分别选取并复制记事本文档中需要的标题文字，返回到 Illustrator 页面中，将复制的文字分别粘贴到页面中，选择"选择"工具，分别在属性栏中选择合适的字体并设置文字大小，分别调整文字的间距，文字的效果如图 5-108 所示。分别设置文字填充色的 C、M、Y、K 值分别为（80、40、100、0）、（75、0、100、0），填充文字，效果如图 5-109 所示。

图 5-107　　　　　　　　　　图 5-108　　　　　　　　　　图 5-109

步骤 3　选取并复制记事本文档中的内容文字，返回到 Illustrator 页面中，选择"直排文字"工具，拖曳出一个文本框，将复制的文字粘贴到文本框中，选择"选择"工具，在属性栏中选择合适的字体并设置文字大小，效果如图 5-110 所示。按 Ctrl+T 组合键，弹出"字符"控制面板，设置"行距"为-20，其他选项的设置如图 5-111 所示，按 Enter 键确认操作，文字效果如图 5-112 所示。

图 5-110　　　　　　　　图 5-111　　　　　　　　图 5-112

步骤 4 选择"文件 > 置入"命令，弹出"置入"对话框，选择光盘中的"Ch05 > 素材 > 制作时尚饮食栏目 > 05"文件，单击"置入"按钮，在页面中置入图片，单击属性栏中的"嵌入"按钮，弹出对话框，单击"确定"按钮。拖曳图片到适当的位置并将其调整大小，效果如图 5-113 所示。选择"矩形"工具，在适当的位置绘制一个矩形，如图 5-114 所示。

图 5-113　　　　　　　　　　　　图 5-114

步骤 5 选择"选择"工具，按住 Shift 键的同时，单击所需要的图形，将其同时选取，按 Ctrl+G 组合键，将其编组。选择"对象 > 文本绕排 > 建立"命令，建立文本绕图片排列，设置矩形描边色为无，效果如图 5-115 所示。选择"钢笔"工具，在适当的位置绘制一个不规则图形，设置描边色的 C、M、Y、K 值分别为 0、25、90、0，填充描边，在属性栏中将"描边粗细"选项设置为 1，如图 5-116 所示。

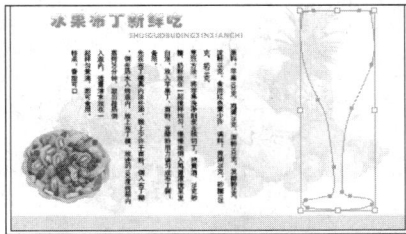

图 5-115　　　　　　　　　　　　图 5-116

步骤 6 选择"选择"工具，按住键盘上的 Alt 键，拖曳图形到适当的位置，复制一个图形并调整其大小，如图 5-117 所示。选取并复制记事本文档中的内容文字，返回到 Illustrator 页面中，选择"区域文字"工具，在图形中单击并粘贴文字，选择"选择"工具，在属性栏中选择合适的字体并设置文字大小，如图 5-118 所示。按键盘上的 Alt+↓组合键，调整文字的行距，文字的效果如图 5-119 所示。

步骤 7 选择"文件 > 置入"命令，弹出"置入"对话框，选择光盘中的"Ch05 > 素材 >制作时尚饮食栏目 > 06"文件，单击"置入"按钮，在页面中置入图片，单击属性栏中"嵌入"

按钮，弹出对话框，单击"确定"按钮。拖曳图片到适当的位置并调整其大小，如图 5-120 所示。选择"矩形"工具 ▣，在适当的位置绘制一个矩形，设置图形填充色的 C、M、Y、K 值分别为 0、100、100、0，填充图形，设置描边色为无，如图 5-121 所示。

图 5-117　　　图 5-118　　　图 5-119　　　　图 5-120　　　　　　图 5-121

步骤 8 选取并复制记事本文档中的作者署名，返回到 Illustrator 页面中，将复制文字粘贴到适当的位置，选择"选择"工具 ▶，在属性栏中选择合适的字体并设置文字大小，如图 5-122 所示。选择"矩形"工具 ▣，在页面左下角处绘制一个矩形，设置图形填充色的 C、M、Y、K 值分别为 0、100、100、0，填充图形，并设置描边色为无，如图 5-123 所示。

步骤 9 选取并复制记事本文档中的页码，将复制文字粘贴到页面中，选择"选择"工具 ▶，在属性栏中选择合适的字体并设置文字大小，填充为白色，如图 5-124 所示。时尚饮食栏目制作完成，效果如图 5-125 所示。

图 5-122　　　　　　　　　　　　图 5-123

图 5-124　　　　　　　　　　　　图 5-125

5.2.4　【相关工具】

1. 区域文本工具的使用

在 Illustrator CS3 中，还可以创建任意形状的文本对象。

绘制一个填充颜色的图形对象，如图 5-126 所示。选择"文字"工具 T 或"区域文字"工具 T，当鼠标指针移动到图形对象的边框上时，指针将变成" I "形状，如图 5-127 所示，在图形对象上单击，图形对象的填充和描边填充属性被取消，图形对象转换为文本路径，并且在图形对象内出现一个闪烁的插入光标，如图 5-128 所示。

图 5-126　　　　　　　　图 5-127　　　　　　　　图 5-128

在插入光标处输入文字，输入的文本会按水平方向在该对象内排列。如果输入的文字超出了文本路径所能容纳的范围，将出现文本溢出的现象，这时文本路径的右下角会出现一个红色" ⊞ "号标志的小正方形，效果如图 5-129 所示。

使用"选择"工具 ▶ 选中文本路径，拖曳文本路径周围的控制点来调整文本路径的大小，可以显示所有的文字，效果如图 5-130 所示。

使用"直排文字"工具 T 或"直排区域文字"工具 T 与使用"文字"工具 T 的方法是一样的，但"直排文字"工具 T 或"直排区域文字"工具 T 在文本路径中可以创建竖排的文字，如图 5-131 所示。

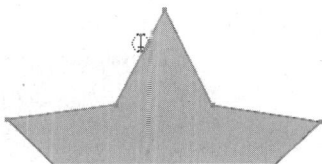

图 5-129　　　　　　　　图 5-130　　　　　　　　图 5-131

2. 行距的设置

行距是指文本中行与行之间的距离。如果没有自定义行距值，系统将使用自动行距，这时系统将以最适合的参数设置行间距。

选中文本，如图 5-132 所示。选择"窗口 > 文字 > 字符"命令（组合键为 Ctrl+T），弹出"字符"控制面板，在"行距"选项 ▲ 数值框中输入所需要的数值，可以调整行与行之间的距离。设置"行距"数值为 36，按 Enter 键确认，行距效果如图 5-133 所示。

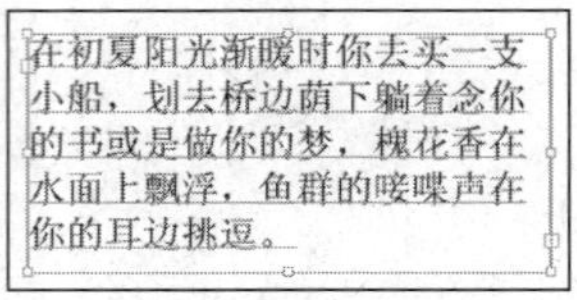

图 5-132 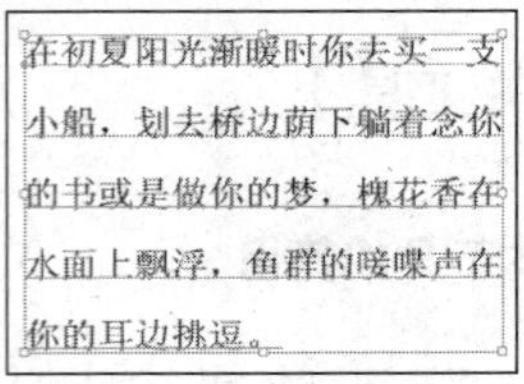　　　　　　　　　　　图 5-133

按键盘上的 Alt+上、下、左、右方向组合键，也可调整文字的行距。

3. 创建文本分栏

在 Illustrator CS3 中，可以对一个选中的段落文本块进行分栏。不能对点文本或路径文本进行分栏，也不能对一个文本块中的部分文本进行分栏。

选中要进行分栏的文本块，如图 5-134 所示，选择"文字 > 区域文字选项"命令，弹出"区域文字选项"对话框，如图 5-135 所示。

图 5-134 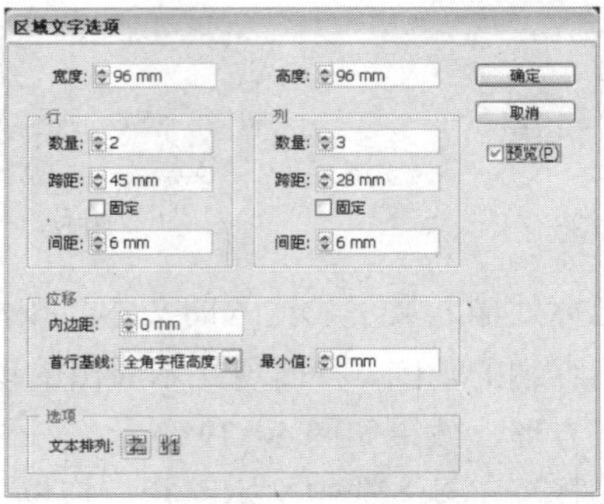　　　　　　　　　　　图 5-135

在"行"选项组中的"数量"选项中输入行数，所有的行自动定义为相同的高度，建立文本分栏后可以改变各行的高度。"跨距"选项用于设置行的高度。

在"列"选项组中的"数量"选项中输入栏数，所有的栏自动定义为相同的宽度，建立文本分栏后可以改变各栏的宽度。"跨距"选项用于设置栏的宽度。

单击"文本排列"选项后的图标按钮，如图 5-136 所示，选择一种文本流在链接时的排列方式，每个图标上的方向箭指明了文本流的方向。

图 5-136

"区域文字选项"对话框如图 5-137 所示进行设定，单击"确定"按钮创建文本分栏，效果如图 5-138 所示。

图 5-137

图 5-138

4. 链接文本块

如果文本块出现文本溢出的现象，可以通过调整文本块的大小显示所有的文本，也可以将溢出的文本链接到另一个文本框中，还可以进行多个文本框的链接。点文本和路径文本不能被链接。

选择有文本溢出的文本块。在文本框的右下角出现了 ⊞ 图标，表示因文本框太小有文本溢出，绘制一个闭合路径或创建一个文本框，同时将文本块和闭合路径选中，如图 5-139 所示。

选择"文字 > 串接文本 > 创建"命令，左边文本框中溢出的文本会自动移到右边的闭合路径中，效果如图 5-140 所示。

图 5-139　　　　　　　　　　　　　图 5-140

如果右边的文本框中还有文本溢出，可以继续添加文本框来链接溢出的文本，方法同上。链接的多个文本框其实还是一个文本块。选择"文字 > 串接文本 > 释放所选文字"命令，可以解除各文本框之间的链接状态。

5. 图文混排

图文混排效果在版式设计中是经常使用的一种效果，使用文本绕图命令可以制作出漂亮的图文混排效果。文本绕图对整个文本块起作用，对于文本块中的部分文本，以及点文本、路径文本都不能进行文本绕图。

在文本块上放置图形并调整好位置，同时选中文本块和图形，如图 5-141 所示。选择"对象 > 文本绕排 > 建立"命令，建立文本绕排，文本和图形结合在一起，效果如图 5-142 所示。要增加绕排的图形，可先将图形放置在文本块上，再选择"对象 > 文本绕排 > 建立"命令，文本绕图将会重新排列，效果如图 5-143 所示。

图 5-141　　　　　　　　　　图 5-142　　　　　　　　　　图 5-143

选中文本绕图对象，选择"对象 > 文本绕排 > 释放"命令，可以取消文本绕图。

提　示 图形必须放置在文本块之上才能进行文本绕图。

5.2.5 【实战演练】制作时尚生活目录

使用矩形工具和星形工具绘制底图。使用文字工具添加需要的栏目名称。使用置入命令置入图片。使用建立文本绕排命令制作图片的绕排效果。（最终效果参看光盘中的"Ch05 > 效果 > 制作时尚生活目录"，如图 5-144 所示。）

图 5-144

5.3 综合演练——制作流行服饰栏目

使用文字工具和透明度面板添加栏目名称。使用矩形工具和混合工具制作渐变色块。使用多边形工具和文字工具制作区域文字。使用置入命令和文本绕排命令制作文字绕图片排列效果。（最终效果参看光盘中的"Ch05 > 效果 > 制作流行服饰栏目"，如图 5-145 所示。）

图 5-145

5.4 综合演练——制作流行饮食栏目

使用文字工具、旋转工具和透明度面板制作栏目名称。使用文字工具和字符面板添加内容文字。使用文本工具和选择工具创建链接文本块。使用椭圆工具和路径文字工具添加路径文字。（最终效果参看光盘中的"Ch05 > 效果 > 绘制流行饮食栏目"，如图 5-146 所示。）

图 5-146

第6章 宣传单设计

宣传单是直销广告的一种,对宣传活动和促销商品有着重要的作用。宣传单通过派送、邮递等形式,可以有效地将信息传达给目标受众。本章以各种不同主题的宣传单为例,讲解宣传单的设计方法和制作技巧。

课堂学习目标

- 掌握宣传单的设计思路和过程
- 掌握宣传单的制作方法和技巧

6.1 制作汉堡宣传单

6.1.1 【案例分析】

本例是为快餐厅的周年庆设计的汉堡宣传单。这次周年庆以汉堡优惠为主题,以各种其他优惠活动为辅展开。要求通过独特的设计表现,主题鲜明地展示主体优惠活动和店庆热闹的氛围。

6.1.2 【设计理念】

通过橙色背景和红色放射状图形营造出热闹喜庆的气氛,并通过放射状图形的收缩效果产生视觉焦点,突显出前方的文字。通过对广告语的艺术加工,使主题鲜明突出。左上角的宣传语和右下角的汉堡图片点明店庆活动的主题,同时也达到使页面平衡的作用。整体设计简洁明快、主题突出,能使人产生参加的欲望。(最终效果参看光盘中的"Ch06 > 效果 > 制作汉堡宣传单",如图 6-1 所示。)

图 6-1

6.1.3 【操作步骤】

1. 置入并编辑图片

步骤 **1** 打开光盘中的"Ch06 > 素材 > 制作汉堡宣传单 > 01"文件，如图 6-2 所示。选择"椭圆"工具 ◯，按住 Shift 键的同时，绘制一个圆形，设置图形填充色的 C、M、Y、K 值分别为 0、0、100、0，填充图形，并设置描边色为无，效果如图 6-3 所示。

图 6-2   图 6-3

步骤 **2** 选择"效果 > 模糊 > 高斯模糊"命令，弹出"高斯模糊"对话框，选项的设置如图 6-4 所示，单击"确定"按钮，效果如图 6-5 所示。

图 6-4   图 6-5

步骤 **3** 选择"文件 > 置入"命令，弹出"置入"对话框，选择光盘中的"Ch06 > 素材 > 制作汉堡宣传单 > 02"文件，单击"置入"按钮。在属性栏中单击"嵌入"按钮，在页面中弹出对话框，单击"确定"按钮，拖曳图片到适当的位置并调整其大小，效果如图 6-6 所示。

步骤 **4** 选择"效果 > 风格化 > 外发光"命令，弹出"外发光"对话框，将"外发光颜色"的 C、M、Y、K 值设置分别为 2、0、24、0，其他选项的设置如图 6-7 所示，单击"确定"按钮，效果如图 6-8 所示。

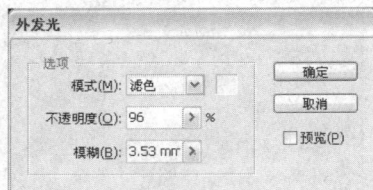

图 6-6   图 6-7   图 6-8

步骤 ⑤ 选择"矩形"工具 ▣，在适当的位置绘制一个矩形，如图 6-9 所示。按住 Shift 键的同时，单击所需要的图片，将其同时选取，如图 6-10 所示，按 Ctrl+7 组合键，建立剪切蒙版，效果如图 6-11 所示。

图 6-9

图 6-10

图 6-11

2. 添加并编辑广告语

步骤 ① 选择"文字"工具 T，分别在页面中输入所需要的文字。选择"选择"工具 ▸，分别在属性栏中选择合适的字体并设置文字大小，效果如图 6-12 所示。

步骤 ② 选择"选择"工具 ▸，选取需要的文字，如图 6-13 所示，按 Ctrl+T 组合键，弹出"字符"控制面板，在"设置所选字符的字符间距调整" Ⅳ 文本框中输入-80，如图 6-14 所示，按 Enter 键，效果如图 6-15 所示。

图 6-12

图 6-13

图 6-14

图 6-15

步骤 ③ 选择"文字"工具 T，选取文字"28"，如图 6-16 所示，选择"选择"工具 ▸，在属性栏中选择合适的字体并设置文字大小，效果如图 6-17 所示。选择"选择"工具 ▸，选取所需要的文字，设置文字填充色的 C、M、Y、K 值分别为 0、50、100、0，填充文字，并设置描边色的 C、M、Y、K 值分别为 0、0、35、0，填充描边，效果如图 6-18 所示。

图 6-16

图 6-17

图 6-18

步骤 ④ 选择"选择"工具 ▸，再次选取所需要的文字，设置文字填充色的 C、M、Y、K 值分别为 0、50、100、0，填充文字，并设置描边色的 C、M、Y、K 值分别为 0、0、47、0，填充描边，效果如图 6-19 所示。

步骤 ⑤ 选择"选择"工具 ▸，按住 Shift 键的同时，单击所需要的文字，将其同时选取，按

Ctrl+Shift+O 组合键，将文字转换为轮廓，效果如图 6-20 所示。选择"直接选择"工具 ，按住 Shift 键的同时，单击所需要的文字，将其同时选取，向下拖曳文字到适当的位置，效果如图 6-21 所示。

图 6-19　　　　　　　　　图 6-20　　　　　　　　　图 6-21

步骤 6　选择"选择"工具 ，按住 Shift 键的同时，单击所需要的文字，将其同时选取，如图 6-22 所示。选择"窗口 > 描边"命令，弹出"描边"控制面板，在"对齐描边"选项中，单击"使描边外侧对齐"按钮 ，其他选项的设置如图 6-23 所示，效果如图 6-24 所示。

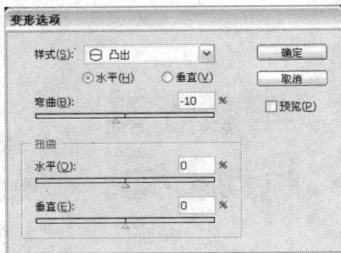

图 6-22　　　　　　　　　图 6-23　　　　　　　　　图 6-24

步骤 7　选择"选择"工具 ，选取需要的文字，如图 6-25 所示。选择"对象 > 封套扭曲 > 用变形建立"命令，弹出"变形选项"对话框，选项的设置如图 6-26 所示，单击"确定"按钮，效果如图 6-27 所示。

图 6-25　　　　　　　　　图 6-26　　　　　　　　　图 6-27

步骤 8　选择"选择"工具 ，再次选取所需要的文字，如图 6-28 所示。选择"对象 > 封套扭曲 > 用变形建立"命令，弹出"变形选项"对话框，选项的设置如图 6-29 所示，单击"确定"按钮，效果如图 6-30 所示。

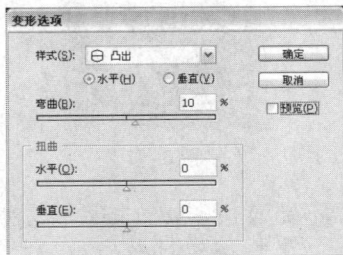

图 6-28　　　　　　　　　图 6-29　　　　　　　　　图 6-30

步骤 9　选择"钢笔"工具 ，绘制出多个图形，如图 6-31 所示。选择"选择"工具 ，按住

Shift 键的同时，单击所需要的图形，将其同时选取，设置图形填充色的 C、M、Y、K 值分别为 0、50、100、0，填充图形，并设置描边色的 C、M、Y、K 值分别为 0、0、54、0，填充描边，在属性栏中的"描边粗细"文本框中输入 3，效果如图 6-32 所示。

步骤 10 打开光盘中的"Ch06 > 素材 > 制作汉堡宣传单 > 03"文件，按 Ctrl+A 组合键，将所有图形选取，按 Ctrl+C 组合键，复制图形。选择正在编辑的页面，按 Ctrl+V 组合键，将其粘贴到页面中，效果如图 6-33 所示。

图 6-31

图 6-32

图 6-33

3. 添加宣传性文字

步骤 1 选择"文字"工具 T，在页面中输入所需要的文字。选择"选择"工具，在属性栏中选择合适的字体并设置文字大小，填充文字为白色，效果如图 6-34 所示。选择"效果 > 风格化 > 投影"命令，弹出"投影"对话框，选项的设置如图 6-35 所示，单击"确定"按钮，效果如图 6-36 所示。

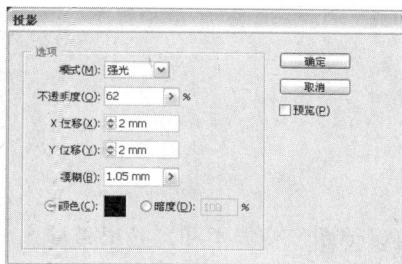

图 6-34

图 6-35

图 6-36

步骤 2 选择"对象 > 封套扭曲 > 用变形建立"命令，弹出"变形选项"对话框，选项的设置如图 6-37 所示，单击"确定"按钮，效果如图 6-38 所示。

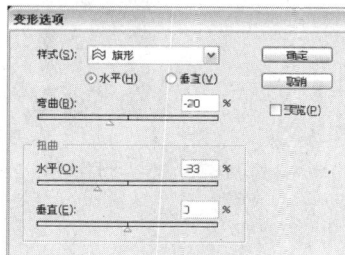

图 6-37

图 6-38

步骤 3 选择"文字"工具 T，在页面中输入所需要的文字。选择"选择"工具，在属性栏中选择合适的字体并设置文字大小，效果如图 6-39 所示。在属性栏中单击"段落"选项，在弹出的面板中单击"右对齐"按钮 ，效果如图 6-40 所示。

图 6-39

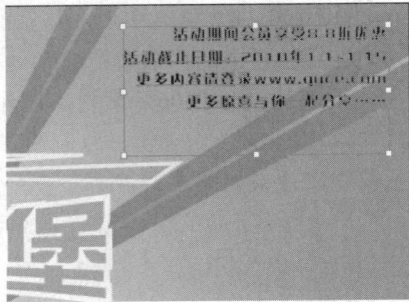
图 6-40

步骤 4 选择"文字"工具 ，分别选取需要的文字，设置文字填充色的 C、M、Y、K 值分别为 0、0、100、0，填充文字，效果如图 6-41 所示。汉堡宣传单制作完成，效果如图 6-42 所示。

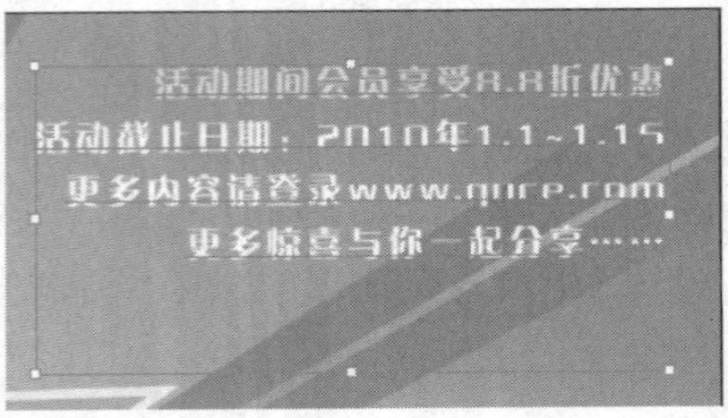

图 6-41

图 6-42

6.1.4 【相关工具】

1. 高斯模糊命令

效果中的高斯模糊命令可以使图像变得柔和，效果模糊，可以用来制作倒影或投影。

选中图像，如图 6-43 所示。选择"效果>模糊>高斯模糊"命令，在弹出的"高斯模糊"对话框中进行设置，如图 6-44 所示，单击"确定"按钮，图像效果如图 6-45 所示。

图 6-43 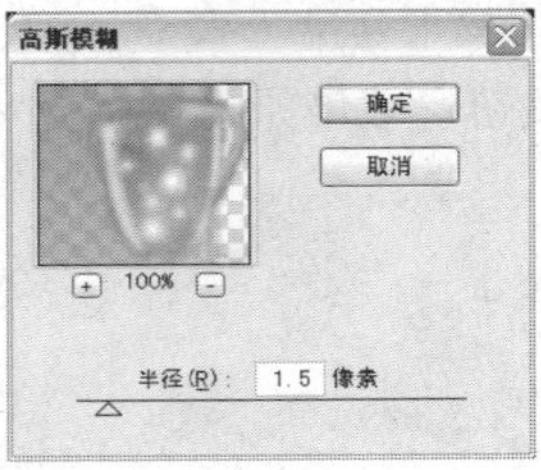   图 6-44   图 6-45

2. 封套效果的使用

Illustrator CS3 中提供了不同形状的封套类型，利用不同的封套类型可以改变选定对象的形状。封套不仅可以应用到选定的图形中，还可以应用于路径、复合路径、文本对象、网格、混合或导入的位图当中。

当对一个对象使用封套时，对象就像被放入到一个特定的容器中，封套使对象的本身发生相应的变化。同时，对于应用了封套的对象，还可以对其进行一定的编辑，如修改、删除等操作。

◎ **从应用程序预设的形状创建封套**

选中对象，选择"对象 > 封套扭曲 > 用变形建立"命令（组合键为 Alt+Shift+Ctrl+W），弹出"变形选项"对话框，如图 6-46 所示。

在"样式"选项的下拉列表中提供了 15 种封套类型，可根据需要选择，如图 6-47 所示。

"水平"选项和"垂直"选项用来设置指定封套类型的放置位置。选定一个选项，在"弯曲"选项中设置对象的弯曲程度，可以设置应用封套类型在水平或垂直方向上的比例。勾选"预览"复选项，预览设置的封套效果，单击"确定"按钮，将设置好的封套应用到选定的对象中，图形应用封套前后的对比效果如图 6-48 所示。

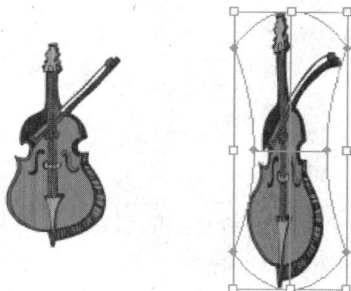

　　　图 6-46　　　　　　　　　　　图 6-47　　　　　　　　　　图 6-48

◎ **使用网格建立封套**

选中对象，选择"对象 > 封套扭曲 > 用网格建立"命令（组合键为 Alt+Ctrl+M），弹出"封套网格"对话框。在"行数"选项和"列数"选项的数值框中，可以根据需要输入网格的行数和列数，如图 6-49 所示，单击"确定"按钮，设置完成的网格封套将应用到选定的对象中，如图 6-50 所示。

设置完成的网格封套还可以通过"网格"工具 进行编辑。选择"网格"工具 ，单击网格封套对象，即可增加对象上的网格数，如图 6-51 所示。按住 Alt 键的同时，单击对象上的网格点和网格线，可以减少网格封套的行数和列数。用"网格"工具 拖曳网格点可以改变对象的形状，如图 6-52 所示。

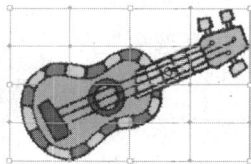

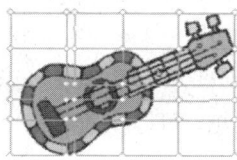

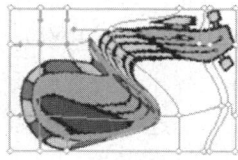

　　图 6-49　　　　　　　图 6-50　　　　　　　图 6-51　　　　　　　图 6-52

◎ **使用路径建立封套**

同时选中对象和想要用来作为封套的路径（这时封套路径必须处于所有对象的最上层），如图 6-53 所示。选择"对象 > 封套扭曲 > 用顶层对象建立"命令（组合键为 Alt+Ctrl+C），使用路径创建的封套效果如图 6-54 所示。

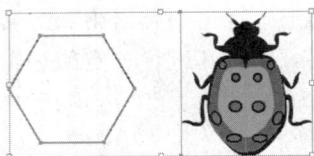

图 6-53 图 6-54

◎ **编辑封套形状**

选择"选择"工具 ，选取一个含有对象的封套。选择"对象 > 封套扭曲 > 用变形重置"命令或"用网格重置"命令，弹出"变形选项"对话框或"重置封套网格选项"对话框，这时，可以根据需要重新设置封套类型，效果如图 6-55 和图 6-56 所示。

选择"直接选择"工具 或使用"网格"工具 可以拖动封套上的锚点进行编辑。还可以使用"变形"工具 对封套进行扭曲变形，如图 6-57 和图 6-58 所示。

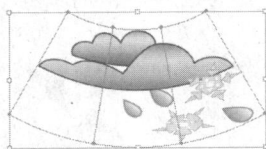
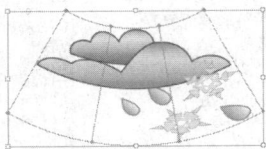
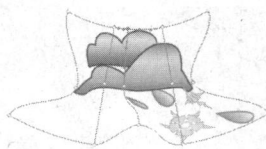

图 6-55 图 6-56 图 6-57 图 6-58

◎ **编辑封套内的对象**

选择"选择"工具 ，选取含有封套的对象，如图 6-59 所示。选择"对象 > 封套扭曲 > 编辑内容"命令（组合键为 Shift+Ctrl+V），对象将会显示原来的选择框，如图 6-60 所示。这时在"图层"控制面板中的封套图层左侧将显示一个小三角形，这表示可以修改封套中的内容，如图 6-61 所示。

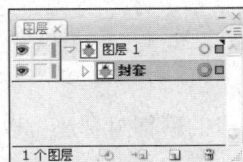

图 6-59 图 6-60 图 6-61

◎ **设置封套属性**

可以对封套进行设置，使封套更好地符合图形绘制的要求。

选择一个封套对象，选择"对象 > 封套扭曲 > 封套选项"命令，弹出"封套选项"对话框，如图 6-62 所示。

勾选"消除锯齿"复选项，可以在使用封套变形的时候防止锯齿的产生，保持图形的清晰度。在编辑非直角封套时，可以选择"剪切蒙版"和"透明度"两种方式保护图形。"保真度"选项用于设置对象适合封套的保真度。当勾选"扭曲外观"复选项后，下方的两个选项将被激活。它可使对象具有外观属性，如应用了特殊效果，对象也随着发生扭曲变形。"扭曲线性渐变"和"扭曲图案填充"复选项，分别用于扭曲对象的直线渐变填充和图案填充。

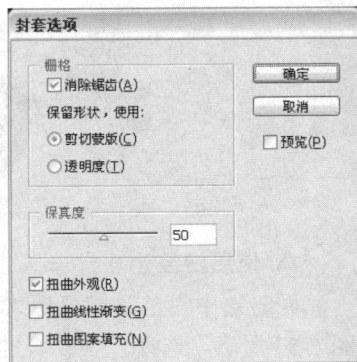

图 6-62

6.1.5 【实战演练】制作旅游宣传单

使用矩形工具和钢笔工具绘制背景。使用分割下方对象命令将矩形和两条曲线分割。使用剪切蒙版命令为风景图片添加蒙版。使用画笔工具为螺旋线添加描边效果。使用文字工具和用变形建立命令制作文字变形效果。（最终效果参看光盘中的"Ch06 > 效果 > 制作旅游宣传单"，如图 6-63 所示。）

图 6-63

6.2 制作美食宣传单

6.2.1 【案例分析】

本例是为某餐厅介绍新菜品而设计的宣传单。要求宣传单合理运用图片和宣传文字，通过独特的设计手法，展示新菜品的特色。

6.2.2 【设计理念】

通过绿色和红色背景显示餐厅优美惬意的用餐环境。使用图片和经过艺术处理的广告语，体现出新菜品色、香、味俱全的特点，点明主题和菜品特色。整体设计简洁鲜明、自然大方，能引起人们的食欲。（最终效果参看光盘中的"Ch06 > 效果 > 制作美食宣传单"，如图 6-64 所示。）

图 6-64

6.2.3 【操作步骤】

1. 制作背景效果

步骤 **1** 按 Ctrl+N 组合键，弹出"新建文档"对话框，选项的设置如图 6-65 所示，单击"确定"按钮，新建一个文档。

步骤 **2** 选择"矩形"工具 ■，绘制一个矩形，如图 6-66 所示。选择"选择"工具 ▶，按 Ctrl+C 组合键，复制图形，按 Ctrl+F 组合键，将复制的图形粘贴在前面，选取复制图形向左拖曳右边中间的控制手柄到适当的位置，效果如图 6-67 所示。

图 6-65   图 6-66   图 6-67

步骤 **3** 设置填充色的 C、M、Y、K 值分别为 100、0、100、0，填充图形，设置描边色为无，效果如图 6-68 所示。选择"选择"工具 ▶，按 Ctrl+C 组合键，复制图形，按 Ctrl+F 组合键，将复制的图形粘贴在前面，向左拖曳右边中间的控制手柄到适当的位置，效果如图 6-69 所示。

步骤 **4** 设置填充色的 C、M、Y、K 值分别为 40、0、100、0，填充图形，效果如图 6-70 所示。选择"选择"工具 ▶，按住 Alt+Shift 组合键的同时，水平向右拖曳鼠标到适当的位置，复制一个图形，如图 6-71 所示。连续按 Ctrl+D 组合键，复制出多个需要的图形，效果如图 6-72 所示。

图 6-68   图 6-69   图 6-70   图 6-71   图 6-72

步骤 **5** 选择"选择"工具 ▶，按住 Shift 键的同时，单击所需要的图形，如图 6-73 所示。将其同时选取，按 Ctrl+C 组合键，复制图形，按 Ctrl+F 组合键，将复制的图形粘贴在前面，拖曳图形到适当的位置，镜像图形，效果如图 6-74 所示。

步骤 **6** 选择"选择"工具 ▶，选取下面的矩形，设置填充色的 C、M、Y、K 值分别为 0、100、100、30，填充图形，效果如图 6-75 所示。按住 Shift 键的同时，单击上面的多个矩形，将其同时选取，设置填充色的 C、M、Y、K 值分别为 0、90、100、0，填充图形，效果如图 6-76 所示。

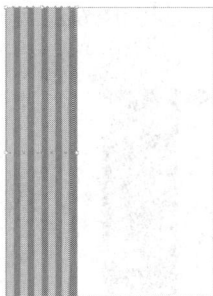

| 图 6-73 | 图 6-74 | 图 6-75 | 图 6-76 |

步骤 7　选择"椭圆"工具 ◎，按住 Shift 键的同时，绘制一个圆形，如图 6-77 所示。设置填充色的 C、M、Y、K 值分别为 75、0、100、25，填充图形，并设置描边色为无，效果如图 6-78 所示。

步骤 8　选择"选择"工具 ▶，按 Ctrl-C 组合键，复制图形，按 Ctrl+F 组合键，将复制的图形粘贴在前面，按住 Shift+Alt 组合键，向内拖曳鼠标，等比例缩小图形，效果如图 6-79 所示。设置填充色的 C、M、Y、K 值分别为 0、100、100、0，填充图形，效果如图 6-80 所示。

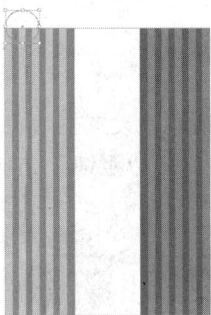 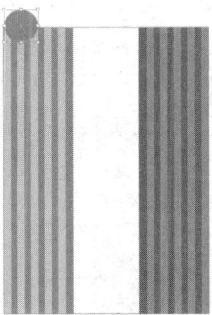 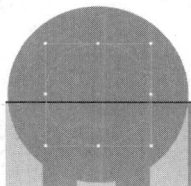 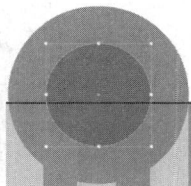

| 图 6-77 | 图 6-78 | 图 6-79 | 图 6-80 |

步骤 9　双击"混合"工具 ▩，弹出"混合选项"对话框，设置如图 6-81 所示，单击"确定"按钮，分别在两个圆形上单击，效果如图 6-82 所示。

步骤 10　选择"选择"工具 ▶，按住 Alt+Shift 组合键的同时，水平向右拖曳鼠标到适当的位置，复制一个图形，如图 6-83 所示。连续按 Ctrl+D 组合键，复制出多个图形，效果如图 6-84 所示。

 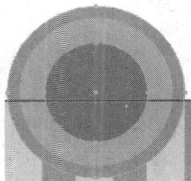  

| 图 6-81 | 图 6-82 | 图 6-83 | 图 6-84 |

步骤 11 选择"选择"工具 ，按住 Shift 键的同时，单击所需要的图形，将其同时选取，按 Ctrl+G 组合键，将其编组，如图 6-85 所示。将矩形背景置于最上层，按住 Shift 键的同时，单击群组图形，将其同时选取，如图 6-86 所示。按 Ctrl+7 组合键，建立剪切蒙版，效果如图 6-87 所示。

图 6-85

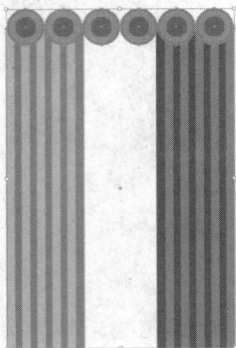
图 6-86

图 6-87

2. 添加图片和标题文字

步骤 1 选择"文件 > 置入"命令，弹出"置入"对话框，选择光盘中的"Ch06 > 素材 > 制作美食宣传单 > 01"文件，单击"置入"按钮，在页面中单击置入图片，在属性栏中单击"嵌入"按钮，嵌入图片。拖曳图片到适当的位置，调整大小并旋转到适当的角度，效果如图 6-88 所示。

步骤 2 选择"椭圆"工具 ，绘制一个椭圆形并将其旋转，如图 6-89 所示。设置描边色的 C、M、Y、K 值分别为 0、25、100、0，填充图形描边，在属性栏中将"描边粗细"选项设置为 10，效果如图 6-90 所示。

图 6-88

图 6-89

图 6-90

步骤 3 选择"椭圆"工具 ，按住 Shift 键的同时，绘制两个圆形，选择"选择"工具 ，按住 Shift 键的同时，单击两个圆形，将其同时选取，如图 6-91 所示。选择"窗口 > 路径查找器"命令，弹出"路径查找器"控制面板，单击"与形状区域相减"按钮 ，如图 6-92 所示，生成新的对象，再单击"扩展"按钮 扩展 ，效果如图 6-93 所示。

步骤 4 选择"选择"工具 ，填充图形为黑色，并设置描边色为无，效果如图 6-94 所示。按住 Alt 键的同时，拖曳鼠标到适当的位置，复制图形，设置填充色的 C、M、Y、K 值分别为 0、25、100、0，填充图形，效果如图 6-95 所示。

图 6-91　　　　　　　　图 6-92　　　　　　　　图 6-93

图 6-94　　　　　　　　图 6-95

CHAPTER 6

步骤 5 选择"选择"工具，按住 Shift 键的同时，单击所需要的图形，将其同时选取，按 Ctrl+G
组合键，将其编组，如图 6-96 所示。双击"镜像"工具，弹出"镜像"对话框，设置如
图 6-97 所示，单击"复制"按钮，拖曳复制图形到适当的位置，效果如图 6-98 所示。

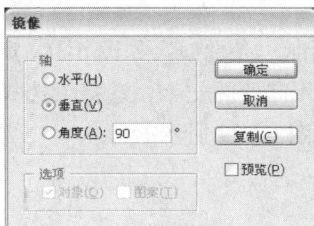

图 6-96　　　　　　　　图 6-97　　　　　　　　图 6-98

步骤 6 打开光盘中的"Ch06 > 素材 > 制作美食宣传单 > 02"文件，按 Ctrl+A 组合键，将所有
图形选取，按 Ctrl+C 组合键，复制图形。选择正在编辑的页面，按 Ctrl+V 组合键，将其粘
贴到页面中，拖曳到适当的位置并调整其大小，效果如图 3-99 所示。

步骤 7 选择"钢笔"工具，绘制一个图形，如图 6-100 所示。选择"选择"工具，填充图
形为白色，设置描边色的 C、M、Y、K 值分别为 0、0、0、60，填充图形描边，在属性栏中
将"描边粗细"选项设置为 10，效果如图 6-101 所示。选择"选择"工具，连续按 Ctrl+[组
合键，将其后移到文字后面，效果如图 6-102 所示。

图 6-99 　　　　　　 图 6-100 　　　　　　 图 6-101 　　　　　　 图 6-102

3. 添加装饰图形和文字

步骤 1 　选择"矩形"工具 ▢，绘制一个矩形，如图 6-103 所示。设置填充色的 C、M、Y、K 值分别为 0、75、100、0，填充图形，设置描边色为无，效果如图 6-104 所示。

步骤 2 　选择"效果 > 扭曲和变换 > 扭转"命令，弹出"扭转"对话框，在对话框中进行设置，如图 6-105 所示，单击"确定"按钮，效果如图 6-106 所示。

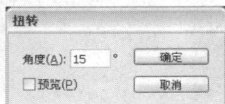

图 6-103 　　　　　　 图 6-104 　　　　　　 图 6-105 　　　　　　 图 6-106

步骤 3 　选择"钢笔"工具 ✎，绘制一条曲线，如图 6-107 所示。选择"文字"工具 T，在曲线上单击，如图 6-108 所示。输入需要的文字，选择"选择"工具 ▶，在属性栏中选择合适的字体并设置文字大小，效果如图 6-109 所示。

图 6-107 　　　　　　 图 6-108 　　　　　　 图 6-109

步骤 4 选择"文字"工具 T，选取文字，填充为白色，按 Alt+→组合键，调整文字的间距，效果如图 6-110 所示。选择"钢笔"工具，绘制一个图形，如图 6-111 所示。设置填充色的 C、M、Y、K 值分别为 0、0、100、0，填充图形，效果如图 6-112 所示。

图 6-110   图 6-111   图 6-112

步骤 5 设置描边色的 C、M、Y、K 值分别为 0、100、0、0，填充图形描边，效果如图 6-113 所示。选择"效果 > 风格化 > 投影"命令，弹出"投影"对话框，在对话框中进行设置，如图 6-114 所示，单击"确定"按钮，效果如图 6-115 所示。

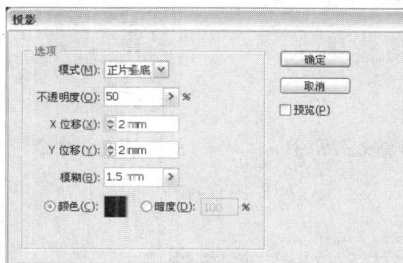

图 6-113   图 6-114   图 6-115

步骤 6 选择"文字"工具 T，输入需要的文字，选择"选择"工具，在属性栏中选择合适的字体并设置文字大小，文字的效果如图 6-116 所示。设置文字填充色的 C、M、Y、K 值分别为 0、0、100、100，填充文字，如图 6-117 所示。

步骤 7 选择"文字"工具 T，在页面中输入需要的文字，选择"选择"工具，在属性栏中选择合适的字体并设置文字大小，文字的效果如图 6-118 所示。美食宣传单制作完成，效果如图 6-119 所示。

图 6-116   图 6-117   图 6-118   图 6-119

中
等
职
业
教
育
数
字
艺
术
类
规
划
教
材

6.2.4 【相关工具】扭曲和变换效果

选择"效果 > 扭曲和变换"命令，弹出"扭曲和变换"效果组，如图 6-120 所示，主要用于改变对象的形状、方向和位置。

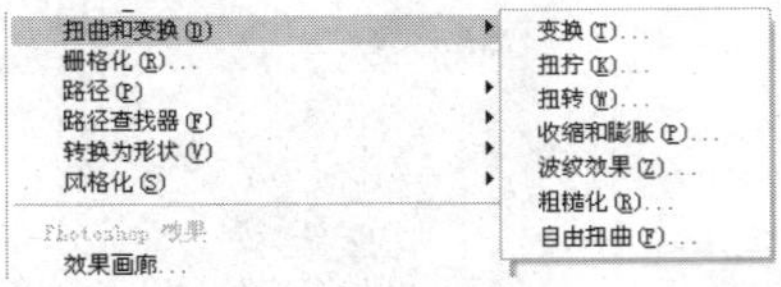

图 6-120

"扭曲和变换"效果组中的效果如图 6-121 所示。

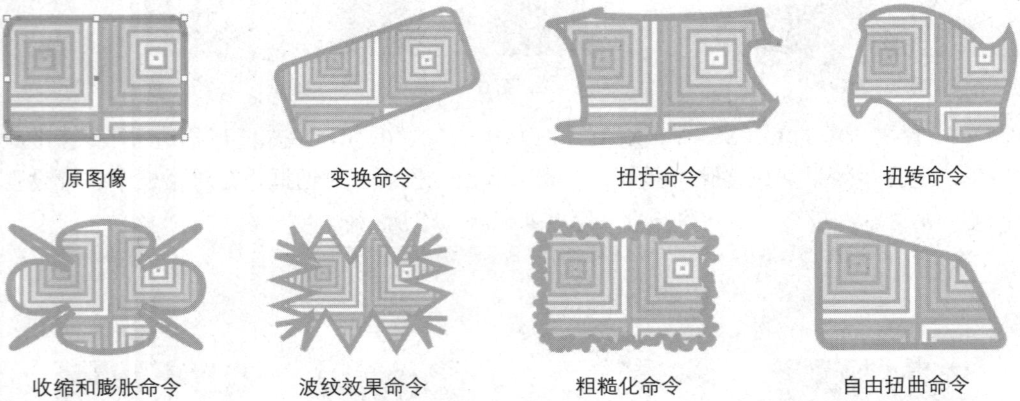

| 原图像 | 变换命令 | 扭拧命令 | 扭转命令 |

| 收缩和膨胀命令 | 波纹效果命令 | 粗糙化命令 | 自由扭曲命令 |

图 6-121

6.2.5 【实战演练】制作电脑销售宣传单

使用圆角矩形工具和钢笔工具绘制宣传单的背景图形。使用外发光命令为素材图片添加外发光效果。使用扭曲和变换命令为宣传文字添加变形效果。使用画笔工具为圆形添加描边。（最终效果参看光盘中的"Ch06 > 效果 > 制作电脑销售宣传单"，如图 6-122 所示。）

图 6-122

6.3 制作显示器销售宣传单

6.3.1 【案例分析】

显示器是计算机的"脸"，是大家天天面对的部件。要想提高工作效率和娱乐品质，一个好的显示器是必不可少的。本例是为液晶显示器制作的销售宣传单，要求在抓住产品特色的同时，要能充分展示销售的卖点。

6.3.2 【设计理念】

通过红橙色背景和黄色的货币符号形成动、静之间的有力的融合，起到呼应宣传语、突出主题的作用。画面中的弧线分割和艺术化宣传语，增强了设计的时代感并起到了凝聚视线的作用。使用礼品和显示器的完美结合，显示出购买就得礼品的销售主题。（最终效果参看光盘中的"Ch06 > 效果 > 制作显示器销售宣传单"，如图 6-123 所示。）

图 6-123

6.3.3 【操作步骤】

1. 绘制标志及宣传语

步骤 1　打开光盘中的"Ch06 > 素材 > 制作显示器销售宣传单 > 01、02"文件。在 02 文件中，按 Ctrl+A 组合键，将所有图形选取，按 Ctrl+C 组合键，复制图形。选择 01 文件的页面，按 Ctrl+V 组合键，将其粘贴到页面中，并拖曳到适当的位置，效果如图 6-124 所示。

步骤 2　选择"圆角矩形"工具 ，在页面中单击，弹出"圆角矩形"对话框，选项的设置如图 6-125 所示，单击"确定"按钮，得到一个圆角矩形，效果如图 6-126 所示。

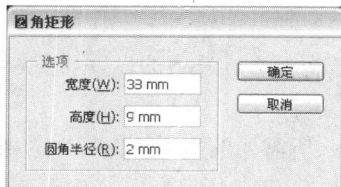

图 6-124

圆角矩形

选项

宽度(W): 33 mm
高度(H): 9 mm
圆角半径(R): 2 mm

确定
取消

图 6-125

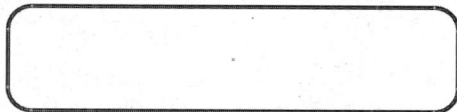

图 6-126

步骤 3　选择"选择"工具 ，拖曳圆角矩形到适当的位置，填充图形为白色，并设置描边色的 C、M、Y、K 值分别为 0、0、92、0，填充描边，在属性栏中将"描边粗细"选项设置为 1，效果如图 6-127 所示。

步骤 4 选择"文字"工具 T，在圆角矩形中输入所需的文字。选择"选择"工具 ，在属性栏中选择合适的字体并设置文字大小，按 Alt+→组合键，调整文字的间距，效果如图 6-128 所示。

图 6-127   图 6-128

步骤 5 选择"文字"工具 T，在页面中输入所需的文字。选择"选择"工具 ，在属性栏中选择合适的字体并设置文字大小，效果如图 6-129 所示。按 Ctrl+Shift+O 组合键，将文字转换为轮廓，效果如图 6-130 所示。填充文字为白色，并设置描边色的 C、M、Y、K 值分别为 100、100、0、0，填充描边，效果如图 6-131 所示。

图 6-129   图 6-130   图 6-131

步骤 6 在"描边"控制面板中的"对齐描边"选项中，单击"使描边外侧对齐"按钮 ，其他选项的设置如图 6-132 所示，效果如图 6-133 所示。

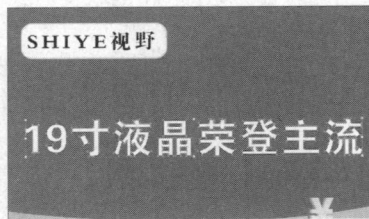

图 6-132   图 6-133

步骤 7 双击"旋转"工具 ，弹出"旋转"对话框，选项的设置如图 6-134 所示，单击"确定"按钮，效果如图 6-135 所示。

步骤 8 选择"文字"工具 T，在页面中输入所需要的文字。选择"选择"工具 ，在属性栏中选择合适的字体并设置文字大小，效果如图 6-136 所示。

步骤 9 选择"文字"工具 T，在适当的位置插入光标，如图 6-137 所示。选择"文字 > 字形"命令，弹出"字形"对话框，选择需要的字形，如图 6-138 所示，双击鼠标插入字形，效果如图 6-139 所示。

中等职业教育数字艺术类规划教材

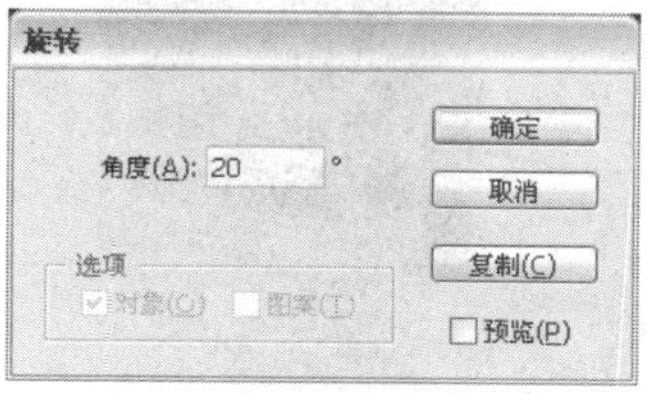

图 6-134 　　　　　　　　　图 6-135 　　　　　　　　　图 6-136

图 6-137 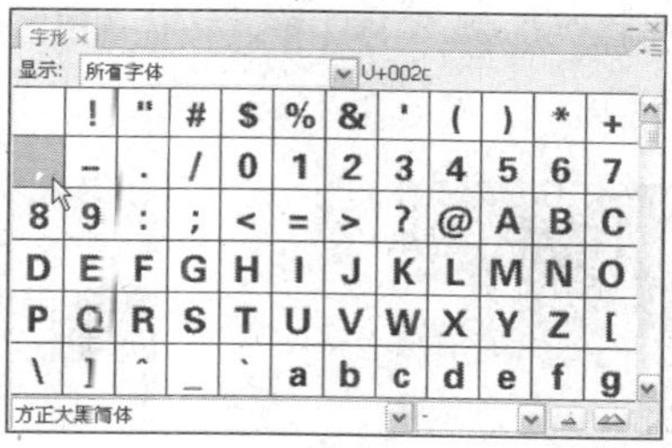　　　　　　　　　图 6-138 　　　　　　　　　图 6-139

步骤 10　选择"文字"工具 T，选取需要的文字，如图 6-140 的所示，选择"选择"工具 ，在属性栏中设置适当的文字大小，如图 6-141 所示。

图 6-140 　　　　　　　　　　　　　　图 6-141

步骤 11　再次选取需要的文字，如图 6-142 所示。选择"选择"工具 ，在属性栏设置适当的文字大小，效果如图 6-143 所示。按 Ctrl+Shift+O 组合键，将文字转换为轮廓，如图 6-144 所示。

图 6-142 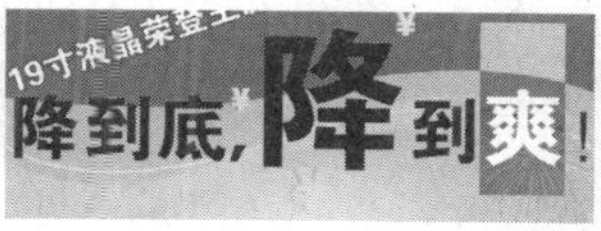　　　　　　　　　图 6-143 　　　　　　　　　图 6-144

步骤 12　选择"直接选择"工具 ，选取需要的文字，如图 6-145 所示。选择"旋转"工具 ，在所选取的文字上单击进行旋转并调整到适当的位置，效果如图 6-146 所示。用相同的方法分别选取需要的文字进行旋转和移动，效果如图 6-147 所示。

图 6-145　　　　　　　　　图 6-146　　　　　　　　　图 6-147

步骤 13　选择"直接选择"工具 ，选取文字"降"，如图 6-148 所示。双击"倾斜"工具 ，弹出"倾斜"对话框，选项设置如图 6-149 所示，单击"确定"按钮，效果如图 6-150 所示。

图 6-148 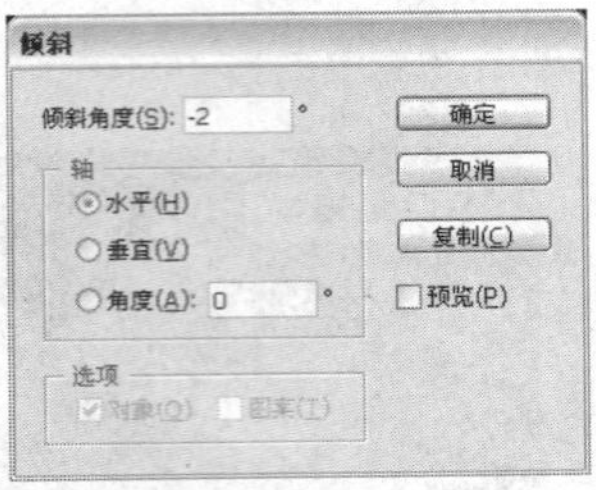　　　　　　　　图 6-149　　　　　　　　图 6-150

步骤 14 为了便于读者观看将描边色设置为白色，选择"钢笔"工具 ，在文字上绘制多个图形，效果如图 6-151 所示。选择"选择"工具 ，按住 Shift 键的同时，单击文字和图形，将其同时选取，如图 6-152 所示。

图 6-151 　　　　　　　　　　　　图 6-152

步骤 15 选择"窗口 > 路径查找器"命令，弹出"路径查找器"控制面板，单击"与形状区域相减"按钮 ，如图 6-153 所示，生成新的对象，再单击"扩展"按钮 扩展 ，效果如图 6-154 所示。

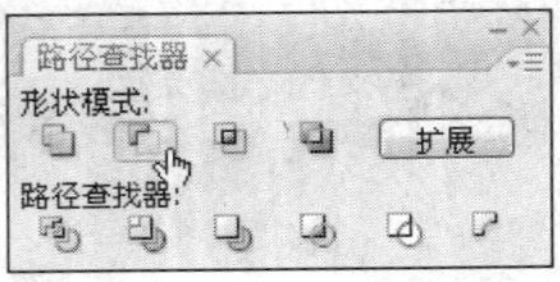

图 6-153 　　　　　　　　　　　　图 6-154

步骤 16 在"渐变"控制面板的色带上设置两个渐变滑块，分别将渐变滑块的位置设置为 0、51，并设置 C、M、Y、K 的值分别为 0（53、0、0、0）、51（100、100、0、14），其他选项的设置如图 6-155 所示，文字被填充渐变色，效果如图 6-156 所示。

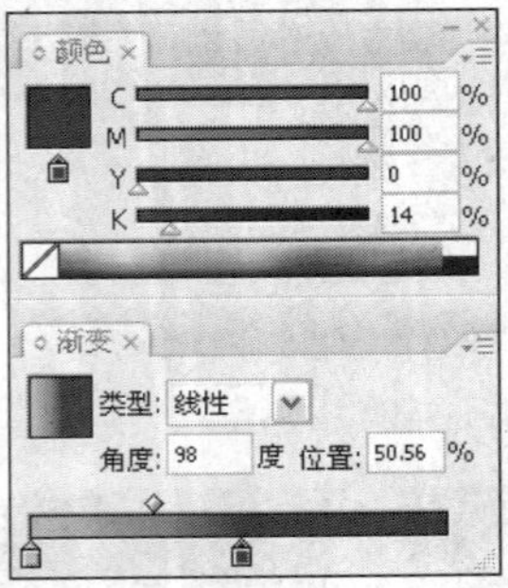

图 6-155 　　　　　　　　　　　　图 6-156

步骤 17 选择"钢笔"工具 ，沿文字轮廓绘制一个图形，如图 6-157 所示。设置图形填充色为白色，并设置描边色的 C、M、Y、K 值分别为 25、100、100、0，填充描边，在属性栏中将"描边粗细"选项设置为 2，效果如图 6-158 所示。按 Ctrl+[组合键，将其后移一层，效果如图 6-159 所示。

图 6-157　　　　　　　　　　图 6-158　　　　　　　　　　图 6-159

步骤 18　选择"文字"工具 T，在页面中输入所需要的文字。选择"选择"工具 ，在属性栏中选择合适的字体并设置文字大小，效果如图 6-160 所示。用相同的方法输入其他文字，选择"选择"工具 ，拖曳文字到适当的位置，效果如图 6-161 所示。

步骤 19　选择"选择"工具 ，按住 Shift 键的同时，单击所需要的文字，将其同时选取，按 Ctrl+G 组合键，将其编组，如图 6-162 所示。

图 6-160 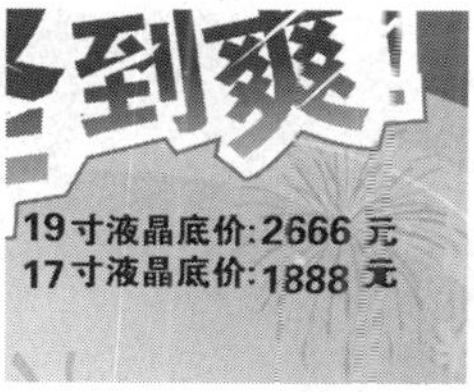　　　　　　　　　　图 6-161 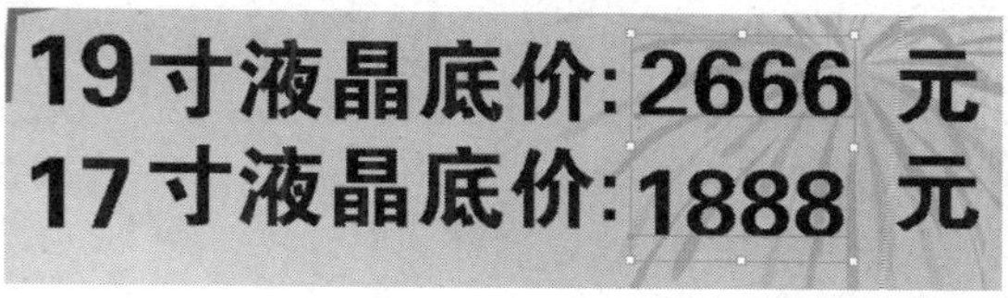　　　　　　　　　　图 6-162

步骤 20　双击"倾斜"工具 ，弹出"倾斜"对话框，选项的设置如图 6-163 所示，单击"确定"按钮，效果如果如图 6-164 所示。

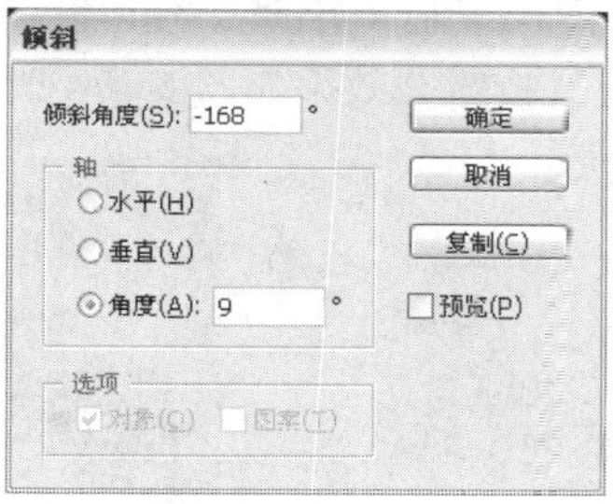

图 6-163 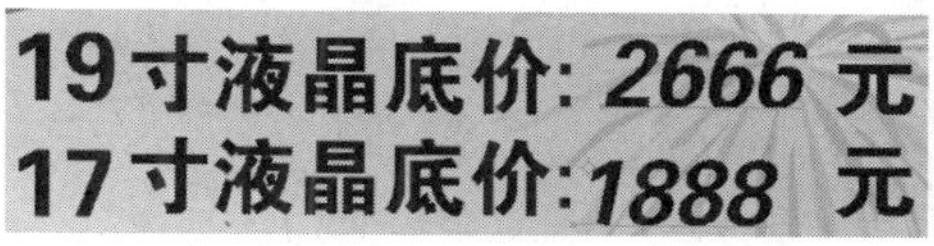　　　　　　　　　　　　　　　　图 6-164

步骤 21　选择"选择"工具 ，按住 Shift 键，单击所需要的文字，将其同时选取，按 Ctrl+Shift+O 组合键，将文字转换为轮廓，效果如图 6-165 所示。选择"选择"工具 ，选取需要的文字，填充文字为白色，并设置描边色的 C、M、Y、K 值分别为 100、100、0、0，并填充描边，如图 6-166 所示。

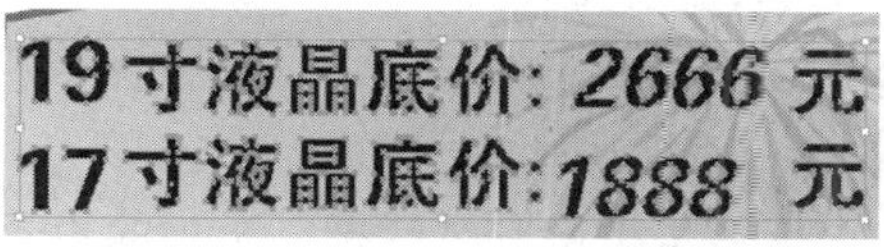

图 6-165 　　　　　　　　　　　　　　　　图 6-166

步骤 22　在"描边"控制面板的"对齐描边"选项中，单击"使描边外侧对齐"按钮 ，其他选项的设置如图 6-167 所示，效果如图 6-168 所示。

步骤 23　选择"选择"工具 ，选择所需要的文字，设置文字填充色的 C、M、Y、K 值分别为 0、0、100、0，填充文字，并设置描边色的 C、M、Y、K 值分别为 25、100、100、25，填充描边，效果如图 6-169 所示。

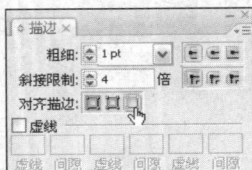

图 6-167

19寸液晶底价: *2666*元
17寸液晶底价:*1888* 元

图 6-168

步骤 24 在"描边"控制面板的"对齐描边"选项中，单击"使描边外侧对齐"按钮，其他选项设置如图 6-170 所示，效果如图 6-171 所示。

19寸液晶底价: *2666*元
17寸液晶底价:*1888* 元

图 6-169

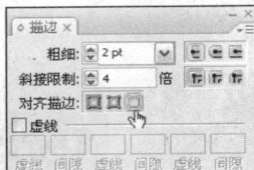

图 6-170

19寸液晶底价: *2666*元
17寸液晶底价:*1888* 元

图 6-171

2. 制作立体文字

步骤 1 选择"文字"工具 T，在页面中输入所需要的文字。选择"选择"工具，在属性栏中选择合适的字体并设置文字大小，效果如图 6-172 所示。

步骤 2 选择"效果 > 扭曲和变换 > 自由扭曲"命令，弹出"自由扭曲"对话框，编辑各个控制节点到适当的位置，如图 6-173 所示，单击"确定"按钮，效果如图 6-174 所示。

图 6-172

图 6-173

图 6-174

步骤 3 在"渐变"控制面板中的色带上设置 4 个渐变滑块，分别将渐变滑块的位置设置为 0、29、66、100，并设置 C、M、Y、K 的值分别为 0（0、0、33、0）、29（0、35、80、0）、66（0、13、58、0）、100（0、49、100、0），其他选项的设置如图 6-175 所示，填充图形，设置描边色的 C、M、Y、K 值分别为 15、100、100、0，填充描边，效果如图 6-176 所示。

步骤 4 选择"效果 > 3D > 凸出和斜角"命令，弹出"凸出和斜角"对话框，选项的设置如图 6-177 所示，单击"确定"按钮，效果如图 6-178 所示。

步骤 5 选择"钢笔"工具，在文字下方绘制多个图形，如图 6-179 所示。选择"选择"工具，按住 Shift 键的同时，单击所需要的图形，将其同时选取，设置图形填充色的 C、M、Y、K 值分别为 25、100、100、0，填充图形，并设置描边色为无，如图 6-180 所示。按 Ctrl+[组合键，将其后移一层，效果如图 6-181 所示。

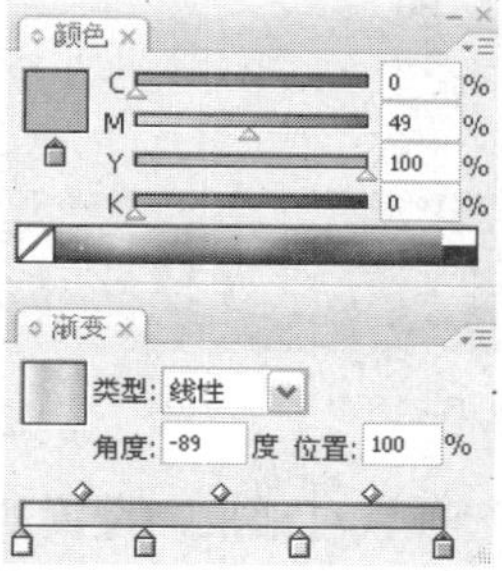

图 6-175 　　　　　图 6-176 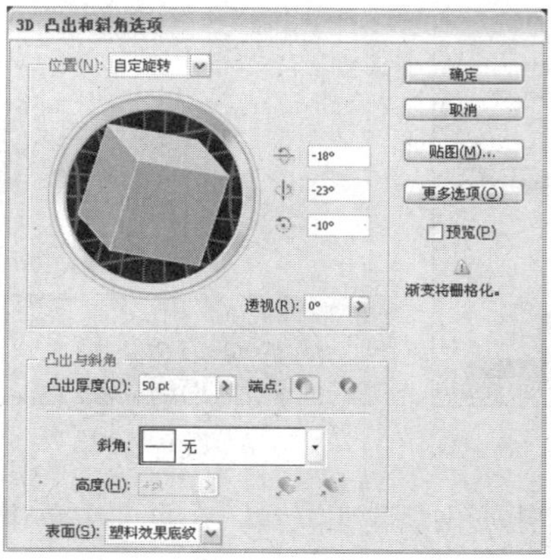　　　　　　　图 6-177 　　　　　　图 6-178

图 6-179 　　　　　　　　图 6-180　　　　　　　图 6-181

3. 添加说明性文字

步骤 1 打开光盘中的"Ch06 > 素材 > 制作显示器销售宣传单 > 03"文件，按 Ctrl+A 组合键，将所有图形选取，按 Ctrl+C 组合键，复制图形。选择正在编辑的页面，按 Ctrl+V 组合键，将其粘贴到页面中，并拖曳到适当的位置，效果如图 6-182 所示。

步骤 2 选择"矩形"工具▢，在适当的位置绘制一个矩形，填充图形为白色，并设置描边色的 C、M、Y、K 值分别为 100、0、100、0，填充描边，效果如图 6-183 所示。选择"钢笔"工具🖊，在矩形中绘制一个图形，如图 6-184 所示。

图 6-182 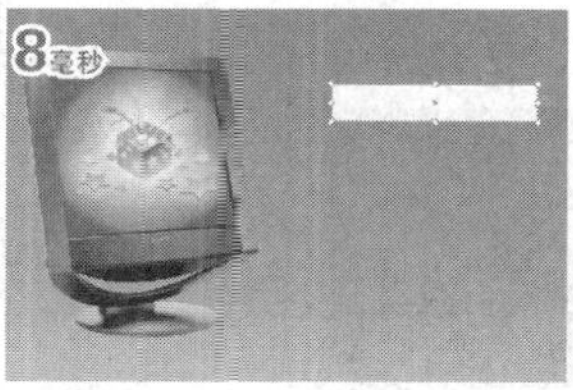　　　　　　　图 6-183 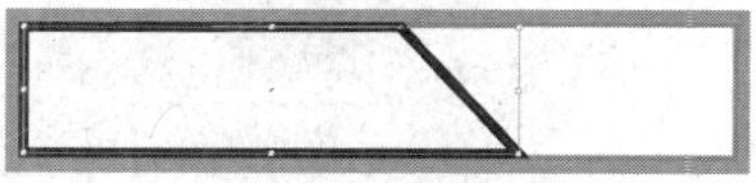　　　　　　　　　　图 6-184

步骤 3 在"渐变"控制面板中的色带上设置两个渐变滑块，分别将渐变滑块的位置设置为 0、100，并设置其 C、M、Y、K 的值分别为 0（0、0、100、0）、100（0、100、100、0），其他选项的设置如图 6-185 所示，图形被填充渐变色，并设置描边色为无，效果如图 6-186 所示。

步骤 4 选择"文字"工具 T，在矩形中输入所需要的文字。选择"选择"工具，在属性栏中选择合适的字体并设置文字大小，效果如图 6-187 所示。

图 6-185　　　　　　　　图 6-186　　　　　　　　图 6-187

步骤 5 选择"矩形网格"工具▦，在页面中单击，弹出"矩形网格工具选项"对话框，设置如图 6-188 所示，单击"确定"按钮，得到一个矩形网格，选择"选择"工具▶，拖曳矩形网格到适当的位置，效果如图 6-189 所示。

图 6-188　　　　　　　　　　　　　　图 6-189

步骤 6 选择"文字"工具 T，在矩形网格中输入所需要的文字。选择"选择"工具▶，在属性栏中选择合适的字体并设置文字大小，效果如图 6-190 所示。

步骤 7 打开光盘中的"Ch06 > 素材 > 制作显示器销售宣传单 > 04"文件，按 Ctrl+A 组合键，将所有图形选取，按 Ctrl+C 组合键，复制图形。选择正在编辑的页面，按 Ctrl+V 组合键，将其粘贴到页面中，并拖曳到适当的位置，效果如图 6-191 所示。

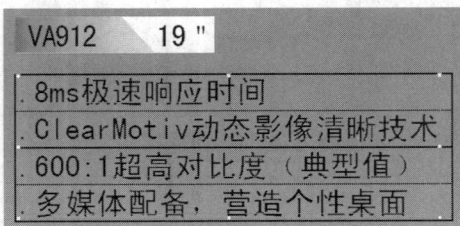

图 6-190　　　　　　　　　　　　　图 6-191

步骤 8 再次选取需要的图形和网格图形，将其复制并拖曳到适当的位置，效果如图 6-192 所示。选择"文字"工具 T，分别在页面中输入所需要的文字。选择"选择"工具▶，分别在属性栏中选择合适的字体并设置文字大小，效果如图 6-193 所示。

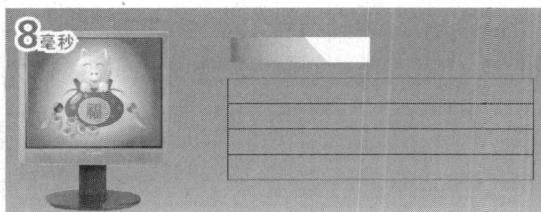
图 6-192

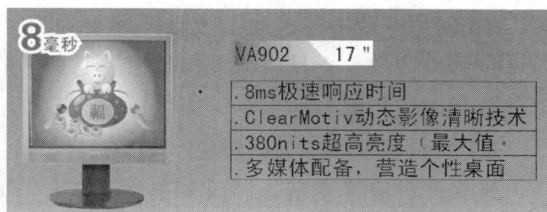
图 6-193

步骤 ⑨ 选择"文字"工具 T.，在页面中输入所需要的文字。选择"选择"工具 ►，分别在属性栏中选择合适的字体并设置文字大小，效果如图 6-194 所示。

图 6-194

步骤 ⑩ 选择"文字"工具 T.，分别选取需要的文字并将其填充为白色，效果如图 6-195 所示。显示器销售宣传单制作完成，效果如图 6-196 所示。

图 6-195

图 6-196

6.3.4 【相关工具】

1. 对象的倾斜

◎ 使用工具箱中的工具倾斜对象

选取要倾斜对象，效果如图 6-197 所示，选择"倾斜"工具 ◫，对象的四周出现控制柄。用鼠标拖曳控制柄或对象，倾斜时对象会出现蓝色的虚线指示倾斜变形的方向和角度，效果如图 6-198 所示。倾斜到需要的角度后释放鼠标左键即可，对象的倾斜效果如图 6-199 所示。

图 6-197

图 6-198

图 6-199

◎ 使用"变换"控制面板倾斜对象

选择"窗口 > 变换"命令，弹出"变换"控制面板。"变换"控制面板的使用方法和"移动"中的使用方法相同，这里不再赘述。

◎ 使用菜单命令倾斜对象

选择"对象 > 变换 > 倾斜"命令，弹出"倾斜"对话框，如图 6-200 所示。在对话框中，"倾斜角度"选项可以设置对象倾斜的角度。在"轴"选项组中，选择"水平"单选项，对象可以水平倾斜；选择"垂直"单选项，对象可以垂直倾斜；选择"角度"单选项，可以调节倾斜的角度；"复制"按钮用于在原对象上复制一个倾斜的对象。

图 6-200

2. 3D 效果

"3D"效果组主要用于将对象改变成 3D 的效果，如图 6-201 所示。

图 6-201

"3D"效果组中的效果如图 6-202 所示。

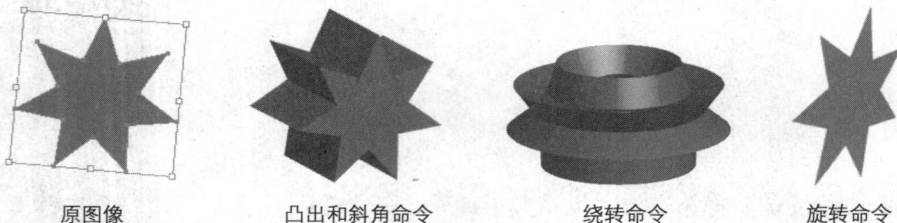

原图像　　　　凸出和斜角命令　　　　绕转命令　　　　旋转命令

图 6-202

3. 绘制矩形网格

◎ 拖曳鼠标绘制矩形网格

选择"矩形网格"工具，在页面中需要的位置单击并按住鼠标左键不放，拖曳鼠标到需要的位置，释放鼠标左键，绘制出一个矩形网格，效果如图 6-203 所示。

选择"矩形网格"工具，按住 Shift 键，在页面中需要的位置单击并按住鼠标左键不放，拖曳鼠标到需要的位置，释放鼠标左键，绘制出一个正方形网格，效果如图 6-204 所示。

选择"矩形网格"工具，按住～键，在页面中需要的位置单击并按住鼠标左键不放，拖曳鼠标到需要的位置，释放鼠标左键，绘制出多个矩形网格，效果如图 6-205 所示。

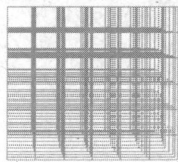

图 6-203　　　　　　　图 6-204　　　　　　　图 6-205

◎ 精确绘制矩形网格

选择"矩形网格"工具▦，在页面中需要的位置单击，弹出"矩形网格工具选项"对话框，如图 6-206 所示。在对话框的"默认大小"选项组中，"宽度"选项可以设置矩形网格的宽度，"高度"选项可以设置矩形网格的高度。在"水平分隔线"选项组中，"数量"选项可以设置矩形网格中水平网格线的数量；"下、上方倾斜"选项可以设置水平网格的倾向。在"垂直分隔线"选项组中，"数量"选项可以设置矩形网格中垂直网格线的数量；"左、右方倾斜"选项可以设置垂直网格的倾向。设置完成后，单击"确定"按钮，得到如图 6-207 所示的矩形网格。

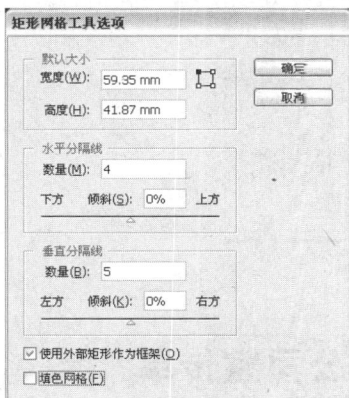

图 6-206

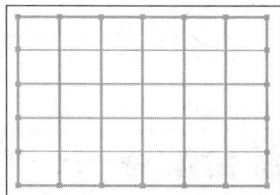

图 6-207

6.3.5 【实战演练】制作购物宣传单

使用高斯模糊命令制作心形的装饰图形。使用扭曲和变换命令制作文字的扭曲变形。使用投影命令为文字添加阴影效果。使用画笔库的箭头_特殊命令为图片添加需要的链接箭头。（最终效果参看光盘中的"Ch06 > 效果 > 制作购物宣传单"，如图 6-208 所示。）

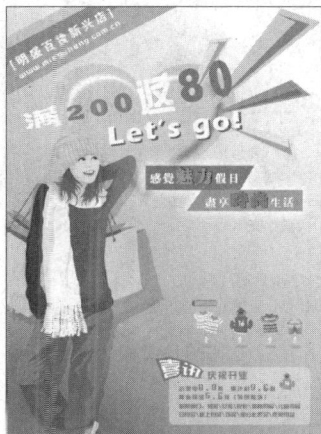

图 6-208

6.4 综合演练——制作时尚手机宣传单

使用矩形网格工具和透明度面板制作背景网格。使用钢笔工具、渐变填充工具和高斯模糊命令制作产品底图。使用星形工具和直接选择工具制作爆炸图形。使用文字工具和字形命令在文字间插入字形。（最终效果参看光盘中的"Ch06 > 效果 > 制作时尚手机宣传单"，如图 6-209 所示。）

图 6-209

6.5 综合演练——制作百货公司宣传单

使用矩形工具和渐变填充工具绘制背景效果。使用椭圆工具和旋转工具制作花瓣图形。使用符号库面板和透明度面板添加蜻蜓图形。使用椭圆工具和星形工具绘制装饰图形。使用画笔库面板和旋转工具绘制链接箭头。（最终效果参看光盘中的"Ch06 > 效果 > 制作百货公司宣传单"，如图 6-210 所示。）

图 6-210

第7章 广告设计

广告以多样的形式出现在城市中，是城市商业发展的写照。广告通过电视、报纸、霓虹灯等媒体来发布。好的广告要强化视觉冲击力，抓住观众的视线。本章以多种题材的广告为例，讲解广告的设计方法和制作技巧。

课堂学习目标

- 掌握广告的设计思路和过程
- 掌握广告的制作方法和技巧

7.1 制作数码相机广告

7.1.1 【案例分析】

数码相机产品主要针对的客户是抓住精彩瞬间的摄影爱好者。在广告设计上要求通过数码相机图片展示出相机强大的功能特色和便捷的操作特点。

7.1.2 【设计理念】

使用绿色渐变背景和黄色放射状图形形成视觉中心。通过圆、螺旋状图形和产品图片的编排营造出科技感和时尚感，通过文字编排设计出主题广告语，表现出产品的功能和特色。使用其他宣传性文字更详细地介绍产品的优势和特性，并通过摆放的位置达到整个页面的平衡。(最终效果参看光盘中的"Ch07 > 效果 > 制作数码相机广告"，如图7-1所示。)

图7-1

7.1.3 【操作步骤】

1. 制作标志性文字

步骤 1 按 Ctrl+O 组合键，打开光盘中的"Ch07 > 素材 > 制作数码相机广告 > 01"文件，如图 7-2 所示。选择"文字"工具 T，在页面中输入所需要的文字。选择"选择"工具 ，在属性栏中选择合适的字体并设置文字大小，效果如图 7-3 所示。

图 7-2   图 7-3

步骤 2 选择"选择"工具 ，调整文字的大小及粗细，效果如图 7-4 所示。双击"倾斜"工具 ，弹出"倾斜"对话框，选项的设置如图 7-5 所示，单击"确定"按钮，效果如图 7-6 所示。

 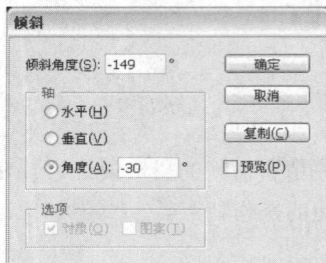 

图 7-4   图 7-5   图 7-6

步骤 3 按 Ctrl+Shift+O 组合键，将文字转换为轮廓，设置文字填充色的 R、G、B 值分别为 255、191、0，填充文字，并填充描边色为白色，效果如图 7-7 所示。

步骤 4 选择"窗口 > 描边"命令，弹出"描边"控制面板，在"对齐描边"选项中，单击"使描边外侧对齐"按钮 ，其他选项的设置如图 7-8 所示，效果如图 7-9 所示。

 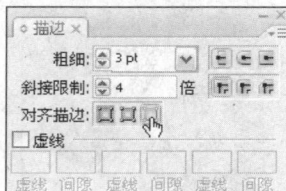

图 7-7   图 7-8   图 7-9

步骤 5 选择"文字"工具 T，在页面中输入需要的文字。选择"选择"工具 ，在属性栏中选择合适的字体并设置文字大小，效果如图 7-10 所示。

步骤 6 按 Ctrl+Shift+O 组合键，将文字转换为轮廓，设置描边色的 R、G、B 值分别为 255、0、0，

填充描边，在"描边"控制面板中单击"使描边外侧对齐"按钮▣，其他选项的设置如图7-11
所示，效果如图7-12所示。

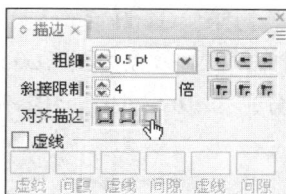

图7-10　　　　　　　　　　图7-11　　　　　　　　　　图7-12

步骤 7 按Ctrl+C组合键，复制图形，按Ctrl+F组合键，将复制的图形粘贴在前面，填充文字
为白色，并设置描边色为无，拖曳文字到适当的位置，效果如图7-13所示。选择"文字"
工具 T ，在页面中输入需要的文字。选择"选择"工具 ▶ ，在属性栏中选择合适的字体并设
置适当的文字大小，效果如图7-14所示。

图7-13　　　　　　　　　　　　　　图7-14

步骤 8 双击"倾斜"工具 ◰ ，弹出"倾斜"对话框，选项的设置如图7-15所示，单击"确定"
按钮，效果如图7-16所示。

图7-15　　　　　　　　　　　　　　图7-16

步骤 9 按Ctrl+Shift+O组合键，将文字转换为轮廓，设置文字填充色的R、G、B值分别为255、
0、0，填充文字，并设置描边色的R、G、B值分别为255、0、0，填充描边，在"描边"
面板中的设置如图7-17所示，效果如图7-18所示。

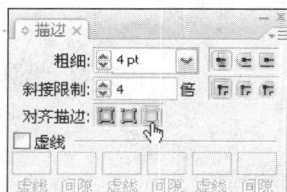

图7-17　　　　　　　　　　　　　　图7-18

步骤 10 按Ctrl+C组合键，复制图形，按Ctrl+F组合键，将复制的图形粘贴在前面，按住Shift+Alt
组合键，向内等比例缩小图形，设置填充色的R、G、B值分别为255、255、140，填充文

字，并设置描边色的 R、G、B 值分别为 255、255、140，填充描边，效果如图 7-19 所示。

步骤 11 用相同的方法复制并等比例缩小复制的文字，设置填充色的 R、G、B 值分别为 255、255、0，填充文字，并设置描边色的 R、G、B 值分别为 255、255、0，填充描边，在"描边"控制面板的"粗细"文本框中输入 2，效果如图 7-20 所示。用相同的方法再次复制文字，设置文字填充色的 R、G、B 值分别为 102、102、102，填充文字，并设置描边色为无，效果如图 7-21 所示。

图 7-19	图 7-20	图 7-21

步骤 12 按 Ctrl+C 组合键，复制图形，按 Ctrl+F 组合键，将复制的图形粘贴在前面，并调整到适当的位置，效果如图 7-22 所示。

步骤 13 在"渐变"控制面板中的色带上设置 3 个渐变滑块，分别将渐变滑块的位置设置为 0、50、100，并设置 R、G、B 的值分别为 0（255、138、5）、50（252、255、255）、100（252、201、125），其他选项的设置如图 7-23 所示，文字被填充渐变色，效果如图 7-24 所示。

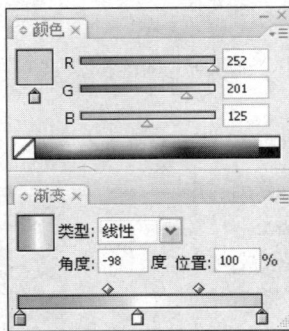

图 7-22	图 7-23	图 7-24

步骤 14 选择"选择"工具，按住 Shift 键的同时，单击所需要的文字，将其同时选取，按 Ctrl+G 组合键，将其编组，效果如图 7-25 所示。

步骤 15 选择"文字"工具，在页面中输入所需要的文字。选择"选择"工具，在属性栏中选择合适的字体并设置适当的文字大小，效果如图 7-26 所示。

图 7-25	图 7-26

步骤 16 按 Ctrl+T 组合键，弹出"字符"控制面板，在"设置所选字符的字符间距调整"选项 文本框中输入-90，如图 7-27 所示，按 Enter 键确认，效果如图 7-28 所示。

图 7-27

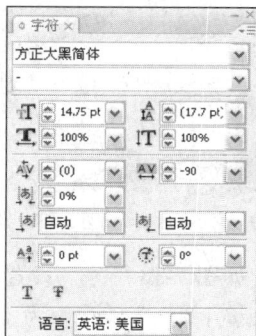

图 7-28

步骤 17 双击"倾斜"工具，弹出"倾斜"对话框，选项的设置如图 7-29 所示，单击"确定"
按钮，效果如图 7-30 所示。

步骤 18 按 Ctrl+Shift+O 组合键，将文字转换为轮廓，选择"选择"工具，按住 Alt 键的同时，
拖曳到适当的位置，复制文字，效果如图 7-31 所示。

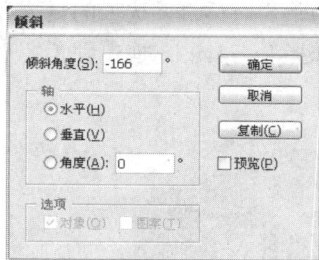

图 7-29

图 7-30

图 7-31

步骤 19 选择"选择"工具，选取原文字，在"渐变"控制面板中的色带上设置两个渐变滑
块，分别将渐变滑块的位置设置为 0、100，并设置 R、G、B 的值分别为 0（255、163、5）、
100（252、255、255），其他选项的设置如图 7-32 所示，文字被填充渐变色，并填充描边色
为黑色，在属性栏中将"描边粗细"选项设置为 0.5，效果如图 7-33 所示。

步骤 20 选择"选择"工具，选取复制的文字，拖曳到原文字的上方，填充为白色，并填充
描边色为白色，如图 7-34 所示。

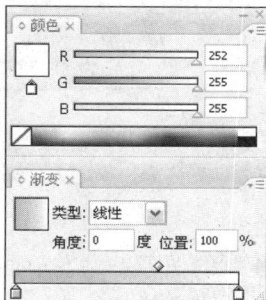

图 7-32

图 7-33

图 7-34

步骤 21 在"描边"控制面板的"对齐描边"选项中，单击"使描边外侧对齐"按钮，其他选
项的设置如图 7-35 所示，效果如图 7-36 所示。按 Ctrl+[组合键，后移一层，效果如图 7-37
所示。

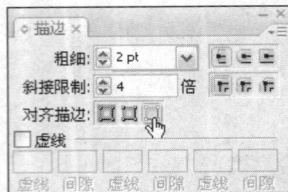

图 7-35

图 7-36

图 7-37

步骤 22 选择"钢笔"工具 ，沿文字轮廓绘制一个图形，如图 7-38 所示，设置描边色的 R、G、B 值分别为 0、107、51，填充描边。在属性栏中将"描边粗细"选项设置为 1，效果如图 7-39 所示。

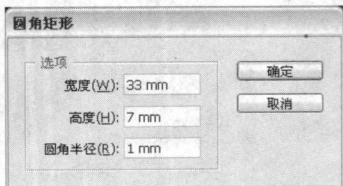

图 7-38

图 7-39

步骤 23 选择"圆角矩形"工具 ，在页面中单击，弹出"圆角矩形"对话框，选项的设置如图 7-40 所示，单击"确定"按钮，得到一个圆形矩形，选择"选择"工具 ，拖曳圆角矩形到适当的位置，效果如图 7-41 所示。

圆角矩形

选项
宽度(W): 33 mm
高度(H): 7 mm
圆角半径(R): 1 mm

确定
取消

图 7-40

图 7-41

步骤 24 双击"倾斜"工具 ，弹出"倾斜"对话框，选项的设置如图 7-42 所示，单击"确定"按钮，效果如图 7-43 所示。填充图形为白色，在属性栏中将"描边粗细"选项设置为 1，效果如图 7-44 所示。

倾斜

倾斜角度(S): -160 °

轴
○ 水平(H)
○ 垂直(V)
● 角度(A): 14

选项
☑ 对象   □ 图案(T)

确定
取消
复制(C)
□ 预览(P)

图 7-42

图 7-43

图 7-44

步骤 25 按 Ctrl+C 组合键，复制图形，按 Ctrl+F 组合键，将复制的图形粘贴在前面，按住 Shift+Alt 组合键，向内等比例缩小图形，填充图形为黑色，并设置描边色为无，效果如图 7-45 所示。

步骤 26 选择"文字"工具 ，在页面中输入所需要的文字。选择"选择"工具 ，在属性栏中选择合适的字体并设置适当的文字大小。选择"倾斜"工具 ，倾斜文字到适当的角度，（为了便于读者的观看，填充文字为白色，）效果如图 7-46 所示。

图 7-45

图 7-46

步骤 27　按 Ctrl+Shift+O 组合键，将文字转换为轮廓。在"渐变"控制面板中的色带上设置两个渐变滑块，分别将渐变滑块的位置设置为 0、100，并设置 R、G、B 的值分别为 0（255、163、5）、100（252、255、255），其他选项的设置如图 7-47 所示，文字被填充渐变色，效果如图 7-48 所示。

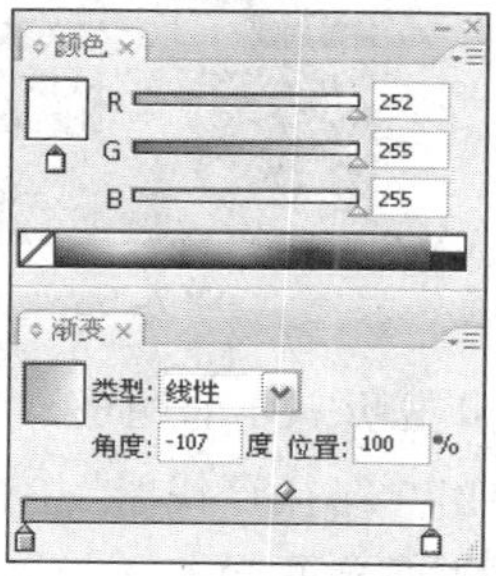

图 7-47

图 7-48

步骤 23　选择"选择"工具，按住 Shift 键的同时，单击所需要的文字和图形，将其同时选取，按 Ctrl+G 组合键，将其编组，如图 7-49 所示。连续按 Ctrl+[组合键，将其后移到文字的后面，如图 7-50 所示。

图 7-49

图 7-50

步骤 29　选择"选择"工具，按住 Alt 键的同时，拖曳鼠标左键，复制一组图形，按 Shift+Ctrl+G 组合键，取消图形的编组。选择"选择"工具，选取不需要的文字，如图 7-51 所示，按 Delete 键将其删除，效果如图 7-52 所示。

图 7-51

图 7-52

步骤 30　选择"文字"工具，再次输入所需要的文字，倾斜文字并将文字转换为轮廓，填充和文字"超级光学防抖"相同的渐变色，效果如图 7-53 所示。

步骤 31　选择"矩形"工具，在适当的位置绘制一个矩形，填充为白色，并设置描边色为无，效果如图 7-54 所示。

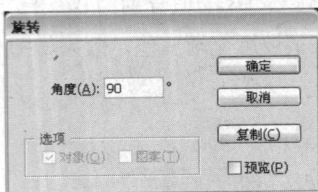

图 7-53

图 7-54

步骤 32 双击"旋转"工具 ，弹出"旋转"对话框，选项的设置如图 7-55 所示，单击"复制"按钮，复制一个旋转图形，效果如图 7-56 所示。

图 7-55

图 7-56

步骤 33 选择"选择"工具 ，按住 Shift 键的同时，单击所需要的图形，将其同时选取，如图 7-57 所示。选择"窗口 > 路径查找器"命令，弹出"路径查找器"控制面板，单击"与形状区域相加"按钮 ，如图 7-58 所示，生成新的对象，再单击"扩展"按钮 扩展 ，效果如图 7-59 所示。

图 7-57

图 7-58

图 7-59

步骤 34 按 Ctrl+C 组合键，复制图形，按 Ctrl+F 组合键，将复制的图形粘贴在前面，按住 Shift+Alt 组合键，向内等比例缩小图形，如图 7-60 所示。

步骤 35 在"渐变"控制面板中的色带上设置两个渐变滑块，分别将渐变滑块的位置设置为 0、100，并设置 R、G、B 的值分别为 0（255、163、5）、100（252、255、255），其他选项的设置如图 7-61 所示，文字被填充渐变色，并填充描边色为黑色，效果如图 7-62 所示。

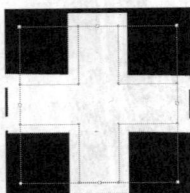

图 7-60

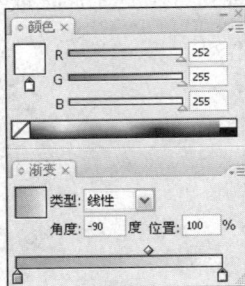

图 7-61

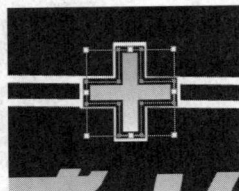

图 7-62

2. 绘制装饰条

步骤 1 选择"矩形"工具 ，绘制一个矩形，设置图形填充色的 R、G、B 值分别为 0、120、

0，填充图形，并设置描边色为无，效果如图 7-63 所示。

步骤 2 打开"透明度"控制面板，单击面板右上方的按钮 ▼≡，在弹出的菜单中选择"建立不透明蒙版"命令，单击"编辑不透明蒙版"图标，其他选项的设置如图 7-64 所示。

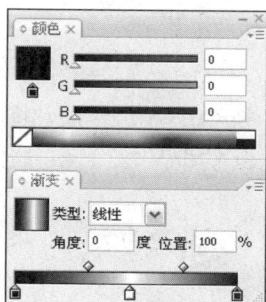

图 7-63　　　　　　　　　　　　　　　　　　　　　图 7-64

步骤 3 选择"矩形"工具 ▣，在图形上绘制一个矩形，打开"渐变"控制面板，在色带上设置 3 个渐变滑块，分别将渐变滑的位置设置为 0、50、98，并设置 R、G、B 的值分别为 0（0、0、0）、50（255、255、255）、98（0、0、0），其他选项的设置如图 7-65 所示，建立半透明效果，如图 7-66 所示。

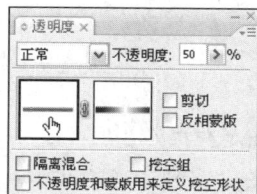

图 7-65　　　　　　　　　　　　　　　　　　　　　图 7-66

步骤 4 在"透明度"控制面板中，单击"停止编辑不透明蒙版"图标，如图 7-67 所示，效果如图 7-68 所示。

图 7-67　　　　　　　　　　　　　　　　　　　　　图 7-68

步骤 5 按 Ctrl+C 组合键，复制图形，按 Ctrl+F 组合键，将复制的图形粘贴在前面，按住 Shift+Alt 组合键，向内等比例缩小图形，设置图形填充色的 R、G、B 值分别为 255、255、0，并填充图形，效果如图 7-69 所示。

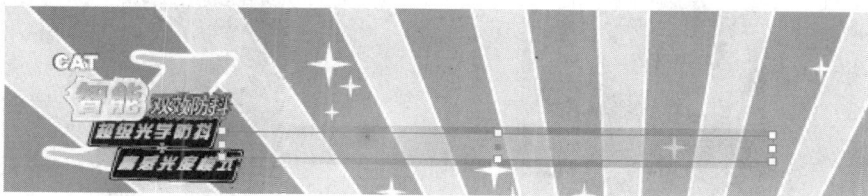

图 7-69

步骤 6 用相同的方法再复制两个图形，选择"选择"工具 ，分别拖曳图形到适当的位置并调整其大小，效果如图 7-70 所示。

图 7-70

步骤 7 选择"文字"工具 T，在页面中输入所需要的文字。选择"选择"工具 ，在属性栏中选择合适的字体并设置文字大小，设置文字填充色为白色，效果如图 7-71 所示。

图 7-71

3. 添加并编辑广告语

步骤 1 打开光盘中的"Ch07 > 素材 > 制作数码相机广告 > 02"文件，按 Ctrl+A 组合键，将所有图形选取，按 Ctrl+C 组合键，复制图形。选择正在编辑的页面，按 Ctrl+V 组合键，将其粘贴到页面中，拖曳到适当的位置，效果如图 7-72 所示。

步骤 2 选择"光晕"工具 ，在适当的位置进行拖曳，设置填充色和描边色为无，效果如图 7-73 所示。

图 7-72

图 7-73

步骤 3 选择"文字"工具 T，分别在页面中输入所需要的文字，选择"选择"工具 ，分别在属性栏中选择合适的字体并设置文字大小，按 Alt+→组合键，调整文字到适当的间距，效果如图 7-74 所示。

步骤 4 选择"文字"工具 T，分别在页面中输入所需要的文字，选择"选择"工具 ，分别在属性栏中选择合适的字体并设置适当的文字大小，效果如图 7-75 所示。

图 7-74

图 7-75

步骤 5 双击"倾斜"工具 ，弹出"倾斜"对话框，选项的设置如图 7-76 所示，单击"确定"按钮，效果如图 7-77 所示。按 Ctrl+Shift+O 组合键，将文字转换为轮廓，效果如图 7-78 所示。

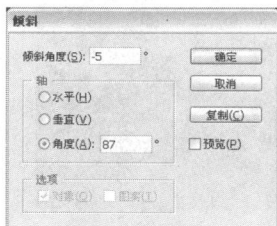

图 7-76　　　　　　　　　图 7-77　　　　　　　　　图 7-78

步骤 6 选择"直接选择"工具 ，用圈选的方法选取"记"字的节点，如图 7-79 所示，拖曳节点到适当的位置，效果如图 7-80 所示。选择"直接选择"工具 ，选取"录"字，拖曳到适当的位置，如图 7-81 所示。

图 7-79　　　　　　　　　图 7-80　　　　　　　　　图 7-81

步骤 7 选择"选择"工具 ，在"渐变"控制面板中的色带上设置 4 个渐变滑块，分别将渐变滑块的位置设置为 0、39、69、100，并设置 R、G、B 的值分别为 0（0、186、0）、39（209、0、0）、69（255、59、0）、100（0、168、0），其他选项的设置如图 7-82 所示，文字被填充渐变色。设置描边色的 R、G、B 值分别为 255、255、0，填充描边，在属性栏中将"描边粗细"选项设置为 3，效果如图 7-83 所示。

步骤 8 选择"选择"工具 ，选取所需要的文字，按 Alt+→组合键，调整文字的间距，效果如图 7-84 所示。

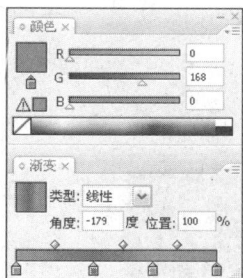

图 7-82　　　　　　　　　图 7-83　　　　　　　　　图 7-84

步骤 9 双击"倾斜"工具 ，弹出"倾斜"对话框，选项的设置如图 7-85 所示，单击"确定"按钮，效果如图 7-86 所示。

图 7-85　　　　　　　　　图 7-86

中等职业教育数字艺术类规划教材

步骤 10 按 Ctrl+Shift+O 组合键，将文字转换为轮廓，如图 7-87 所示。选择"直接选择"工具 ，分别选取所需要的文字的节点并拖曳到适当的位置，效果如图 7-88 所示。

图 7-87　　　　　　　　　　　　　　　图 7-88

步骤 11 选择"直接选择"工具 ，按住 Shift 键的同时，单击"彩"字右半部分，将其同时选取，如图 7-89 所示。选择"窗口 > 路径查找器"命令，弹出"路径查找器"控制面板，单击"与形状区域相加"按钮 ，如图 7-90 所示，生成新的对象，再单击"扩展"按钮 扩展 ，效果如图 7-91 所示。

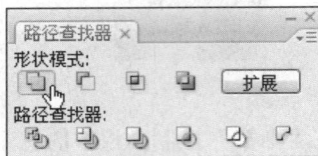

图 7-89　　　　　　　　　图 7-90　　　　　　　　　图 7-91

步骤 12 在"渐变"控制面板中的色带上设置 3 个渐变滑块，分别将渐变滑块的位置设置为 0、57、100，并设置 R、G、B 的值分别为 0（255、59、0）、57（0、186、0）、100（255、0、0），其他选项的设置如图 7-92 所示，文字被填充渐变色，设置描边色的 R、G、B 值分别为 230、255、0，填充描边，在属性栏中将"描边粗细"选项设置为 5，效果如图 7-93 所示。

图 7-92　　　　　　　　　　　　　　　　图 7-93

4. 添加其他内容文字

步骤 1 双击 "矩形网格"工具 ，弹出"矩形网格工具选项"对话框，选项的设置如图 7-94 所示，单击"确定"按钮，得到一个矩形网格。选择"选择"工具 ，拖曳网格到适当的位置，设置填充色为白色，描边色为黑色，效果如图 7-95 所示。

步骤 2 选择"文字"工具 ，在页面中输入所需要的文字。选择"选择"工具 ，在属性栏中选择合适的字体并设置适当的文字大小，填充为白色，效果如图 7-96 所示。

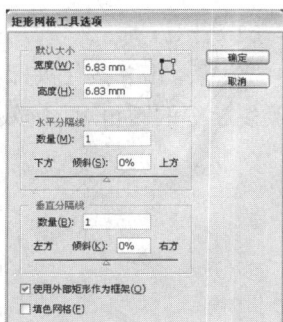

图 7-94

图 7-95

图 7-96

步骤 3　选择"文字"工具 T.，在页面中输入所需要的文字。选择"选择"工具 ，在属性栏中选择合适的字体并设置适当的文字大小，填充文字为白色，设置描边色的 R、G、B 值分别为 0、107、51，填充描边，效果如图 7-97 所示。

步骤 4　选择"钢笔"工具 ，绘制一条折线，设置描边色的 R、G、B 值分别为 0、107、51，填充描边，效果如图 7-98 所示。

图 7-97

图 7-98

步骤 5　双击"旋转"工具 ，弹出"旋转"对话框，选项的设置如图 7-99 所示，单击"复制"按钮，效果如图 7-100 所示。选择"选择"工具 ，拖曳复制的折线到适当的位置，效果如图 7-101 所示。数码相机广告制作完成，效果如图 7-102 所示。

图 7-99

图 7-100

图 7-101

图 7-102

7.1.4 【相关工具】

1. 绘制圆角矩形

◎ 绘制圆角矩形

选择"圆角矩形"工具 ，在页面中需要的位置单击并按住鼠标左键不放，拖曳鼠标到需要的位置，释放鼠标左键，绘制出一个圆角矩形，效果如图 7-103 所示。

选择"圆角矩形"工具 ⬛，按住 Shift 键，在页面中需要的位置单击并按住鼠标左键不放，拖曳鼠标到需要的位置，释放鼠标左键，可以绘制一个宽度和高度相等的圆角矩形，效果如图 7-104 所示。

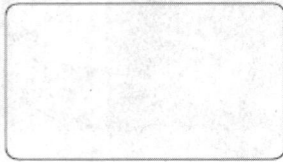
图 7-103

图 7-104

◎ **精确绘制圆角矩形**

选择"圆角矩形"工具 ⬛，在页面中需要的位置单击，弹出"圆角矩形"对话框，如图 7-105 所示。在对话框中，"宽度"选项可以设置圆角矩形的宽度，"高度"选项可以设置圆角矩形的高度，"圆角半径"选项可以控制圆角矩形中圆角半径的长度，设置完成后，单击"确定"按钮，得到如图 7-106 所示的圆角矩形。

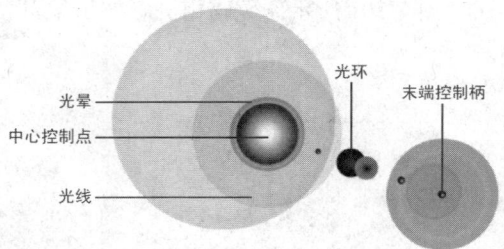
图 7-105

图 7-106

2. 绘制光晕形

可以应用光晕工具绘制出镜头光晕的效果，在绘制出的图形中包括一个明亮的发光点，以及光晕、光线、光环等对象，通过调节中心控制点和末端控制柄的位置，可以改变光线的方向。光晕形的组成部分如图 7-107 所示。

◎ **使用鼠标绘制光晕形**

选择"光晕"工具 ⬛，在页面中需要的位置单击并按住鼠标左键不放，拖曳鼠标到需要的位置，如图 7-108 所示，释放鼠标左键，然后在其他需要的位置再次单击并拖动鼠标，如图 7-109 所示，释放鼠标左键，绘制出一个光晕形，如图 7-110 所示，取消选取后的光晕形效果如图 7-111 所示。

图 7-107

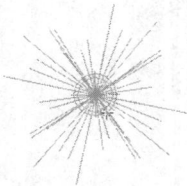
图 7-108

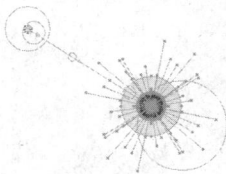
图 7-109

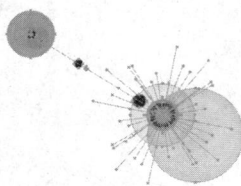
图 7-110

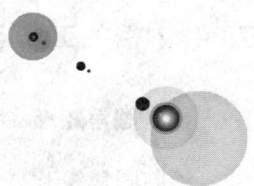
图 7-111

> **技 巧**　在光晕形保持不变时，不释放鼠标左键，按住 Shift 键后再次拖动鼠标，中心控制点、光线和光晕随鼠标拖曳按比例缩放；按住 Ctrl 键后再次拖曳鼠标，中心控制点的大小保持不变，而光线和光晕随鼠标拖曳按比例缩放；同时按住键盘上"方向"键中的向上移动键，可以逐渐增加光线的数量；按住键盘上"方向"键中的向下移动键，则可以逐渐减少光线的数量。

下面介绍调节中心控制点和末端控制柄之间的距离，以及光环数量的方法。

在绘制出的光晕形保持不变时，如图 7-111 所示，把鼠标指针移动到末端控制柄上，当鼠标指针变成符号"✳"时，拖曳鼠标调整中心控制点和末端控制柄之间的距离，如图 7-112、图 7-113 所示。

在绘制出的光晕形保持不变时，如图 7-111 所示，把鼠标指针移动到末端控制柄上，当鼠标指针变成符号"✳"时拖曳鼠标，按住 Ctrl 键后再次拖曳鼠标，可以单独更改终止位置光环的大小，如图 7-114 和图 7-115 所示。

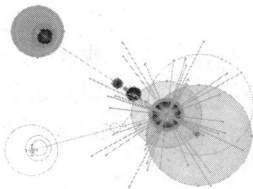 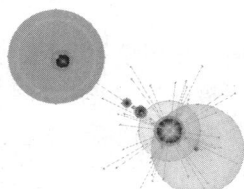

图 7-112　　　　　　图 7-113　　　　　　　　　图 7-114　　　　　　图 7-115

在绘制出的光晕形保持不变时，如图 7-111 所示，把鼠标移动指针到末端控制柄上，当鼠标指针变成符号"✳"时拖曳鼠标，按住～键，可以重新随机地排列光环的位置，如图 7-116 和图 7-117 所示。

图 7-116　　　　　　　　　　　图 7-117

◎ **精确绘制光晕形**

选择"光晕"工具🔘，在页面中需要的位置单击，或双击"光晕"工具🔘，弹出"光晕工具选项"对话框，如图 7-118 所示。

在对话框的"居中"选项组中，"直径"选项可以设置中心控制点直径的大小，"不透明度"选项可以设置中心控制点的不透明度比例，"亮度"选项可以设置中心控制点的亮度比例。在"光晕"选项组中，"增大"选项可以设置光晕围绕中心控制点的辐射程度，"模糊度"选项可以设置光晕在图形中的模糊程度。在"射线"选项组中，"数量"选项可以设置光线的数量，"最长"选项可以设置光线的长度，"模糊度"选项可以设置光线在图形中的模糊程度。在"环形"选项组中，"路径"选项可以设置光环所在路径的长度值，"数量"选项可以设置光环在图形中的数量，"最大"选项可以设置光环的大小比例，"方向"选项可以设置光环在图形中的旋转角度，还可以通过右边的角度控制按钮调节光环的角度。设置完成后，单击"确定"按钮，得到如图 7-119 所示的光晕形。

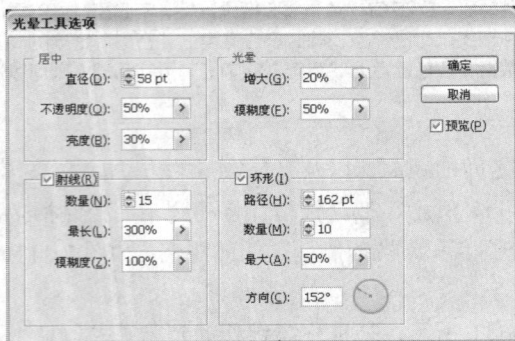

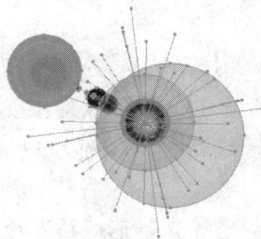

图 7-118　　　　　　　　　　　　　　　图 7-119

7.1.5 【实战演练】制作手机广告

使用矩形工具、复制命令和投影命令绘制背景效果。使用置入命令和外发光命令添加并编辑手机图片。使用文字工具和圆角矩形工具添加广告语。使用椭圆工具、星形工具、扭曲和变换命令制作其他说明文字。（最终效果参看光盘中的"Ch07 > 效果 > 制作手机广告"，如图 7-120 所示。）

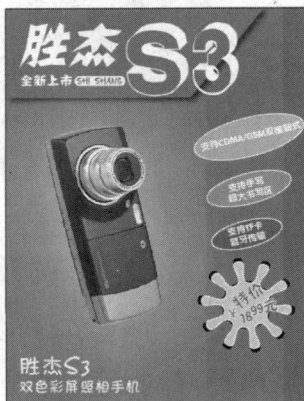

图 7-120

7.2 制作汽车广告

7.2.1 【案例分析】

本例是为汽车公司设计制作的宣传广告。这是一辆新式汽车，广告设计要用全新的设计观念和时尚的表现手法，展示出这辆汽车梦幻般的速度，诠释出不断进取的理念。

7.2.2 【设计理念】

通过右上角的格状图案和白色渐隐图形让人联想到赛车、速度，既点明了主题又很巧妙地将页面分割开。使用汽车图片展示汽车样式和视觉效果，并通过广告语点明主题。整体设计简洁大方、清晰明确。（最终效果参看光盘中的"Ch07 > 效果 > 制作汽车广告"，如图 7-121 所示。）

图 7-121

7.2.3 【操作步骤】

1. 绘制背景和装饰图形

步骤 1 按 Ctrl+N 组合键，弹出"新建文档"对话框，选项的设置如图 7-122 所示，单击"确定"按钮，新建一个文档。

图 7-122

步骤 2 选择"矩形"工具，绘制一个与页面大小相等的矩形，如图 7-123 所示。双击"渐变"工具，弹出"渐变"控制面板，在色带上设置 2 个渐变滑块，分别将渐变滑块的位置设为 0、100，并设置 C、M、Y、K 的值分别为 0（90、64、20、0）、100（72、41、15、0），其他选项的设置如图 7-124 所示，图形被填充渐变色，设置描边色为无，效果如图 7-125 所示。

图 7-123

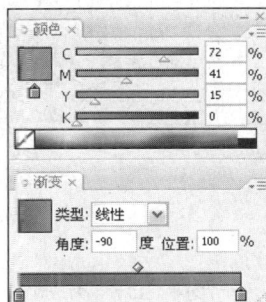

图 7-124

图 7-125

步骤 `3` 选择"文件 > 置入"命令，弹出"置入"对话框，选择光盘中的"Ch07 > 素材 > 制作汽车广告 > 01"文件，单击"置入"按钮，在页面中单击置入图片，在属性栏中单击"嵌入"按钮，拖曳图片到适当的位置并调整其大小，如图 7-126 所示。按 Ctrl+Shift+[组合键，将其置于底层，效果如图 7-127 所示。

步骤 `4` 选择"选择"工具 ▶，选取上面的矩形背景，按 Ctrl+C 组合键，复制图形，按 Ctrl+F 组合键，将复制的图形粘贴在前面，按住 Shift 键的同时，单击 01 图片，将其同时选取，按 Ctrl+7 组合键，建立剪切蒙版，效果如图 7-128 所示。

图 7-126　　　　　　　图 7-127　　　　　　　图 7-128

步骤 `5` 选择"钢笔"工具 ▲，绘制两条曲线，设置描边色为白色，效果如图 7-129 所示。双击"混合"工具 ▲，弹出"混合选项"对话框，选项的设置如图 7-130 所示，单击"确定"按钮，分别在两条曲线上单击，混合效果如图 7-131 所示。

图 7-129　　　　　　　图 7-130　　　　　　　图 7-131

步骤 `6` 单击"透明度"控制面板右上方的图标 ▾≡，在弹出的菜单中选择"建立不透明蒙版"命令，单击"编辑不透明蒙版"缩览图，如图 7-132 所示。选择"矩形"工具 ▭，在图形上绘制一个矩形，在"渐变"控制面板中的色带上设置 2 个渐变滑块，分别将渐变滑块的位置设为 0、100，并设置 C、M、Y、K 的值分别为 0（0、0、0、100）、100（0、0、0、0），其他选项的设置如图 7-133 所示，建立半透明效果，如图 7-134 所示。在"透明度"控制面板中，单击"停止编辑不透明蒙版"缩览图，如图 7-135 所示。

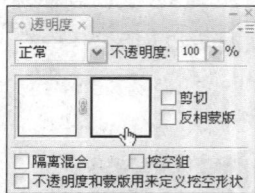
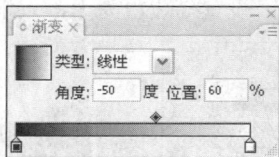

图 7-132　　　　图 7-133　　　　图 7-134　　　　图 7-135

2. 定义并填充图案

步骤 `1` （为了便于观看绘制一个紫色矩形）选择"矩形"工具 ▭，绘制两个矩形，分别填充为黑色和白色，设置描边色为无，效果如图 7-136 所示。

步骤 2　选择"选择"工具 ，按住 Shift 键的同时，单击所需要的图形，将其同时选取，按 Ctrl+G 组合键，将其编组，如图 7-137 所示。双击"镜像"工具 ，弹出"镜像"对话框，选项的设置如图 7-138 所示，单击"复制"按钮，拖曳复制的图形到适当的位置，效果如图 7-139 所示。

图 7-136　　　　　　图 7-137　　　　　　　　图 7-138　　　　　　图 7-139

步骤 3　选择"选择"工具 ，按住 Shift 键的同时，单击所需要的图形，将其同时选取，按 Ctrl+G 组合键，将其编组，如图 7-140 所示。单击"色板"控制面板下方的"显示色板类型菜单"按钮 ，在弹出的菜单选择"显示图案色板"命令，如图 7-141 所示。选择"选择"工具 ，将绘制好的矩形拖曳到"图案色板"中，如图 7-142 所示。

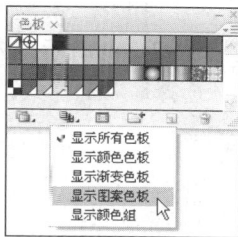

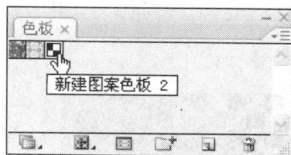

图 7-140　　　　　　　　图 7-141　　　　　　　　　图 7-142

步骤 4　选择"钢笔"工具 ，绘制一个图形，如图 7-143 所示。在"图案色板"中单击刚定义的矩形图案，填充图形，效果如图 7-144 所示。

图 7-143　　　　　　　　　　　　　图 7-144

步骤 5　选择"效果 > 风格化 > 投影"命令，弹出"投影"对话框，在对话框中将投影颜色设为黑色，其他选项的设置如图 7-145 所示，单击"确定"按钮，效果如图 7-146 所示。

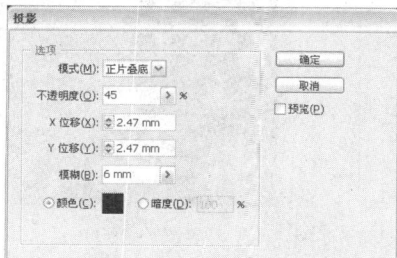

图 7-145　　　　　　　　　　　图 7-146

步骤 **6** 选择"矩形"工具▢，绘制一个与页面大小相等的矩形，效果如图 7-147 所示。选择"选择"工具▶，按住 Shift 键的同时，单击矩形和填充图案的图形，将其同时选取，按 Ctrl+7 组合键，建立剪切蒙版，效果如图 7-148 所示。

图 7-147

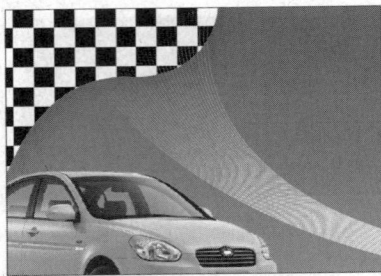

图 7-148

3. 添加宣传文字

步骤 **1** 选择"文字"工具 T，在页面中输入需要的文字，选择"选择"工具▶，在属性栏中选择合适的字体并设置适当的文字大小，如图 7-149 所示。选择"窗口 > 图形样式库 > 霓虹效果"命令，弹出"霓虹效果"控制面板，选择需要的样式，如图 7-150 所示，效果如图 7-151 所示。

图 7-149

图 7-150

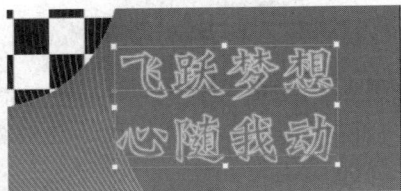

图 7-151

步骤 **2** 选择"文字"工具 T，在页面中插入光标，选择"文字 > 字形"命令，弹出"字形"对话框，选择需要的字形，如图 7-152 所示，双击鼠标插入字形，拖曳字形到适当的位置并调整其大小，填充为白色，效果如图 7-153 所示。

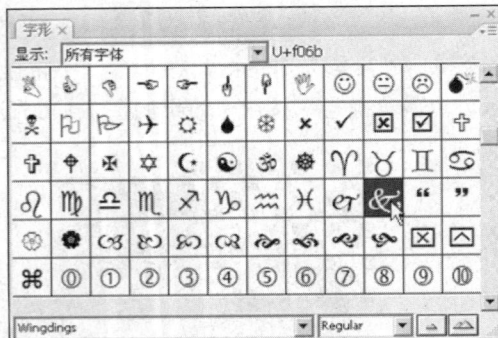

图 7-152

图 7-153

步骤 **3** 在"透明度"控制面板中，将"不透明度"选项设为 60，效果如图 7-154 所示。选择

"文字"工具 T ，在页面中输入需要的文字，选择"选择"工具 ，在属性栏中选择合适的字体并设置适当的文字大小，效果如图 7-155 所示。

图 7-154

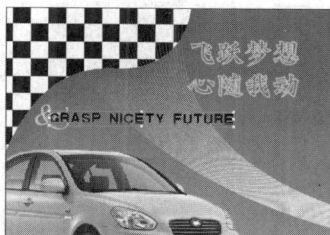

图 7-155

步骤 4 设置填充色的 C、M、Y、K 值分别为 25、100、100、0，填充文字，填充文字描边色为白色，如图 7-156 所示。选择"文字"工具 T ，在页面中输入需要的文字，选择"选择"工具 ，在属性栏中选择合适的字体并设置适当的文字大小，如图 7-157 所示。填充文字为白色，汽车广告制作完成，效果如图 7-158 所示。

图 7-156

图 7-157

图 7-158

7.2.4 【相关工具】

1. 图案填充

图案填充是绘制图形的重要手段，使用合适的图案填充可以使绘制的图形更加生动形象。

◎ **使用图案填充**

在"色板"控制面板中，可以为图形选取漂亮的填充图案，如图 7-159 所示。

使用"星形"工具 ，绘制一个五角星，如图 7-160 所示。在工具箱下方选择描边按钮，再在"色板"控制面板中选择需要的图案，如图 7-161 所示。图案填充到五角星的描边上，效果如图 7-162 所示。

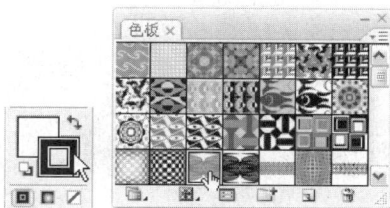

图 7-159   图 7-160

图 7-161   图 7-162

在工具箱下方选择填充按钮，在"色板"控制面板中单击选择需要的图案，如图 7-163 所示。图案填充到五角星的内部，效果如图 7-154 所示。

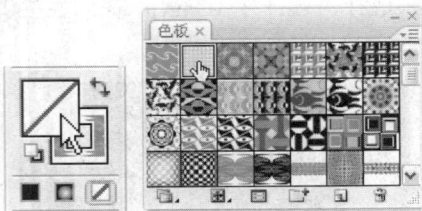

图 7-163　　　　　　　　　　　　　　　　　　图 7-164

◎ 创建图案填充

在 Illustrator CS3 中可以将基本图形定义为图案，作为图案的图形不能包含渐变、渐变网格、图案和位图。

使用"多边形"工具 ，绘制 3 个多边形，同时选取 3 个多边形，效果如图 7-165 所示。选择"编辑 > 定义图案"命令，弹出"新建色板"对话框，如图 7-166 所示设置，单击"确定"按钮，定义的图案就添加到"色板"控制面板中了，效果如图 7-167 所示。

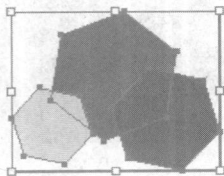

图 7-165　　　　　　　　　　图 7-166　　　　　　　　　　图 7-167

在"色板"控制面板中单击新定义的图案并将其拖曳到页面上，效果如图 7-168 所示。选择"对象 > 取消编组"命令，取消图案组合，可以重新编辑图案，效果如图 7-169 所示。选择"对象 > 编组"命令，将新编辑的图案组合，将图案拖曳到"色板"控制面板中，如图 7-170 所示，在"色板"控制面板中添加了新定义的图案，如图 7-171 所示。

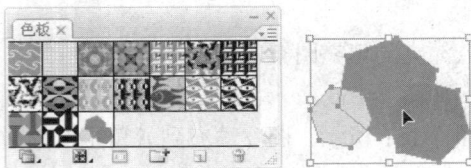

图 7-168　　　　　　　　　　　　　　　　　　　图 7-169

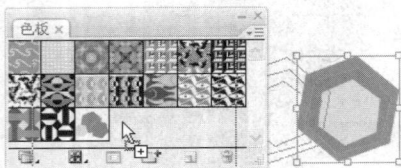
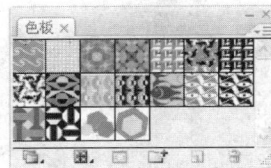

图 7-170　　　　　　　　　　　　　　　　　　　图 7-171

使用"多边形"工具 ，绘制一个多边形，效果如图 7-172 所示。在"色板"控制面板中单击新定义的图案，如图 7-173 所示，多边形的图案填充效果如图 7-174 所示。

图 7-172　　　　　　　　图 7-173　　　　　　　　图 7-174

　　Illustrator 自带一些图案库。选择"窗口 > 图形样式库"子菜单下的各种样式，加载不同的样式库。可以选择"其他库"命令来加载外部样式库。

◎　使用图案库

　　除了在"色板"控制面板中提供的图案外，Illustrator CS3 还提供了一些图案库。选择 "窗口 > 色板库 > 其他库"命令，弹出"选择要打开的库"对话框，在"色板 > 图案"文件夹包含了系统提供的渐变库，如图 7-175 所示，在文件夹中可以选择不同的图案库，选择后单击"打开"按钮，图案库的效果如图 7-176 和图 7-177 所示。

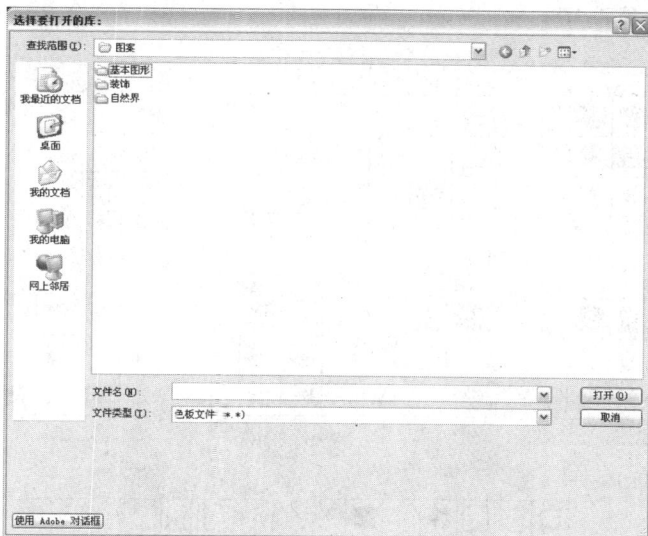

图 7-175

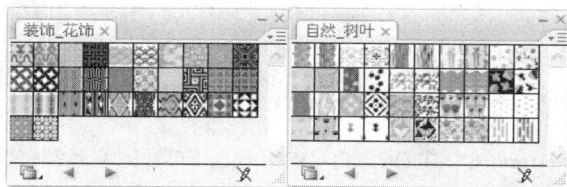

图 7-176　　　　　　　图 7-177

2.　使用样式

Illustrator CS3 提供了多种样式库供选择和使用。下面具体介绍各种样式的使用方法。

◎　"图形样式"控制面板

选择"窗口 > 图形样式"命令（组合键为 Shift+F5），弹出"图形样式"控制面板。在默认的状态下，控制面板的效果如图 7-178 所示。在"图形样式"控制面板中，系统提供多种预置的样式。在制作图像的过程中，不但可以任意调用控制面板中的样式，还可以创建、保存、管理样式。在"图形样式"控制面板的下方，"断开图形样式链接"按钮 ⚭ 用于断开样式与图形之间的链接；"新建图形样式"按钮 ◻ 用于建立新的样式；"删除图形样式"按钮 🗑 用于删除不需要的样式。

Illustrator CS3 提供了丰富的样式库，可以根据需要调出样式库。选择"窗口 > 图形样式库"命令，弹出其子菜单，如图 7-179 所示，可以调出不同的样式库，如图 7-180 所示。

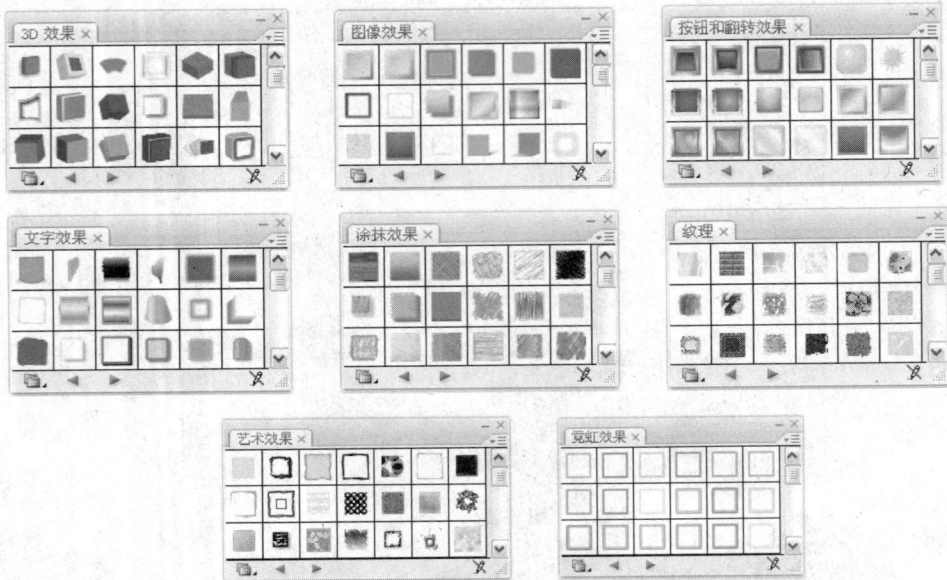

图 7-178   图 7-179

图 7-180

提　示　IllustratorCS3 中的样式有 CMYK 颜色模式和 RGB 颜色模式两种类型。

◎　使用样式

选中要添加样式的图形，如图 7-181 所示。在"图形样式"控制面板中单击要添加的样式，如图 7-182 所示。图形被添加样式后的效果如图 7-183 所示。

定义图形的外观后，可以将其保存。选中要保存外观的图形，如图 7-184 所示。单击"图形样式"控制面板中的"新建图形样式"按钮 ◻ ，样式被保存到样式库，如图 7-185 所示。还可以用鼠标将图形直接拖曳到"图形样式"控制面板中进行保存，如图 7-186 所示。

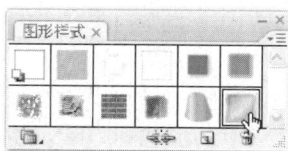

图 7-181　　　　　　　　　图 7-182　　　　　　　　　图 7-183

图 7-184　　　　　　　　　图 7-185　　　　　　　　　图 7-186

当把"图形样式"控制面板中的样式添加到图形上时，Illustrator CS3 将在图形和选定的样式之间创建一种链接关系，也就是说，如果"图形样式"控制面板中的样式发生了变化，那么被添加了该样式的图形也会随之变化。单击"图形样式"控制面板中的"断开图形样式链接"按钮 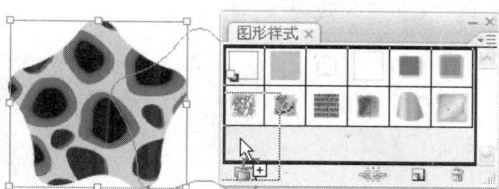，可断开链接关系。

7.2.5 【实战演练】制作瓷器鉴赏会广告

使用矩形工具、透明度面板和置入命令制作背景合成效果。使用文字工具和图形样式面板制作广告语。使用与形状区域相减按钮将文字和圆角矩形相减制作出图章效果。使用矩形工具和图案填充命令制作底部矩形条。（最终效果参看光盘中的"Ch07 > 效果 > 制作瓷器鉴赏会广告"，如图 7-187 所示。）

图 7-187

7.3 制作中秋月饼广告

7.3.1 【案例分析】

中秋节是我国的传统佳节，在这一天人们都要吃月饼以示团圆。本例是为食品公司设计制作的月饼广告。设计中要求表现出月饼的美味，更要体现出人们想要团圆的愿望。

7.3.2 【设计理念】

通过蓝紫色背景使整体画面的色调偏暗，显示出想要与家人团圆的心境。使用灯笼和明月烘托出传统的特色。使用月饼产品图片展示其形状和口味。精心设计的宣传文字用来点明主题。整个设计寓意深远且紧扣主题，使人们产生与家人团聚，共享美食的强烈愿望。（最终效果参看光盘中的"Ch07 > 效果 > 制作中秋月饼广告"，如图 7-188 所示。）

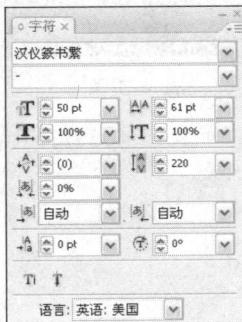

图 7-188

7.3.3 【操作步骤】

1. 输入并编辑背景文字

步骤 ①　按 Ctrl+O 组合键，打开光盘中的"Ch07 >素材 >制作中秋月饼广告 > 01"文件，如图 7-189 所示。选择"直排文字"工具 T.，在页面中输入需要的文字。选择"选择"工具 ，在属性栏中选择合适的字体并设置文字大小，在属性栏中单击"顶对齐"按钮 ，效果如图 7-190 所示。

步骤 ②　按 Ctrl+T 组合键，弹出"字符"控制面板，在"设置所选字符的字符间距调整"选项 文本框中输入 220，其他选项的设置如图 7-191 所示，按 Enter 键，效果如图 7-192 所示。填充文字为白色，（为了便于读者观看，绘制一个蓝色背景）如图 7-193 所示。

图 7-189　　　　图 7-190　　　　　　图 7-191　　　　　图 7-192　　　　图 7-193

步骤 3 选择"直线段"工具 ，按住 Shift 键的同时，绘制出一条直线，填充描边色为白色，在属性栏中的"描边粗细"文本框中输入 1，效果如图 7-194 所示。

步骤 4 选择"选择"工具 ，按住 Alt 键的同时，拖曳鼠标左键，复制一条直线，如图 7-195 所示，连续按 Ctrl+D 组合键，根据需要再复制出多条直线，效果如图 7-196 所示。

图 7-194 图 7-195 图 7-196

步骤 5 选择"选择"工具 ，按住 Shift 键的同时，单击需要的文字和直线，将其同时选取，按 Ctrl+G 组合键，将其编组，如图 7-197 所示。拖曳文字到适当的位置，效果如图 7-198 所示。选取蓝色背景，按 Delete 键将其删除。在"透明度"控制面板中，选项的设置如图 7-199 所示，效果如图 7-200 所示。

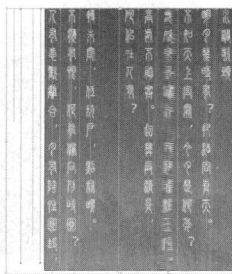

图 7-197 图 7-198 图 7-199 图 7-200

步骤 6 选择"矩形"工具 ，绘制一个与页面大小相等的矩形，如图 7-201 所示。选择"选择"工具 ，按住 Shift 键的同时，单击文字，将其同时选取，如图 7-202 所示。按 Ctrl+7 组合键，建立剪切蒙版，效果如图 7-203 所示。

图 7-201 图 7-202 图 7-203

2. 置入图片并绘制装饰图形

步骤 1 选择"文件 > 置入"命令，弹出"置入"对话框，分别选择光盘中的"Ch07 > 素材 > 制作中秋月饼广告 > 02、03"文件，单击"置入"按钮，在属性栏中单击"嵌入"按钮，在页面中弹出对话框，单击"确定"按钮，分别拖曳图片到适当的位置并调整其大小，如图 7-204 所示。

步骤 2 选择"选择"工具 ，按住 Shift 键的同时，单击需要的图片，将其同时选取，按 Ctrl+G 组合键，将其编组，效果如图 7-205 所示。

图 7-204

图 7-205

步骤 3 选择"效果 > 风格化 > 外发光"命令，弹出"外发光"对话框，设置"外发光颜色"的 C、M、Y、K 值分别为 8、0、65、0，其他选项的设置如图 7-206 所示，单击"确定"按钮，效果如图 7-207 所示。

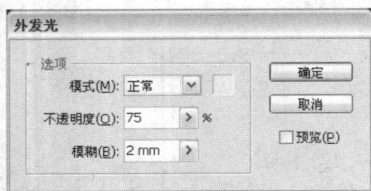

图 7-206

图 7-207

步骤 4 选择"钢笔"工具 ，绘制一个图形，如图 7-208 所示。设置图形填充色的 C、M、Y、K 值分别为 38、99、99、4，填充图形，并设置描边色为无，效果如图 7-209 所示。

步骤 5 选择"效果 > 风格化 > 内发光"命令，弹出"内发光"对话框，将"内发光颜色"设为黑色，其他选项的设置如图 7-210 所示，单击"确定"按钮，效果如图 7-211 所示。

图 7-208

图 7-209

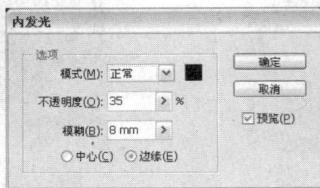

图 7-210

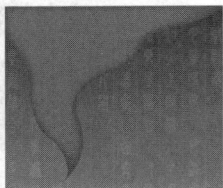

图 7-211

步骤 6 选择"效果 > 模糊 > 高斯模糊"命令，弹出"高斯模糊"对话框，选项的设置如图 7-212 所示，单击"确定"按钮，效果如图 7-213 所示。选择"效果 > SVG 滤镜（G）> AI_斜角阴影_1"命令，效果如图 7-214 所示。

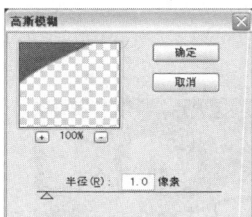

图 7-212

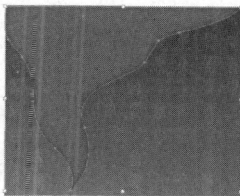

图 7-213

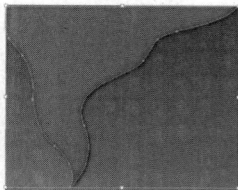

图 7-214

3. 置入并编辑图片

步骤 1 打开光盘中的"Ch07 > 素材 > 制作中秋月饼广告 > 04"文件，按 Ctrl+A 组合键，将所有图形选取，按 Ctrl+C 组合键，复制图形。选择正在编辑的页面，按 Ctrl+V 组合键，将其粘贴到页面中，拖曳到适当的位置，效果如图 7-215 所示。

步骤 2 选择"选择"工具 ，选取需要的图形，按 Ctrl+C 组合键，复制图形，按 Ctrl-F 组合键，将复制的图形粘贴在前面。按 Ctrl+Shift+]组合键，将其置于顶层，如图 7-216 所示。

步骤 3 选择"选择"工具 ，按住 Shift 键的同时，单击需要的图形，将其同时选取，如图 7-217 所示，按 Ctrl+7 组合键，建立剪切蒙版，效果如图 7-218 所示。

步骤 4 打开光盘中的"Ch07 > 素材 > 制作中秋月饼广告 > 05"文件，按 Ctrl+A 组合键，将所有图形选取，按 Ctrl+C 组合键，复制图形。选择正在编辑的页面，按 Ctrl+V 组合键，将其粘贴到页面中，并拖曳到适当的位置，效果如图 7-219 所示。

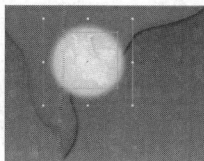

图 7-215

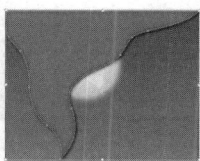

图 7-216

图 7-217

图 7-218

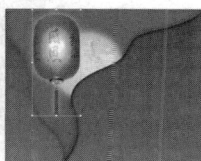

图 7-219

步骤 5 选择"钢笔"工具 ，绘制一个图形，如图 7-220 所示。在"渐变"控制面板中的色带上设置两个渐变滑块，分别将渐变滑块的位置设置为 0、100，并设置 C、M、Y、K 的值分别为 0（3、1、25、0）、100（7、2、68、0），其他选项的设置如图 7-221 所示，图形被填充渐变色，设置描边色为无，效果如图 7-222 所示。

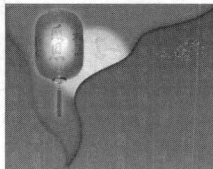

图 7-220

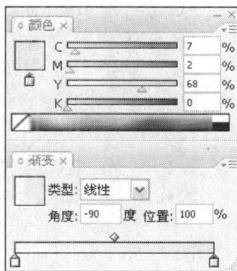

图 7-221

图 7-222

步骤 6 选择"效果 > 风格化 > 投影"命令，弹出"投影"对话框，选项的设置如图 7-223 所示，单击"确定"按钮，效果如图 7-224 所示。

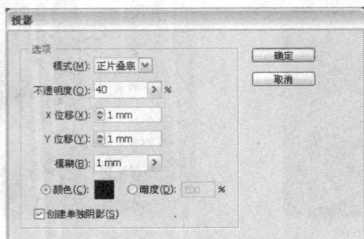

图 7-223

图 7-224

4. 添加广告语及相关信息

步骤 **1** 选择"直排文字"工具 T ，分别在页面中输入所需要的文字。选择"选择"工具 ，在属性栏中选择合适的字体并设置适当的文字大小，如图 7-225 所示。

步骤 **2** 按住 Shift 键的同时，单击所需要的文字，将其同时选取。按 Ctrl+T 组合键，弹出"字符"控制面板，在"设置所选字符的字符间距调整"选项的 文本框中输入 120，如图 7-226 所示，按 Enter 键，效果如图 7-227 所示。

图 7-225   图 7-226   图 7-227

步骤 **3** 选择"效果 > 风格化 > 外发光"命令，弹出"外发光"对话框，将"外发光颜色"设置为白色，其他选项的设置如图 7-228 所示，单击"确定"按钮，效果如图 7-229 所示。

步骤 **4** 选择"直线段"工具 ，按住 Shift 键的同时，绘制一条直线，填充描边色为白色，在属性栏中的"描边粗细"文本框中输入 2，效果如图 7-230 所示。选择"效果 > 模糊 > 径向模糊"命令，弹出"径向模糊"对话框，选项的设置如图 7-231 所示，单击"确定"按钮，效果如图 7-232 所示。

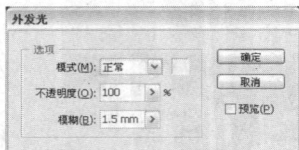

图 7-228   图 7-229   图 7-230   图 7-231   图 7-232

步骤 **5** 选择"文字"工具 T ，在页面中输入需要的文字。选择"选择"工具 ，在属性栏中选择合适的字体并设置适当的文字大小，填充文字为白色，效果如图 7-233 所示。

步骤 **6** 选择"文字"工具 T ，在适当的位置插入光标，如图 7-234 所示。选择"文字 > 字形"

命令，弹出"字形"对话框，选择需要的字形，如图 7-235 所示，双击鼠标插入字形，效果如图 7-236 所示。

图 7-233

订购热线：010-83465879
地址：广州市南沙区黄阁镇留新路2号

图 7-234

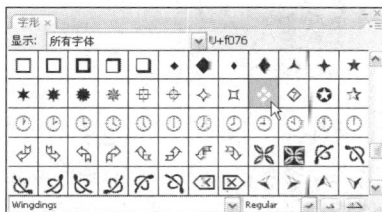

图 7-235

❖ 订购热线：010-83465879
地址：广州市南沙区黄阁镇留新路2号

图 7-236

步骤 7 用相同的方法在适当的位置插入字形，效果如图 7-237 所示。中秋月饼广告制作完成，如图 7-238 所示。

❖ 订购热线：010-83465879
❖ 地址：广州市南沙区黄阁镇留新路2号

图 7-237

图 7-238

7.3.4 【相关工具】

1. 内发光命令

可以在对象的内部创建发光的外观效果。选中要添加内发光效果的对象，如图 7-239 所示，选择"效果 > 风格化 > 内发光"命令，在弹出的"内发光"对话框中设置数值，如图 7-240 所示，单击"确定"按钮，对象的内发光效果如图 7-241 所示。

图 7-239

图 7-240

图 7-241

2. SVG 滤镜效果

"SVG 滤镜"效果组可以为对象添加许多滤镜效果，如图 7-242 所示。

中等职业教育数字艺术类规划教材

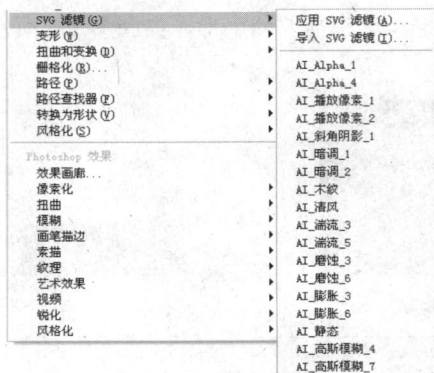

图 7-242

选中要添加滤镜效果的对象，如图 7-243 所示。可以直接在"SVG 滤镜"菜单下选择滤镜命令，还可以选择"SVG 滤镜 > 应用 SVG 滤镜"命令，弹出"应用 SVG 滤镜"对话框，在对话框中设置要添加的滤镜命令，如图 7-244 所示。添加不同的滤镜后将产生不同的效果，如图 7-245 所示。

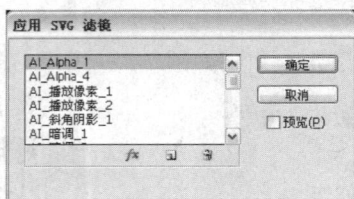

图 7-243   图 7-244

图 7-245

3. 径向模糊

"径向模糊"命令可以使图像产生旋转或运动的效果，模糊的中心位置可以任意调整。当用于直线时，可使直线产生拉伸方向的模糊。

选中图像，如图 7-246 所示。选择"滤镜 > 模糊 > 径向模糊"命令，在弹出的"径向模糊"对话框中进行设置，如图 7-247 所示，单击"确定"按钮，图像效果如图 7-248 所示。

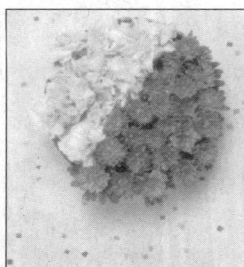

图 7-246   图 7-247   图 7-248

7.3.5 【实战演练】制作古行酒广告

使用高斯模糊命令和透明度控制面板制作底图装饰图形。使用粗糙化命令对矩形进行粗糙化处理。使用画笔命令为圆形添加适当的画笔样式。（最终效果参看光盘中的"Ch07 > 效果 > 制作古行酒广告"，如图 7-249 所示。）

图 7-249

7.4　综合演练——制作房地产广告

　　使用置入命令、透明度面板和渐变工具制作背景图片的合成效果。使用钢笔工具、画笔面板和螺旋线工具绘制标志图形。使用路径文字工具和字形面板添加宣传性文字。使用符号库添加标志性图形。（最终效果参看光盘中的"Ch07 > 效果 > 制作房地产广告"，如图 7-250 所示。）

图 7-250

7.5　综合演练——制作牛奶广告

　　使用置入命令、镜像工具和外发光命令添加人物图片。使用文字工具、直接选择工具和钢笔工具制作广告语。使用矩形工具、路径查找器面板和高斯模糊命令制作装饰形状。使用文字工具和字形命令添加其他宣传性文字。（最终效果参看光盘中的"Ch07 > 效果 > 制作牛奶广告"，如图 7-251 所示。）

图 7-251

第8章　宣传册设计

宣传册又称为企业的大名片，是企业的自荐书。可以起到有效宣传企业或产品的作用，能够提高企业的品牌形象、产品的知名度和市场的忠诚度，有利于企业的融资和扩张。本章以企业宣传册设计为例，讲解宣传册的设计方法和制作技巧。

课堂学习目标

- 掌握宣传册的设计思路和过程
- 掌握宣传册的制作方法和技巧

8.1 制作宣传册封面

8.1.1 【案例分析】

本例是为贸易公司设计制作的宣传册封面。要求设计清新明快、简洁直观，有时代气息，能体现出公司严谨的经营理念和专业的服务精神。

8.1.2 【设计理念】

通过深蓝色的背景和紫色的弧线显示出公司朝气蓬勃的发展态势和稳重扎实的经营理念。使用大小不同的文字和图标表现出公司的相关信息。整体设计简洁大气，充满活力。（最终效果参看光盘中的"Ch08 > 效果 > 制作宣传册封面"，如图 8-1 所示。）

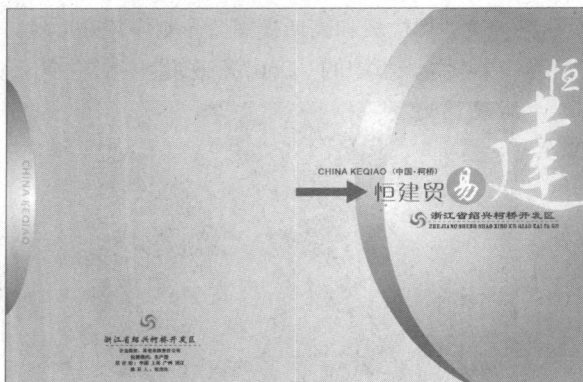

图 8-1

8.1.3 【操作步骤】

1. 绘制分页效果

步骤 1 按 Ctrl+O 组合键,打开光盘中的"Ch08 >素材 > 制作宣传册封面 > 01"文件,如图 8-2 所示。选择"直线段"工具，按住 Shift 键的同时,垂直拖曳出一条直线,设置描边色为白色,在属性栏中的"描边粗细"文本框中输入 1,效果如图 8-3 所示。

图 8-2   图 8-3

步骤 2 选择"选择"工具，选取直线。选择"窗口 > 对齐"命令,弹出"对齐"控制面板,单击下方的"对齐到画板"按钮,再单击"水平居中对齐"按钮和"垂直居中对齐"按钮,如图 8-4 所示,效果如图 8-5 所示。

图 8-4

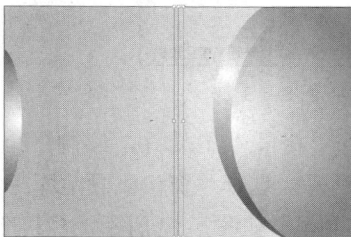

图 8-5

2. 添加装饰图形及公司名称

步骤 1 选择"文字"工具，在右侧的页面中分别输入需要的文字。选择"选择"工具，在属性栏中选择合适的字体并设置适当的文字大小,填充文字为白色,效果如图 8-6 所示。

步骤 2 选择"选择"工具，选取需要的文字,如图 8-7 所示。双击"旋转"工具，弹出"旋转"对话框,选项的设置如图 8-8 所示,单击"确定"按钮,效果如图 8-9 所示。

图 8-6

图 8-7

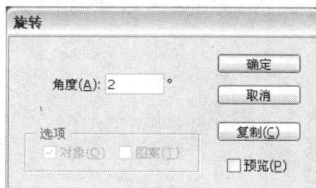

图 8-8

图 8-9

步骤 3 选择"选择"工具 ，按住 Shift 键的同时，单击需要的文字，将其同时选取，按 Ctrl+G 组合键，将其编组，如图 8-10 所示。

步骤 4 选择"效果 > 风格化 > 外发光"命令，弹出"外发光"对话框，将"外发光颜色"设置为白色，其他选项的设置如图 8-11 所示，单击"确定"按钮，效果如图 8-12 所示。

图 8-10 图 8-11 图 8-12

步骤 5 选择"窗口 > 透明度"命令，弹出"透明度"控制面板，选项的设置如图 8-13 所示，效果如图 8-14 所示。选择"文字"工具 ，在页面中输入需要的文字。选择"选择"工具 ，在属性栏中选择合适的字体并设置适当的文字大小，效果如图 8-15 所示。

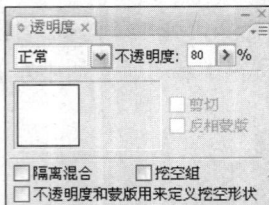

图 8-13 图 8-14 图 8-15

步骤 6 选择"椭圆"工具 ，绘制一个椭圆形，填充为黑色，并设置描边色为无，效果如图 8-16 所示。选择"窗口 > 画笔库 > 箭头_标准"命令，弹出"箭头_标准"控制面板，选择需要的画笔，如图 8-17 所示，将其拖曳到页面中，按 Shift+Ctrl+G 组合键，取消画笔的编组，效果如图 8-18 所示。

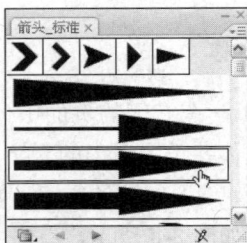

图 8-16 图 8-17 图 8-18

步骤 7 按 Ctrl+Y 组合键，进入轮廓视图状态，如图 8-19 所示。选择"选择"工具 ，选取不需要的边框，按 Delete 键将其删除，效果如图 8-20 所示。按 Ctrl+Y 组合键，进入预览视图状态，如图 8-21 所示。

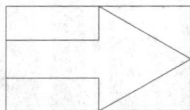

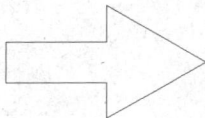

图 8-19 图 8-20 图 8-21

步骤 8 选择"直接选择"工具 ▷，用圈选的方法将所需要的节点同时选取，如图 8-22 所示，拖曳到适当的位置，松开鼠标，效果如图 8-23 所示。

图 8-22　　　　　　　　　　　　　　　图 8-23

步骤 9 选择"选择"工具 ▷，拖曳画笔到适当的位置并调整其大小，如图 8-24 所示。设置画笔填充色的 C、M、Y、K 值分别为 80、100、55、19，填充颜色，效果如图 8-25 所示。

图 8-24　　　　　　　　　　　　　　　图 8-25

步骤 10 选择"文字"工具 T，在页面中输入需要的文字。选择"选择"工具 ▷，在属性栏中选择合适的字体并设置适当的文字大小，如图 8-26 所示。选择"椭圆"工具 ○，按住 Shift 键的同时，绘制一个圆形，如图 8-27 所示。设置图形填充色的 C、M、Y、K 值分别为 13、64、95、0，填充图形，并设置图形描边色为无，效果如图 8-28 所示。

步骤 11 选择"文字"工具 T，在圆形中输入需要的文字。选择"选择"工具 ▷，在属性栏中选择合适的字体并设置适当的文字大小，填充为白色，效果如图 8-29 所示。

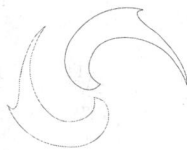
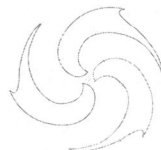

图 8-26　　　　　　　　　图 8-27　　　　　　　　图 8-28　　　图 8-29

3. 绘制标志及公司地址

步骤 1 选择"钢笔"工具 ◊，绘制一个图形，如图 8-30 所示。选择"旋转"工具 ○，按住 Shift+Alt 组合键，将中心点拖曳到图形下方适当的位置，如图 8-31 所示。弹出"旋转"对话框，选项的设置如图 8-32 所示，单击"复制"按钮，效果如图 8-33 所示。按 Ctrl+D 组合键，再复制出一个图形，效果如图 8-34 所示。

图 8-30　　　　图 8-31　　　　　　　图 8-32　　　　　　　图 8-33　　　　图 8-34

步骤 2 选择"选择"工具 ▷，选取需要的图形，如图 8-35 所示。设置图形填充色的 C、M、Y、K 值分别为 89、47、100、11，填充图形，并设置描边色为无，如图 8-36 所示。用相同的方法分别选取需要的图形，分别设置图形填充色的 C、M、Y、K 值分别为 95、76、22、0 和 34、100、100、2，填充图形，并设置描边色为无，效果如图 8-37 所示。

图 8-35 图 8-36 图 8-37

步骤 **3** 选择"选择"工具 ，用圈选的方法将需要的图形同时选取，按 Ctrl+G 组合键，将其编组，如图 8-38 所示。选择"选择"工具 ，拖曳图形到适当的位置并调整其大小，效果如图 8-39 所示。

图 8-38 图 8-39

步骤 **4** 选择"文字"工具 ，在页面中输入需要的文字。选择"选择"工具 ，在属性栏中选择合适的字体并设置适当的文字大小，如图 8-40 所示。

步骤 **5** 选择"直线段"工具 ，按住 Shift 键的同时，水平拖曳出一条直线，在属性栏中的"描边粗细"文本框中输入 1，效果如图 8-41 所示。

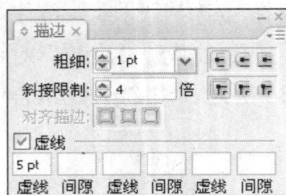

图 8-40 图 8-41

步骤 **6** 在"描边"控制面板中，勾选"虚线"复选项，数值被激活，其他选项的设置如图 8-42 所示，效果如图 8-43 所示。

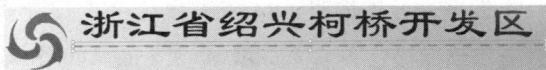

图 8-42 图 8-43

步骤 **7** 选择"文字"工具 ，在页面中输入需要的文字。选择"选择"工具 ，在属性栏中选择合适的字体并设置适当的文字大小，效果如图 8-44 所示。

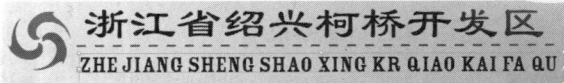

图 8-44

步骤 **8** 选择"选择"工具 ，将文字和虚线同时选取，如图 8-45 所示。选择"窗口＞对齐"命令，弹出"对齐"控制面板，单击"水平居中对齐"按钮 ，如图 8-46 所示，效果如图 8-47 所示。

图 8-45　　　　　　　　　　图 8-46　　　　　　　　　　图 8-47

4. 添加标志和通信信息

步骤 1 选择"直排文字"工具 ⅠＴ，在左侧的页面中输入需要的文字。选择"选择"工具 ，在属性栏中选择合适的字体并设置适当的文字大小，效果如图 8-48 所示。

步骤 2 按 Ctrl+T 组合键，弹出"字符"控制面板，在"调整所选字符的字符间距调整" 文本框中输入 80，如图 8-49 所示，按 Enter 键，效果如图 8-50 所示。

步骤 3 设置文字填充色的 C、M、Y、K 值分别为 100、98、25、0，填充文字，效果如图 8-51 所示。在"透明度"控制面板中进行参数设置，如图 8-52 所示，效果如图 8-53 所示。

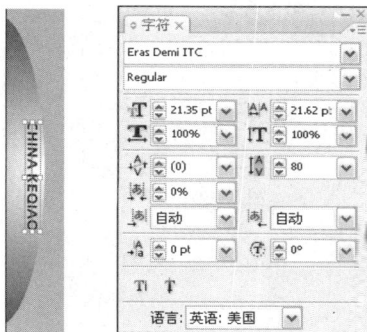

图 8-48　　　　图 8-49　　　　图 8-50　　图 8-51　　　　图 8-52　　　　图 8-53

步骤 4 选择"选择"工具 ，选取右侧页面中的标志图形，按住 Alt 键的同时，拖曳鼠标左键，复制一个图形，效果如图 8-54 所示。

步骤 5 选择"文字"工具 Ｔ，在页面中输入需要的文字。选择"选择"工具 ，在属性栏中选择合适的字体并设置适当的文字大小，效果如图 8-55 所示。

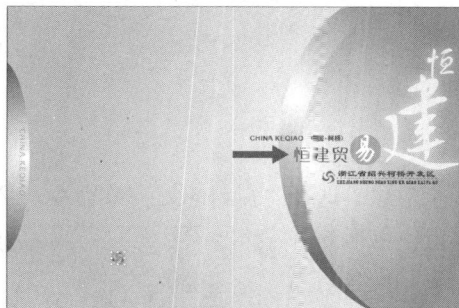

图 8-54

图 8-55

步骤 6 选择"选择"工具 ，选取右侧页面中标志图形下方的虚线，按住 Alt 键的同时，将其拖曳到适当的位置，复制一条虚线，效果如图 8-56 所示。

步骤 7 选择"文字"工具 Ｔ，在页面中输入需要的文字。选择"选择"工具 ，在属性栏中选择合适的字体并设置适当的文字大小，效果如图 8-57 所示。在属性栏中单击"居中对齐" 按钮，文字效果如图 8-58 所示。

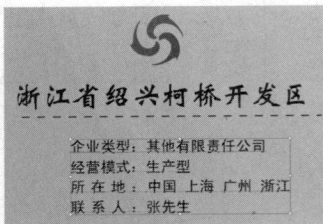

图 8-56　　　　　　　　　图 8-57　　　　　　　　　图 8-58

步骤 8　选择"选择"工具，将文字和虚线同时选取，如图 8-59 所示。选择"窗口 > 对齐" 命令，弹出"对齐"控制面板，单击"水平居中对齐"按钮，如图 8-60 所示，效果如图 8-61 所示。宣传册封面设计制作完成，效果如图 8-62 所示。

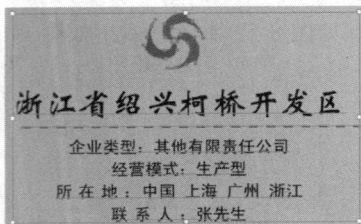

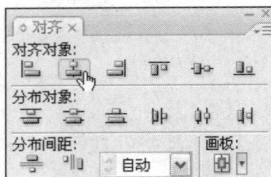

图 8-59　　　　　　　　　　　　　　　图 8-60

图 8-61　　　　　　　　　　　　　　　图 8-62

8.1.4 【相关工具】

1. 对齐对象

应用"对齐"控制面板可以快速有效地对齐多个对象。选择"窗口 > 对齐"命令，弹出"对齐"控制面板，如图 8-63 所示。"对齐对象"选项组中包括 6 种对齐命令按钮：水平左对齐按钮、水平居中对齐按钮、水平右对齐按钮、垂直顶对齐按钮、垂直居中对齐按钮和垂直底对齐按钮。

图 8-63

◎ **水平左对齐**

水平左对齐是指以最左边对象的左边边线为基准线，选取对象的左边缘都和这条线对齐（最左边对象的位置不变）。

选取要对齐的对象，如图 8-64 所示。单击"对齐"控制面板中的"水平左对齐"按钮，所有选取的对象将都向左对齐，如图 8-65 所示。

◎ 水平居中对齐

水平居中对齐是指以选定对象的中点为基准点对齐，所有对象在垂直方向的位置保持不变（多个对象进行水平居中对齐时，以中间对象的中点为基准点进行对齐，中间对象的位置不变）。

选取要对齐的对象，如图 8-66 所示。单击"对齐"控制面板中的"水平居中对齐"按钮，所有选取的对象都将水平居中对齐，如图 8-67 所示。

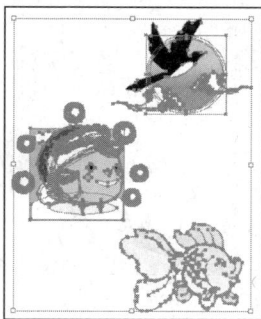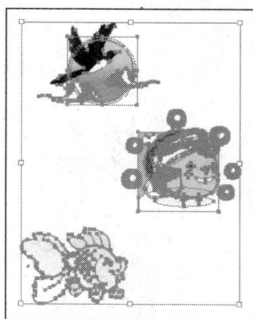

| 图 8-64 | 图 8-65 | 图 8-66 | 图 8-67 |

◎ 水平右对齐

水平右对齐是指以最右边对象的右边边线为基准线，选取对象的右边缘都和这条线对齐（最右边对象的位置不变）。

选取要对齐的对象，如图 8-68 所示。单击"对齐"控制面板中的"水平右对齐"按钮，所有选取的对象都将水平向右对齐，如图 8-69 所示。

◎ 垂直顶对齐

垂直顶对齐是指以多个要对齐对象中最上面对象的上边线为基准线，选定对象的上边线都和这条线对齐（最上面对象的位置不变）。

选取要对齐的对象，如图 8-70 所示。单击"对齐"控制面板中的"垂直顶对齐"按钮，所有选取的对象都将向上对齐，如图 8-71 所示。

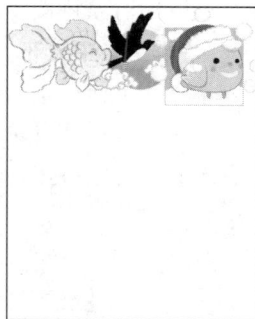

| 图 8-68 | 图 8-69 | 图 8-70 | 图 8-71 |

◎ 垂直居中对齐

垂直居中对齐是指以多个要对齐对象的中点为基准点进行对齐，所有对象进行垂直移动，水平方向上的位置不变（多个对象进行垂直居中对齐时，以中间对象的中点为基准点进行对齐，中间对象的位置不变）。

选取要对齐的对象，如图 8-72 所示。单击"对齐"控制面板中的"垂直居中对齐"按钮，所有选取的对象都将垂直居中对齐，如图 8-73 所示。

◎ **垂直底对齐**

垂直底对齐是指以多个要对齐对象中最下面对象的下边线为基准线，选定对象的下边线都和这条线对齐（最下面对象的位置不变）。

选取要对齐的对象，如图 8-74 所示。单击"对齐"控制面板中的"垂直底对齐"按钮，所有选取的对象都将垂直向底对齐，如图 8-75 所示。

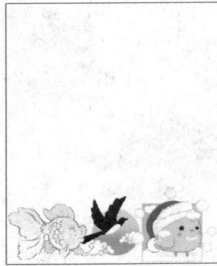

| 图 8-72 | 图 8-73 | 图 8-74 | 图 8-75 |

2. 分布对象

单击"对齐"控制面板右上方的图标，在弹出的菜单中选择"显示选项"命令，弹出"分布间距"选项组，如图 8-76 所示。"分布对象"选项组包括 6 种分布命令按钮：垂直顶分布按钮、垂直居中分布按钮、垂直底分布按钮、水平左分布按钮、水平居中分布按钮和水平右分布按钮。

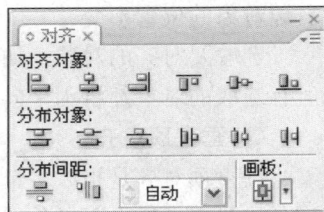

图 8-76

◎ **垂直顶分布**

垂直顶分布是指以每个选取对象的上边线为基准线，使对象按相等的间距垂直分布。

选取要分布的对象，如图 8-77 所示。单击"对齐"控制面板中的"垂直顶分布"按钮，所有选取的对象将按各自的上边线，等距离垂直分布，如图 8-78 所示。

◎ **垂直居中分布**

垂直居中分布是指以每个选取对象的中线为基准线，使对象按相等的间距垂直分布。

选取要分布的对象，如图 8-79 所示。单击"对齐"控制面板中的"垂直居中分布"按钮，所有选取的对象将按各自的中线，等距离垂直分布，如图 8-80 所示。

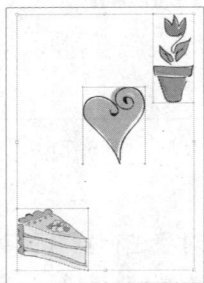
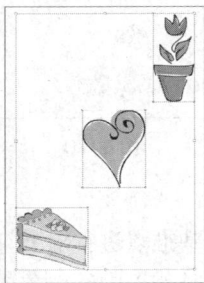
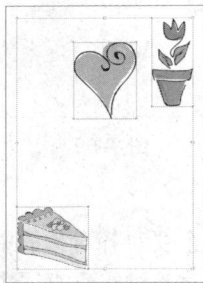
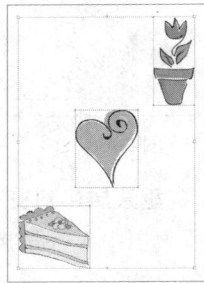

| 图 8-77 | 图 8-78 | 图 8-79 | 图 8-80 |

◎ **垂直底分布**

垂直底分布是指以每个选取对象的下边线为基准线，使对象按相等的间距垂直分布。

选取要分布的对象，如图 8-81 所示。单击"对齐"控制面板中的"垂直底分布"按钮 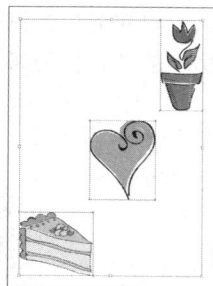，所有选取的对象将按各自的下边线，等距离垂直分布，如图 8-82 所示。

◎ **水平左分布**

水平左分布是指以每个选取对象的左边线为基准线，使对象按相等的间距水平分布。

选取要分布的对象，如图 8-83 所示。单击"对齐"控制面板中的"水平左分布"按钮 ，所有选取的对象将按各自的左边线，等距离水平分布，如图 8-84 所示。

图 8-81	图 8-82	图 8-83	图 8-84

◎ **水平居中分布**

水平居中分布是指以每个选取对象的中线为基准线，使对象按相等的间距水平分布。

选取要分布的对象，如图 8-85 所示。单击"对齐"控制面板中的"水平居中分布"按钮 ，所有选取的对象将按各自的中线，等距离水平分布，如图 8-86 所示。

◎ **水平右分布**

水平右分布是指以每个选取对象的右边线为基准线，使对象按相等的间距水平分布。

选取要分布的对象，如图 8-87 所示。单击"对齐"控制面板中的"水平右分布"按钮 ，所有选取的对象将按各自的右边线，等距离水平分布，如图 8-88 所示。

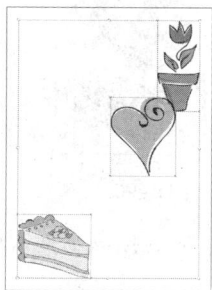 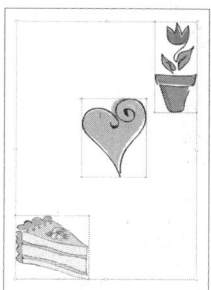 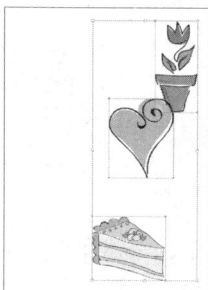 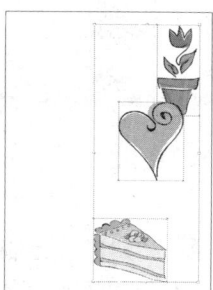

图 8-85	图 8-86	图 8-87	图 8-88

◎ **垂直分布间距**

要精确指定对象间的距离，需选择"对齐"控制面板中的"分布间距"选项组，其中包括"垂直分布间距"按钮 和"水平分布间距"按钮 。

在"对齐"控制面板右下方的数值框中将距离数值设为 10mm，如图 8-89 所示。

选取要对齐的多个对象，如图 8-90 所示。再单击被选取对象中的任意一个对象，该对象将作为其他对象进行分布时的参照。如图 8-91 所示，图例中单击中间房子的图像作为参照对象。

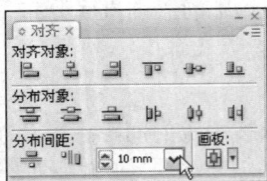

图 8-89 　　　　　　　图 8-90 　　　　　　　图 8-91

单击"对齐"控制面板中的"垂直分布间距"按钮 ，如图 8-92 所示。所有被选取的对象将以房子的图像作为参照按设置的数值等距离垂直分布，效果如图 8-93 所示。

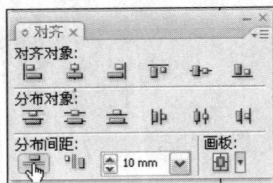

图 8-92 　　　　　　　　　　　图 8-93

◎ 水平分布间距

在"对齐"控制面板右下方的数值框中将距离数值设为 3mm，如图 8-94 所示。

选取要对齐的对象，如图 8-95 所示。再单击被选取对象中的任意一个对象，该对象将作为其他对象进行分布时的参照。如图 8-96 所示，图例中单击下方花朵图像作为参照对象。

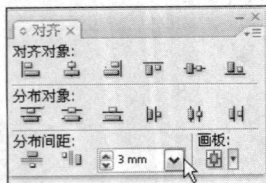
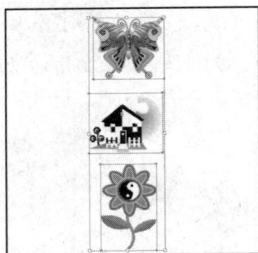

图 8-94 　　　　　　　图 8-95 　　　　　　　图 8-96

单击"对齐"控制面板中的"水平分布间距"按钮 ，如图 8-97 所示。所有被选取的对象将以花朵的图像作为参照按设置的数值等距离水平分布，效果如图 8-98 所示。

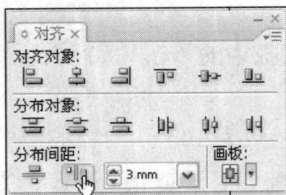

图 8-97 　　　　　　　　　　　图 8-98

3. 用网格对齐对象

选择"视图 > 显示网格"命令（组合键为 Ctrl + "）键，页面上显示出网格，效果如图 8-99 所示。

用鼠标单击中间的鸽子图像并按住鼠标向右拖曳，使鸽子图像的左边线和上方太阳图像的左边线垂直对齐，如图 8-100 所示。用鼠标单击下方的小树图像并按住鼠标向左拖曳，使小树图像的左边线和上方太阳图像的左边线垂直对齐，如图 8-101 所示。全部对齐后的对象如图 8-102 所示。

 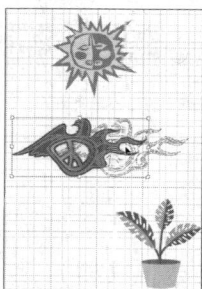  

图 8-99　　　　　　　图 8-100　　　　　　　图 8-101　　　　　　　图 8-102

4. 用辅助线对齐对象

选择"视图 > 显示标尺"命令（组合键为 Ctrl+R），如图 8-103 所示。页面上显示出标尺，效果如图 8-104 所示。

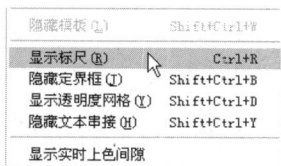

图 8-103

图 8-104

选择"选择"工具，单击页面左侧的标尺，按住鼠标不放并向右拖曳，拖曳出一条垂直的辅助线，将辅助线放在要对齐对象的左边线上，如图 8-105 所示。

用鼠标单击桌子图像并按住鼠标不放向左拖曳，使桌子图像的左边线和房子图像的左边线垂直对齐，如图 8-106 所示。释放鼠标，对齐后的效果如图 8-107 所示。

图 8-105　　　　　　　图 8-106　　　　　　　图 8-107

8.1.5 【实战演练】制作房产宣传册封面

使用圆角矩形工具绘制底图。使用对齐面板对齐图片和矩形。使用画笔库面板添加装饰箭头。使用钢笔工具、直接选择工具和渐变工具绘制标志图形。使用文字工具添加相关文字。(最终效果参看光盘中的"Ch08 > 效果 > 制作房产宣传册封面",如图 8-108 所示。)

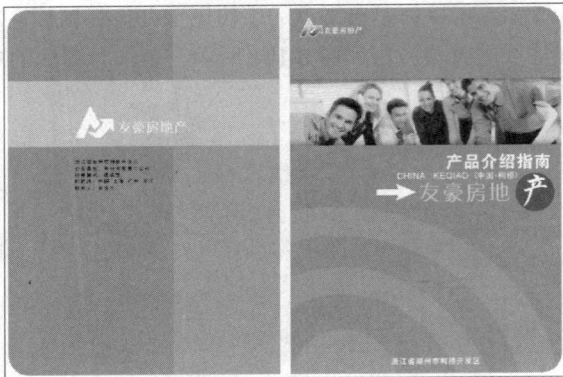

图 8-108

8.2 制作宣传册内页 Ⅰ

8.2.1 【案例分析】

本例是为贸易公司设计的宣传册内页 1。要求页面简洁大方,体现公司的良好氛围和成长空间,并介绍出公司的组织结构和发展数据。

8.2.2 【设计理念】

使用灰色背景显示出公司无限的潜力和不断进取的执着精神。使用黄色做标题和图表的颜色,起到强调的作用并吸引读者的视线,同时黄色也是希望的颜色,代表着公司的未来充满希望。通过文字的编排介绍公司的相关信息。(最终效果参看光盘中的"Ch08 > 效果 > 制作宣传册内页 1",如图 8-109 所示。)

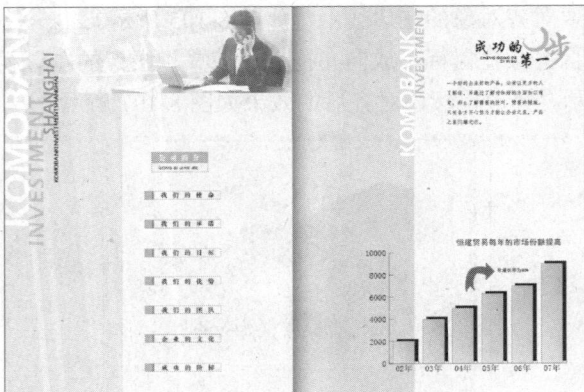

图 8-109

8.2.3 【操作步骤】

1. 添加公司简介名称

步骤　1　按 Ctrl+O 组合键，打开光盘中的"Ch08 >素材 > 制作宣传册内页 1 > 01"文件，如图 8-110 所示。选择"矩形"工具□，在左侧页面中绘制一个矩形，设置描边色的 C、M、Y、K 值分别为 0、50、100、0，填充描边，在属性栏中的"描边粗细"文本框中输入 1，效果如图 8-111 所示。

图 8-110　　　　　　　　　　　　　　　　图 8-111

步骤　2　按 Ctrl+C 组合键，复制图形，按 Ctrl+F 组合键，将复制的图形粘贴在前面。选择"选择"工具 ，选取矩形下方的控制手柄向上拖曳，编辑状态如图 8-112 所示，松开鼠标左键，效果如图 8-113 所示。设置图形真充色的 C、M、Y、K 值分别为 0、50、100、0，填充图形，并设置描边色为无，效果如图 8-114 所示。

图 8-112　　　　　　　　　　图 8-113　　　　　　　　　　图 8-114

步骤　3　选择"文字"工具 T，分别在矩形中输入需要的文字。选择"选择"工具 ，分别在属性栏中选择合适的字体并设置适当的文字大小，效果如图 8-115 所示。选择"选择"工具 ，选择需要的文字，设置文字填充色为白色，效果如图 8-116 所示。

步骤　4　选择"矩形"工具□，绘制一个矩形，设置描边色的 C、M、Y、K 值分别为 0、50、100、0，填充描边，在属性栏中的"描边粗细"文本框中输入 1，效果如图 8-117 所示。

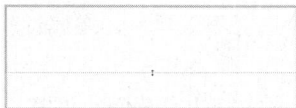

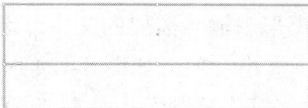

图 8-115　　　　　　　　　　图 8-116　　　　　　　　　　图 8-117

步骤　5　选择"矩形"工具□，绘制一个矩形，如图 8-118 所示。设置图形填充色的 C、M、Y、K 值分别为 0、100、100、0，填充图形，并设置描边色为无，效果如图 8-119 所示。

图 8-118　　　　　　　　　　　　　图 8-119

步骤 6 选择"矩形"工具 ，绘制一个矩形，设置图形填充色的 C、M、Y、K 值分别为 0、50、100、0，填充图形，并设置描边色为无，效果如图 8-120 所示。选择"选择"工具 ，按住 Shift 键的同时，单击需要的图形，将其同时选取，按 Ctrl+G 组合键，将其编组，效果如图 8-121 所示。

图 8-120　　　　　　　　　　　　　图 8-121

步骤 7 按住 Alt+Shift 组合键的同时，垂直向下拖曳鼠标，复制一个图形，如图 8-122 所示，连续按 Ctrl+D 组合键，按需要再制出多个图形，效果如图 8-123 所示。

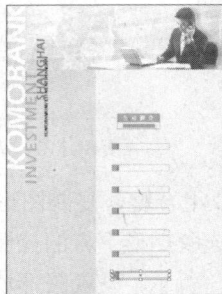

图 8-122　　　　　　　　　　　　　图 8-123

步骤 8 选择"文字"工具 ，在矩形中输入需要的文字。选择"选择"工具 ，在属性栏中选择合适的字体并设置适当的文字大小，效果如图 8-124 所示。

步骤 9 按 Ctrl+T 组合键，弹出"字符"控制面板，在"设置所选字符的字符间距调整" 文本框中输入 840，如图 8-125 所示，按 Enter 键，效果如图 8-126 所示。用相同的方法分别在适当的位置输入需要的文字，并调整文字到适当的间距，效果如图 8-127 所示。

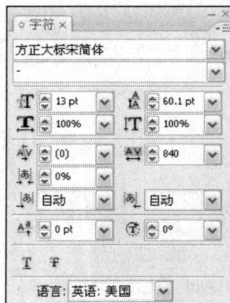

图 8-124　　　　　　　图 8-125　　　　　　　图 8-126　　　　　　　图 8-127

步骤 10 选择"选择"工具 ，按住 Shift 键的同时，单击需要的文字，将其同时选取，如图 8-128 所示，选择"窗口 > 对齐"命令，弹出"对齐"控制面板，单击"水平居中对齐"

按钮，如图 8-129 所示，效果如图 8-130 所示。再单击"垂直底分布"按钮，如图 8-131 所示，效果如图 8-132 所示。

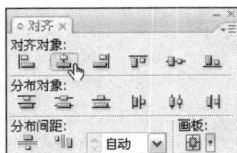

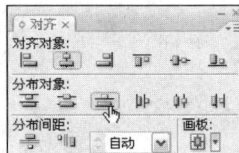

图 8-128　　　　　　图 8-129　　　　　　图 8-130　　　　　　图 8-131　　　　　　图 8-132

2. 制作标题及内容文字

步骤 **1**　选择"文字"工具 T，分别在右侧的页面中输入需要的文字。选择"选择"工具 ，分别在属性栏中选择合适的字体并设置适当的文字大小，如图 8-133 所示。选择"选择"工具 ，选取需要的文字，设置文字填充色的 C、M、Y、K 值分别为 0、0、0、50，填充文字，效果如图 8-134 所示。

步骤 **2**　选择"文字"工具 T，拖曳出一个文本框，如图 8-135 所示，在文本框中输入需要的文字。选择"选择"工具 ，在属性栏中选择合适的字体并设置适当的文字大小，效果如图 8-136 所示。

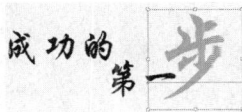
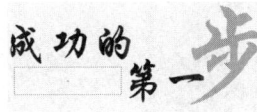
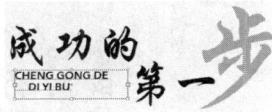

图 8-133　　　　　　图 8-134　　　　　　　图 8-135　　　　　　　图 8-136

步骤 **3**　在属性栏中单击"右对齐"按钮 ，效果如图 8-137 所示。按 Ctrl+T 组合键，弹出"字符"控制面板，在"设置所选字符的字符间距调整" 文本框中输入 60，如图 8-138 所示，按 Enter 键，效果如图 8-139 所示。

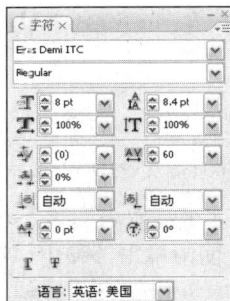

图 8-137　　　　　　　图 8-138　　　　　　　图 8-139

步骤 4 选择"椭圆"工具 ，按住 Shift 键的同时，绘制一个圆形，如图 8-140 所示。选择"剪刀"工具 ，在圆形的右上方单击鼠标左键，如图 8-141 所示，再次在适当的位置单击鼠标，如图 8-142 所示。选择"选择"工具 ，选取要删除的曲线，按 Delete 键，将其删除，效果如图 8-143 所示。

 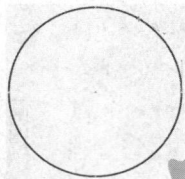 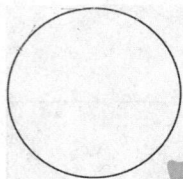 

图 8-140　　　　　　图 8-141　　　　　　图 8-142　　　　　　图 8-143

步骤 5 选择"选择"工具 ，选取半圆形，选择"窗口 > 画笔"命令，弹出"画笔"控制面板，选择合适的样式，如图 8-144 所示，单击鼠标左键，效果如图 8-145 所示。设置描边色的 C、M、Y、K 值分别为 0、56、100、0，填充颜色，效果如图 8-146 所示。

图 8-144　　　　　　　图 8-145　　　　　　　图 8-146

步骤 6 选择"文字"工具 T，拖曳出一个文本框，如图 8-147 所示，在文本框中输入需要的文字。选择"选择"工具 ，在属性栏中选择合适的字体并设置适当的文字大小，效果如图 8-148 所示。

 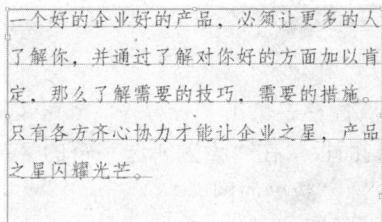

图 8-147　　　　　　　　　　　　　图 8-148

3. 绘制图表

步骤 1 选择"文字"工具 T，在页面中输入需要的文字。选择"选择"工具 ，在属性栏中选择合适的字体并设置适当的文字大小，效果如图 8-149 所示。

步骤 2 选择"柱形图"工具 ，在页面中单击，弹出"图表"对话框，选项的设置如图 8-150 所示，单击"确定"按钮，弹出"图表数据"对话框，表格的数值如图 8-151 所示。输入完成后，单击对话框右上角的"应用"按钮 ，建立柱形图表，效果如图 8-152 所示。

图 8-149

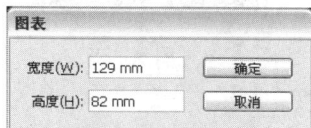

图 8-150

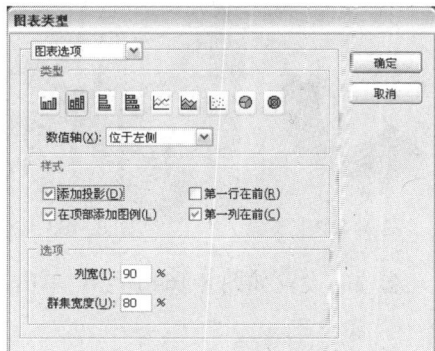

图 8-151

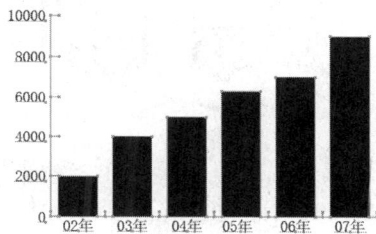

图 8-152

步骤 3 双击"堆积柱形图"工具 ，弹出"图表类型"对话框，在"类型"选项组中，单击
"堆积柱形图"图标，其他选项的设置如图 8-153 所示，单击"确定"按钮，效果如图 8-154
所示。

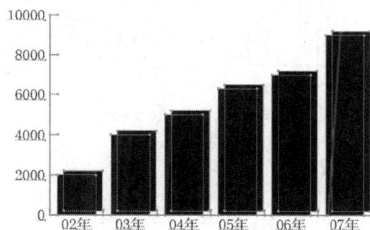

图 8-153

图 8-154

步骤 4 选择"直接选择"工具 ，按住 Shift 键的同时，单击需要的图形，将其同时选取，如
图 8-155 所示。双击"渐变"工具 ，弹出"渐变"控制面板，在色带上设置两个渐变滑块，
分别将渐变滑块的位置设置为 0、100，并设置 C、M、Y、K 的值分别为 0（0、0、100、
0）、100（0、47、100、0），其他选项的设置如图 8-156 所示，图形被填充渐变色，效果如
图 8-157 所示。选择"选择"工具 ，拖曳图表到适当的位置，如图 8-158 所示。

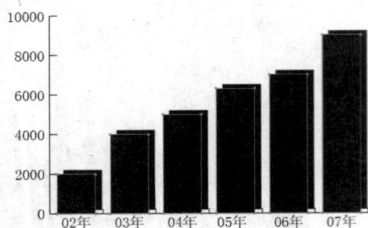

图 8-155

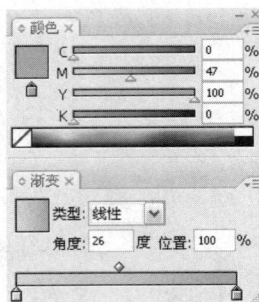

图 8-156

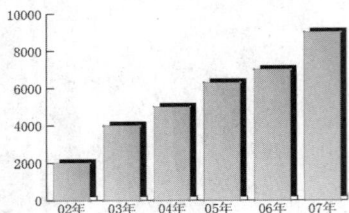

图 8-157

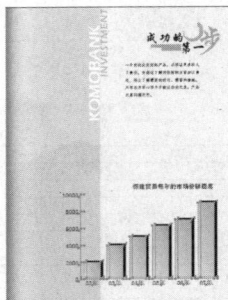

图 8-158

步骤 5 选择"窗口 > 符号库 > 箭头"命令，弹出"箭头"控制面板，选择需要的箭头，如图 8-159 所示，拖曳符号到页面中，效果如图 8-160 所示。单击鼠标右键，在弹出的下拉列表中选择"断开符号链接"命令，效果如图 8-161 所示。

步骤 6 设置符号填充的 C、M、Y、K 值分别为 0、100、100、0，填充颜色，效果如图 8-162 所示。选择"选择"工具 ，拖曳符号到适当的位置，并调整其大小，效果如图 8-163 所示。

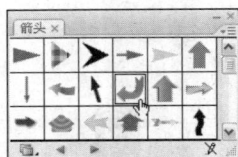

图 8-159

图 8-160

图 8-161

图 8-162

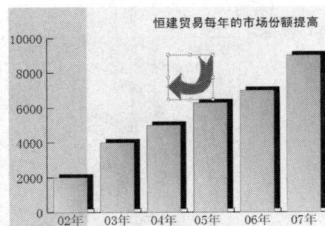

图 8-163

步骤 7 双击"旋转"工具 ，弹出"旋转"对话框，选项的设置如图 8-164 所示，单击"确定"按钮，效果如图 8-165 所示。

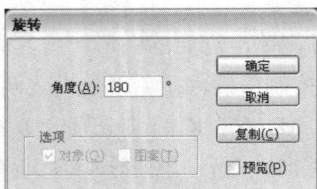

图 8-164

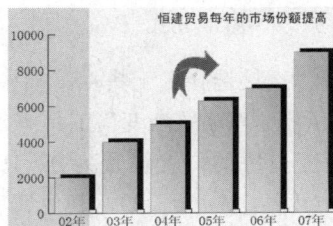

图 8-165

步骤 8 选择 "文字" 工具 T，在页面中输入需要的文字。选择 "选择" 工具 ，在属性栏中选择合适的字体并设置文字大小，效果如图 8-166 所示。宣传册内页 1 制作完成，效果如图 8-167 所示。

图 8-166

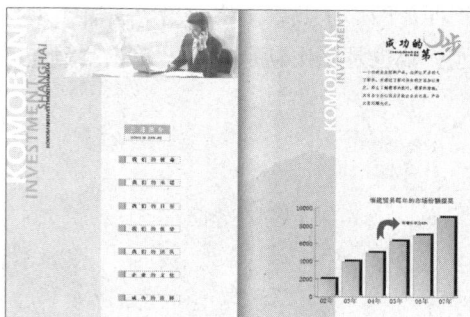

图 8-167

8.2.4 【相关工具】柱形图

柱形图是较为常用的一种图表类型，它使用一些竖排的、高度可变的矩形柱来表示各种数据，矩形的高度与数据大小成正比。

创建柱形图的具体步骤如下。

选择 "柱形图" 工具 ，在页面中拖曳鼠标绘出一个矩形区域来设置图表大小，或在页面上任意位置单击鼠标，将弹出 "图表" 对话框，如图 8-168 所示，在 "宽度" 选项和 "高度" 选项的数值框中输入图表的宽度和高度数值，设定完成后，单击 "确定" 按钮，将自动在页面中建立图表，如图 8-169 所示，同时弹出 "图表数据" 对话框，如图 8-170 所示。

图 8-168

图 8-169

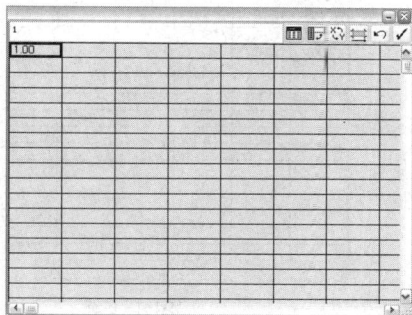

图 8-170

在 "图表数据" 对话框左上方的文本框中可以直接输入各种文本或数值，然后按 Tab 键或 Enter 键确认，文本或数值将会自动添加到 "图表数据" 对话框的单元格中。用鼠标单击可以选取各个单元格，输入要更改的文本或数据值后，再按 Enter 键确认。

在 "图表数据" 对话框右上方有一组按钮。单击 "输入数据" 按钮 ，可以从外部文件中输入数据信息。单击 "换位行与列" 按钮 ，可将横排和竖排的数据相互交换位置。单击 "切换 X/Y 轴" 按钮 ，将调换 x 轴和 y 轴的位置。单击 "单元格样式" 按钮 ，弹出 "单元格样式" 对话框，可以设置单元格的样式。单击 "恢复" 按钮 ，在没有单击应用按钮以前使文本框中的数据恢复到前一个状态。单击 "应用" 按钮 ，确认输入的数值并生成图表。

单击 "单元格样式" 按钮 ，将弹出 "单元格样式" 对话框，如图 8-171 所示。通过该对话框可以设置小数点的位置和数字栏的宽度。可以在"小数位数"和"列宽度"选项的文本框中输入所需要的数值。另外，将鼠标指针放置在各单元格相交处时，将会变成两条竖线和双向箭头的形状𝗧，这时拖曳鼠标可调整数字栏的宽度。

双击"柱形图"工具📊，将弹出"图表类型"对话框，如图 8-172 所示。柱形图表是默认的图表，其他参数也是采用默认设置，单击"确定"按钮。

图 8-171

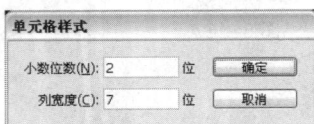

图 8-172

在"图表数据"对话框中的文本表格的第 1 格中单击，删除默认数值 1。按照文本表格的组织方式输入数据。例如，用来比较高中二年级 3 科平均分数情况，如图 8-173 所示。

单击应用按钮✔，生成图表，所输入的数据被应用到图表上，柱形图效果如图 8-174 所示，从图中可以看到，柱形图是对每一行中的数据进行比较。

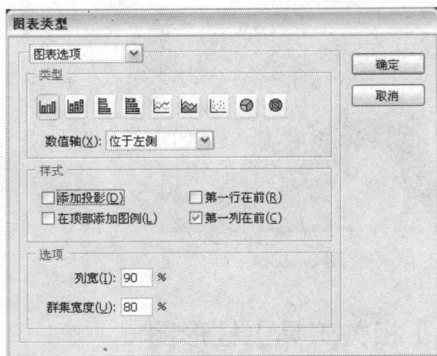

图 8-173

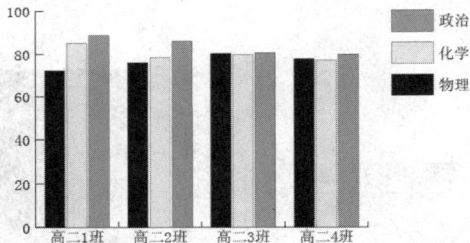

图 8-174

在"图表数据"对话框中单击换位行与列按钮🔲，互换行、列数据得到新的柱形图，效果如图 8-175 所示。在"图表数据"对话框中单击关闭按钮❎将对话框关闭。

当需要对柱形图中的数据进行修改时，先选中要修改的图表，再选择 "对象 > 图表 > 数据"命令，弹出"图表数据"对话框。在对话框中可以修改数据，修改完成后，单击应用按钮✔，修改后的数据将被应用到选定的图表中。

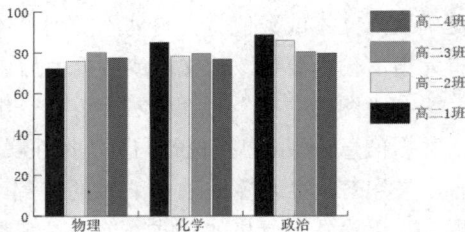

图 8-175

选中图表，用鼠标右键单击页面，在弹出的菜单中选择"类型"命令，弹出"图表类型"对话框，可以在对话框中选择其他的图表类型。

8.2.5 【实战演练】制作房产宣传册内页 1

　　使用矩形工具和文字工具制作公司简介。使用字符面板调整文字行距和字距。使用置入命令和对齐命令编辑图片。使用符号库面板和旋转命令添加箭头符号。使用雷达图工具绘制图表。（最终效果参看光盘中的"Ch08 > 效果 > 制作房产宣传册内页 1"，如图 8-176 所示。）

图 8-176

8.3　制作宣传册内页 2

8.3.1 【案例分析】

　　本例是为贸易公司设计的宣传册内页 2。要求通过页面中图片和色彩的编排，能准确地展示公司的成长优势和优秀表现。

8.3.2 【设计理念】

　　使用与宣传册内页 1 相同的灰色背景和布局，使整体设计具有连贯性。通过标题显示页面的主题，使用表格和信息板块巧妙地将版面组织起来，达到既展示数据内容，又活而不散的页面效果。（最终效果参看光盘中的"Ch08 > 效果 > 制作宣传册内页 2"，如图 8-177 所示。）

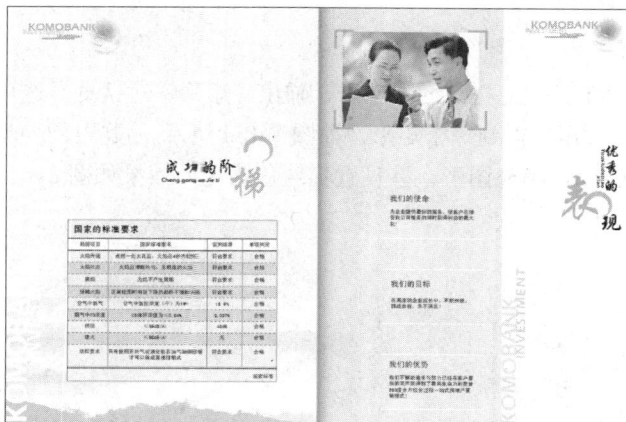

图 8-177

8.3.3 【操作步骤】

1. 添加广告语

步骤 1 按 Ctrl+O 组合键，打开光盘中的"Ch08 >素材 > 制作宣传册内页 2 > 01"文件，如图 8-178 所示。选择"文字"工具 T，在左侧的页面中输入需要的文字。选择"选择"工具 ▶，在属性栏中选择合适的字体并设置适当的文字大小，效果如图 8-179 所示。

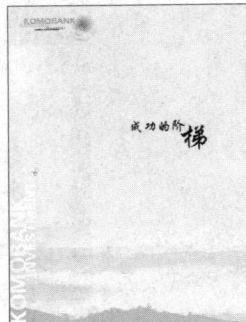

图 8-178   图 8-179

步骤 2 选择"选择"工具 ▶，选取需要的文字，设置文字填充色的 C、M、Y、K 值分别为 0、0、0、50，填充文字，效果如图 8-180 所示。选择"文字"工具 T，在页面中输入需要的文字。选择"选择"工具 ▶，在属性栏中选择合适的字体并设置适当的文字大小，效果如图 8-181 所示。

步骤 3 根据"内页 1"所讲的方法，再绘制一个画笔图形，制作出的效果如图 8-182 所示。

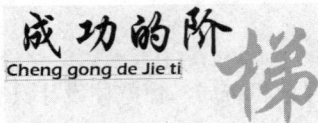

图 8-180   图 8-181   图 8-182

2. 绘制表格

步骤 1 选择"矩形"工具 ▢，在页面中单击，弹出"矩形"对话框，选项的设置如图 8-183 所示，单击"确定"按钮，得到一个矩形，如图 8-184 所示。设置图形填充色的 C、M、Y、K 值分别为 8、0、0、8，填充图形，并设置描边色为无，效果如图 8-185 所示。

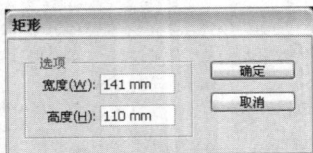
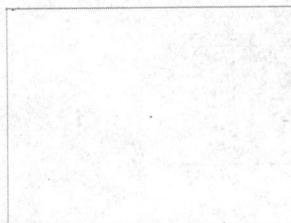

图 8-183   图 8-184   图 8-185

步骤 2 选择"直线段"工具 ✎，按住 Shift 键的同时，水平拖曳出一条直线，在属性栏中的"描边粗细"文本框中输入 2，效果如图 8-186 所示。选择"选择"工具 ▶，按住 Alt 键的同时，向下拖曳鼠标，复制一条直线，如图 8-187 所示，连续按 Ctrl+ D 组合键，按照需要再复制出多条直线，效果如图 8-188 所示。

 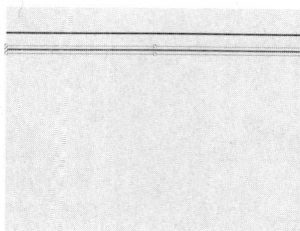 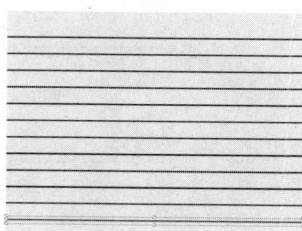

图 8-186   图 8-187   图 8-188

步骤 3 选择"选择"工具 ▶，按住 Shift 键的同时，单击需要的直线，将其同时选取，如图 8-189 所示。选择"窗口 > 描边"命令，弹出"描边"控制面板，勾选"虚线"复选项，数值被激活，其他选项的设置如图 8-190 所示，效果如图 8-191 所示。

 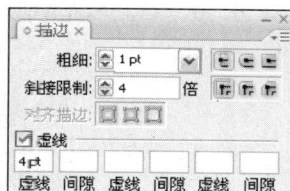 

图 8-189   图 8-190   图 8-191

步骤 4 选择"选择"工具 ▶，选取需要的直线，如图 8-192 所示。拖曳到适当的位置，并在属性栏中的"描边粗细"文本框中输入 0.5，效果如图 8-193 所示。

步骤 5 选择"直线段"工具 ✎，按住 Shift 键的同时，分别绘制 3 条垂线，在属性栏中的"描边粗细"文本框中输入 1，效果如图 8-194 所示。

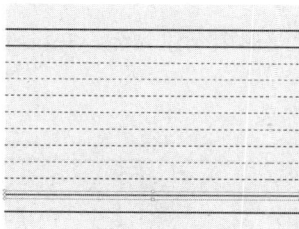  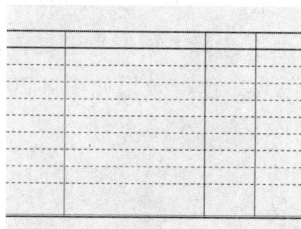

图 8-192   图 8-193   图 8-194

步骤 6 选择"选择"工具 ▶，按住 Shift 键的同时，单击需要的直线，将其同时选取，按 Ctrl+G 组合键，将其编组，效果如图 3-195 所示。

步骤 7 选择"矩形"工具 ▢，在适当的位置绘制一个矩形，填充矩形为白色，并设置描边色为无，效果如图 8-196 所示。

步骤 8 选择"选择"工具 ▶，按住 Alt 键的同时，向下拖曳鼠标，复制一个矩形，如图 8-197 所示。连续按 Ctrl+ D 组合键，按照需要再复制出多个矩形，效果如图 8-198 所示。

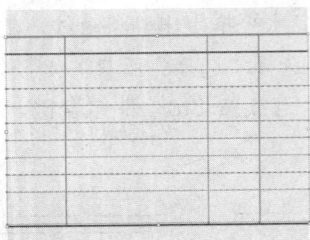

图 8-195

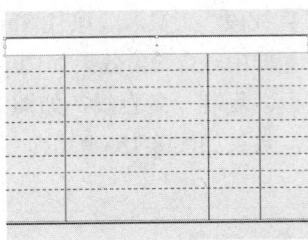

图 8-196

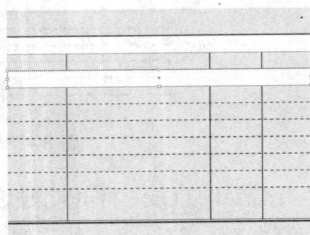

图 8-197

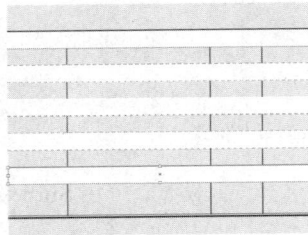

图 8-198

步骤 9 按住 Shift 键的同时，单击需要的图形，将其同时选取，如图 8-199 所示。设置图形填充色的 C、M、Y、K 值分别为 8、0、0、25，填充图形，效果如图 8-200 所示。

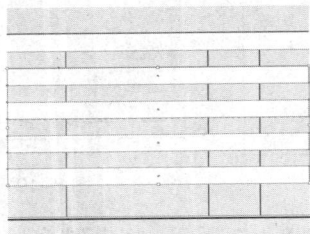

图 8-199

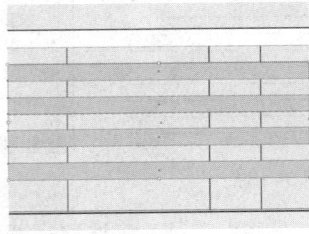

图 8-200

步骤 10 选择"选择"工具，按住 Shift 键的同时，单击需要的图形，将其同时选取，按 Ctrl+G 组合键，将其编组，如图 8-201 所示。按 Ctrl+[组合键，使图形后移一层，效果如图 8-202 所示。

步骤 11 选择"矩形"工具，在适当的位置绘制一个矩形，设置矩形填充色为无，并设置描边色为黑色，效果如图 8-203 所示。

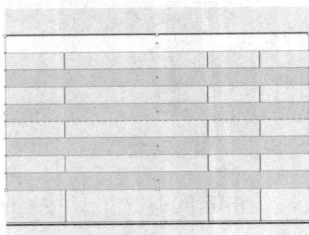

图 8-201

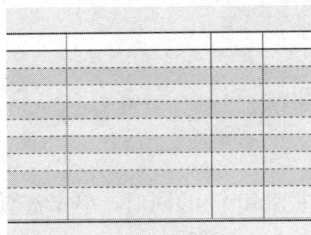

图 8-202

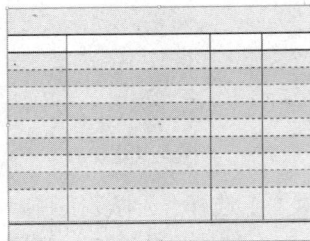

图 8-203

3. 添加内容文字

步骤 1 选择"文字"工具，在矩形中输入需要的文字。选择"选择"工具，在属性栏中选择合适的字体并设置适当的文字大小，效果如图 8-204 所示。

步骤 2　为了便于读者观看，选择"缩放"工具 🔍，将表格图形放大。选择"选择"工具 ▶，单击水平标尺与垂直标尺的交点并拖曳到表格图形的左上方，如图 8-205 所示，松开鼠标，将坐标原点设置在表格的左上方，效果如图 8-206 所示。

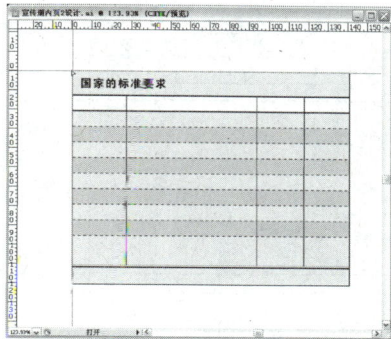

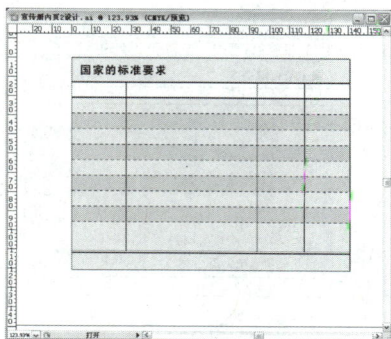

图 8-204　　　　　　　　　图 8-205　　　　　　　　　　图 8-206

步骤 3　按 Ctrl+; 组合键，显示参考线。选择"选择"工具 ▶，从标尺上拖曳出一条垂直参考线，在属性栏中的"变换调板"的"X 值"文本框中输入 14，按 Enter 键，效果如图 8-207 所示。

步骤 4　用相同的方法分别拖曳出 3 条参考线，并在属性栏中"变换调板"的"X 值"文本框中分别输入 61、106、129，效果如图 8-208 所示。

步骤 5　选择"文字"工具 T，在表格图形中拖曳出一个文本框，如图 8-209 所示。

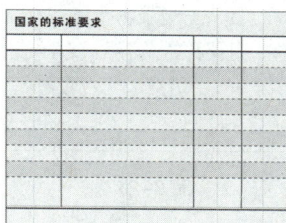

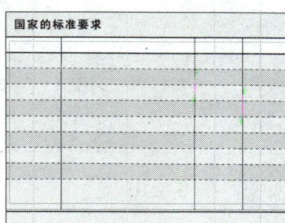

图 8-207　　　　　　　　　图 8-208　　　　　　　　　图 8-209

步骤 6　按 Ctrl+Shift+T 组合键，弹出"制表符"对话框，在定位尺最上面一排的定位标志中，单击"居中对齐制表符"按钮 ↓，如图 8-210 所示。

步骤 7　在定位尺中单击鼠标，并拖曳到第一条参考线上，如图 8-211 所示，松开鼠标，添加定位点，效果如图 8-212 所示。

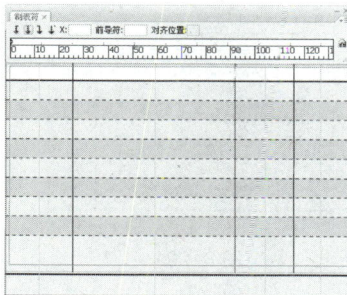

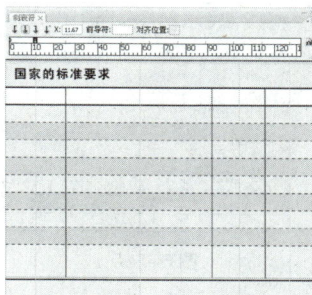

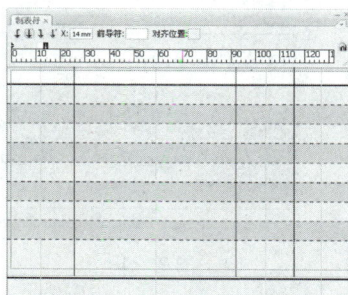

图 8-210　　　　　　　　　图 8-211　　　　　　　　　图 8-212

步骤 8 用相同的方法分别在定位尺中单击鼠标，并分别拖曳鼠标到各个参考线上，效果如图 8-213 所示。

步骤 9 按 Tab 键，光标移动到第 1 条参考线上，如图 8-214 所示，输入需要的文字。选择"选择"工具，在属性栏中选择合适的字体并设置适当的文字大小，效果如图 8-215 所示。

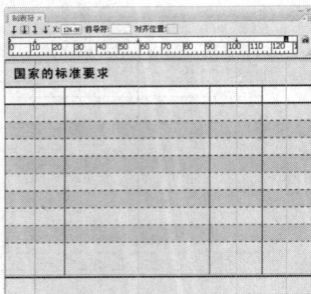
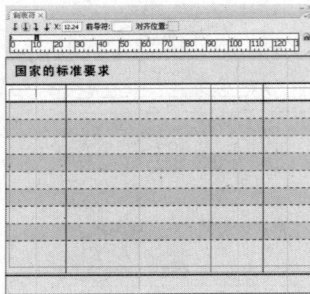
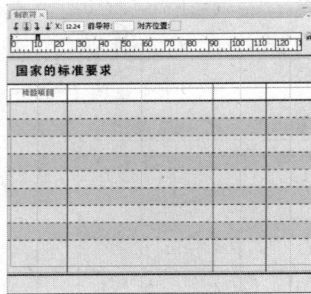

图 8-213　　　　　　　　图 8-214　　　　　　　　图 8-215

步骤 10 按 Tab 键，光标移动到第 2 条参考线上，如图 8-216 所示。输入需要的文字，效果如图 8-217 所示。

步骤 11 再次按 Tab 键，光标移动到第 3 条参考线上，输入需要的文字，效果如图 8-218 所示。

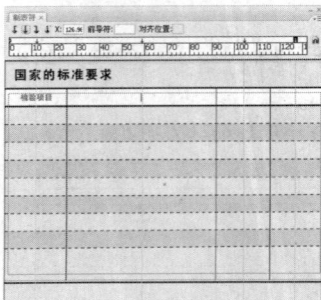

图 8-216　　　　　　　　图 8-217　　　　　　　　图 8-218

步骤 12 用相同的方法按 Tab 键，将光标分别置于适当的位置，并分别输入需要的文字，效果如图 8-219 所示。按 Ctrl+；组合键，隐藏参考线，如图 8-220 所示。

步骤 13 选择"文字"工具，在矩形中输入需要的文字。选择"选择"工具，在属性栏中选择合适的字体并设置适当的文字大小，效果如图 8-221 所示。

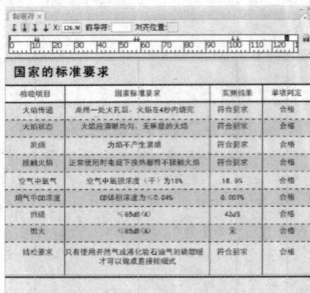

图 8-219　　　　　　　　图 8-220　　　　　　　　图 8-221

步骤 14 选择"选择"工具，用圈选的方法将表格和文字同时选取，按 Ctrl+G 组合键，将其编组，如图 8-222 所示。选择"选择"工具 ，拖曳表格到适当的位置，效果如图 8-223 所示。

图 8-222

图 8-223

4. 置入图片并添加装饰图形

步骤 1 选择"文件 > 置入"命令，弹出"置入"对话框，选择光盘中的"Ch08 > 素材 > 制作宣传册内页 2 > 02"文件，单击"置入"按钮，在属性栏中单击"嵌入"按钮，在页面中弹出对话框，单击"确定"按钮，嵌入图片。拖曳图片到适当的位置并调整其大小，效果如图 8-224 所示。

步骤 2 选择"矩形"工具 ，绘制一个矩形，如图 8-225 所示。选择"选择"工具 ，按住 Alt 键的同时，拖曳鼠标左键，复制一个图形，如图 8-226 所示。

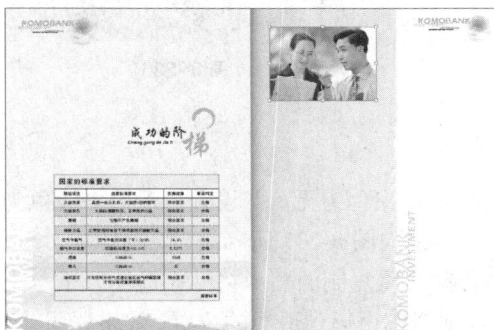

图 8-224

图 8-225

图 8-226

步骤 3 按住 Shift 键的同时，单击需要的图形，将其同时选取，如图 8-227 所示。选择"窗口 > 路径查找器"命令，弹出"路径查找器"控制面板，单击"与形状区域相减"按钮 ，如图 8-228 所示，生成新的对象，再单击"扩展"按钮 扩展 ，效果如图 8-229 所示。

步骤 4 设置图形填充色的 C、M、Y、K 值分别为 50、0、100、0，填充图形，并设置描边色为无，效果如图 8-230 所示。

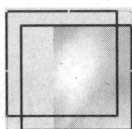

图 8-227

图 8-228

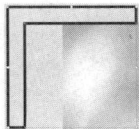

图 8-229

图 8-230

步骤 5 双击"镜像"工具 ，弹出"镜像"对话框，选项的设置如图 8-231 所示，单击"复制"

中等职业教育数字艺术类规划教材

按钮，效果如图 8-232 所示。选择"选择"工具 ，拖曳复制的图形到适当的位置，效果如图 8-233 所示。

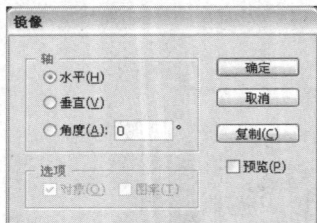
图 8-231

图 8-232

图 8-233

步骤 6 按住 Shift 键的同时，单击需要的图形，将其同时选取，按 Ctrl+G 组合键，将其编组，效果如图 8-234 所示。

步骤 7 双击"镜像"工具 ，弹出"镜像"对话框，选项的设置如图 8-235 所示，单击"复制"按钮，镜像并复制图形。选择"选择"工具 ，拖曳复制的图形到适当的位置，效果如图 8-236 所示。

图 8-234

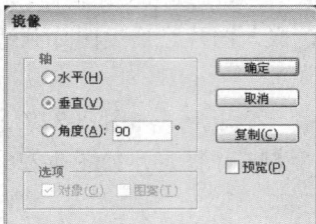
图 8-235

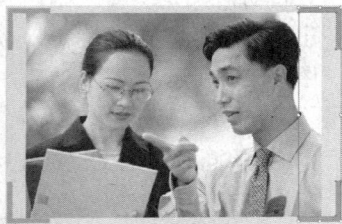
图 8-236

5. 添加说明性文字

步骤 1 选择"矩形"工具 ，绘制一个矩形，设置矩形填充色为无，并设置矩形的描边色为白色，在属性栏中的"描边粗细"文本框中输入 1，效果如图 8-237 所示。

步骤 2 按 Ctrl+C 组合键，复制图形，按 Ctrl+F 组合键，将复制的图形粘贴在前面，重复上述操作，原位复制两个图形。选择"选择"工具 ，分别拖曳矩形到适当的位置，效果如图 8-238 所示。

步骤 3 选择"文字"工具 ，拖曳出一个文本框，如图 8-239 所示，在文本框中输入需要的文字。选择"选择"工具 ，在属性栏中选择合适的字体并设置适当的文字大小，效果如图 8-240 所示。

图 8-237

图 8-238

图 8-239

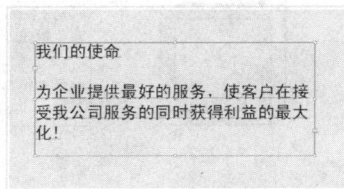
图 8-240

步骤 4 选择"文字"工具 T.，选取需要的文字，如图 8-241 所示，选择"选择"工具 ▶.，在属性栏中设置适当的文字大小，效果如图 8-242 所示。用相同的方法分别在另外两个矩形中拖曳出文本框，并输入需要的文字，效果如图 8-243 所示。

图 8-241　　　　　　图 8-242　　　　　　图 8-243

步骤 5 选择"选择"工具 ▶.，按住 Shift 键的同时，单击需要的文字和图形，将其同时选取，如图 8-244 所示。选择"窗口 > 对齐"命令，弹出"对齐"控制面板，单击"水平居中对齐"按钮 ♣，如图 8-245 所示，效果如图 8-246 所示。

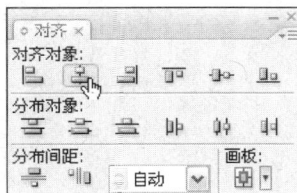
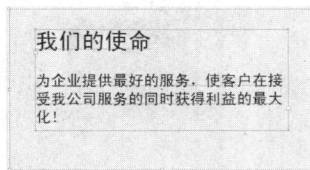

图 8-244　　　　　　图 8-245　　　　　　图 8-246

步骤 6 再次单击"垂直居中对齐"按钮 ♣，如图 8-247 所示。按 Ctrl+G 组合键，将其编组，效果如图 8-248 所示。用相同的方法分别对齐另外两组矩形和文字，并将其编组，效果如图 8-249 所示。

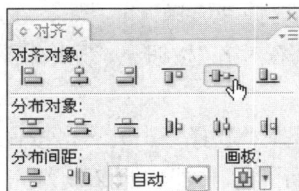
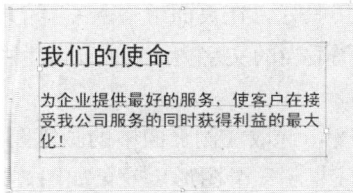
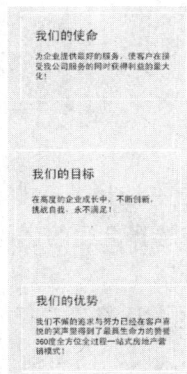

图 8-247　　　　　　图 8-248　　　　　　图 8-249

步骤 7 选择"选择"工具，按住 Shift 键的同时，单击编组文字，如图 8-250 所示。在"对齐"控制面板中，单击"水平居中对齐"按钮和"垂直居中分布"按钮，效果如图 8-251 所示。

图 8-250

图 8-251

6. 添加宣传语

步骤 1 选择"直排文字"工具，分别在页面中输入需要的文字。选择"选择"工具，分别在属性栏中选择合适的字体并设置适当的文字大小，效果如图 8-252 所示。

步骤 2 选择"选择"工具，选取需要的文字，设置文字填充色的 C、M、Y、K 值分别为 0、0、0、50，填充文字，效果如图 8-253 所示。

图 8-252

图 8-253

步骤 3 选择"直排文字"工具，在页面中输入需要的文字。选择"选择"工具，在属性栏中选择合适的字体并设置适当的文字大小，单击属性栏中的"右对齐"按钮，效果如图 8-254 所示。

步骤 4 选择"选择"工具，选取左侧页面中的画笔图形。选择"选择"工具，按住 Alt 键的同时，向右拖曳鼠标，复制一个图形，效果如图 8-255 所示。宣传册内页 2 制作完成，效果如图 8-256 所示。

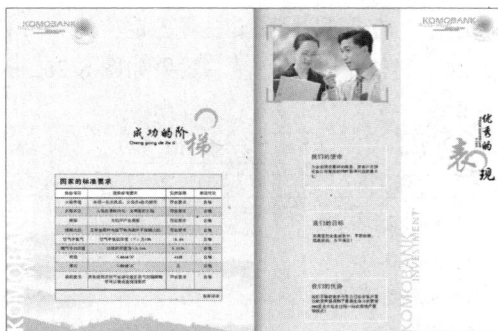

图 8-254　　　　图 8-255　　　　　　　　　图 8-256

8.3.4 【相关工具】制表符

选择"选择"工具，选取需要的文本框，如图 8-257 所示。选择"窗口 > 文字 > 制表符"命令，或按 Ctrl+Shift+T 组合键，弹出"制表符"面板，如图 8-258 所示。

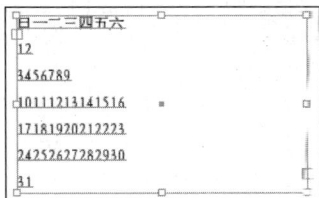
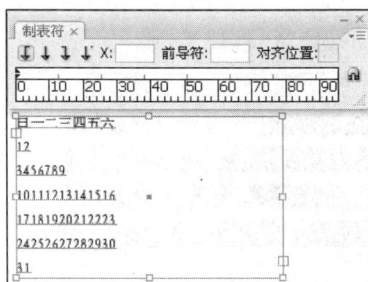

图 8-257　　　　　　　　　　　　　图 8-258

◎ 设置制表符

在"制表符"面板的上方有 4 个制表符，分别是"左对齐制表符"按钮、"居中对齐制作符"按钮、"右对齐制表符"按钮和"小数点对齐制表符"按钮，单击需要的按钮，再在标尺上单击，可添加需要的制作符。

单击"居中对齐制作符"按钮，在标尺上每隔 10mm 单击一次，如图 8-259 所示，可以在上方的"X"文本框中精确设置距离。将光标插入文本中，按 Tab 键，调整文本的位置，效果如图 8-260 所示。

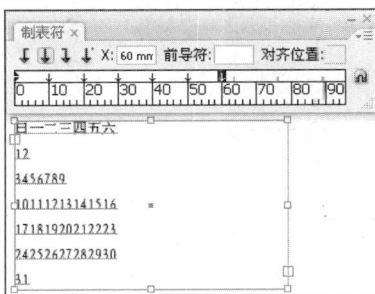
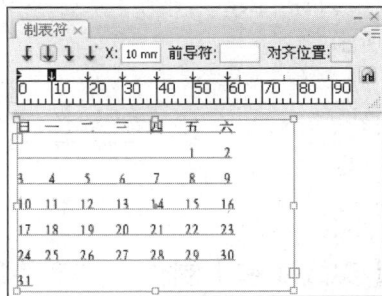

图 8-259　　　　　　　　　　　　　图 8-260

◎ 添加前导符

选择"选择"工具，选取需要的文本框。按 Ctrl+Shift+T 组合键，弹出"制表符"面板，如图 8-261 所示。在标尺上添加左对齐定位符，并在"前导符"文本框中输入前导符，在段落文本中按 Tab 键，调整文本的位置，效果如图 8-262 所示。

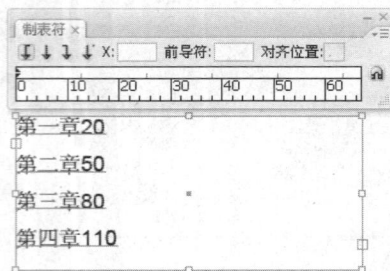

图 8-261　　　　　　　　　　　　图 8-262

◎ 更改制表符

将段落文本同时选取，在标尺上选取已有的制表符，如图 8-263 所示。单击标尺上方的需要的制表符（这里单击右对齐制作符），更改制表符的对齐方式，如图 8-264 所示。

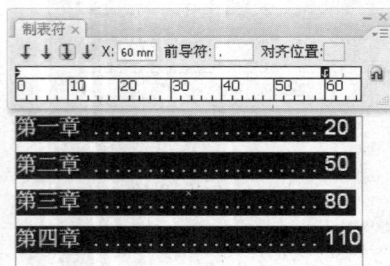
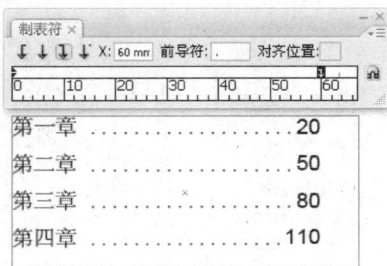

图 8-263　　　　　　　　　　　　图 8-264

◎ 删除制表符

在标尺上单击选取一个已有的制表符，如图 8-265 所示。直接拖离定位标尺或单击右上方的▼≡按钮，在弹出的菜单中选择"删除制表符"命令，删除选取的制表符，如图 8-266 所示。

图 8-265　　　　　　　　　　　　图 8-266

单击右上方的▼≡按钮，在弹出的菜单中选择"清除全部制表符"命令，恢复默认的制表符，如图 8-267 所示。

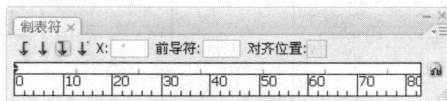

图 8-267

8.3.5 【实战演练】制作房产宣传册内页 2

使用置入命令和不透明度面板制作背景图片的合成效果。使用字符面板调整文字的间距和行距。使用字形面板插入需要的字形。使用直线工具、制表符面板和文字工具制作表格。（最终效果参看光盘中的"Ch08 > 效果 > 制作房产宣传册内页 2"，如图 8-268 所示。）

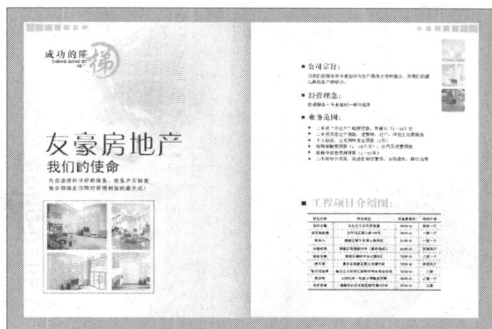

图 8-268

8.4 综合演练——制作汽车宣传册封面

使用置入命令置入背景图片。使用钢笔工具和文字工具制作标志。使用文字工具输入公司的相关信息。使用对齐面板对齐文字。（最终效果参看光盘中的"Ch08 > 效果 > 制作汽车宣传册封面"，如图 8-269 所示。）

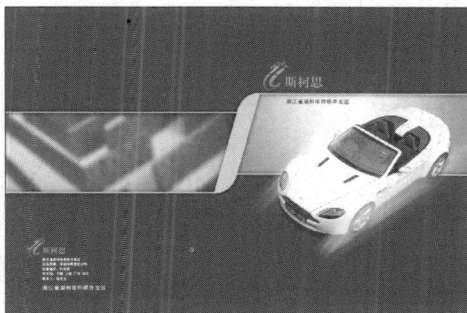

图 8-269

8.5 综合演练——制作汽车宣传册内页

使用矩形工具和文字工具制作页面标题。使用直线工具和描边面板绘制虚线。使用置入命令、矩形工具和创建剪贴蒙版命令编辑宣传性图片。使用矩形工具和直线工具绘制表格。使用文字工具和制表符面板填加表格文字。（最终效果参看光盘中的"Ch08 > 效果 > 制作汽车宣传册内页 1"，如图 8-270 所示。）

图 8-270

第9章 包装设计

包装代表着一个商品的品牌形象。好的包装设计可以让商品在同类产品中脱颖而出，吸引消费者的注意力并引发其购买形为。好的包装设计也可以起到美化商品及传达商品信息的作用，更可以极大地提高商品地价值。本章以多个类别的商品包装为例，讲解包装的设计方法和制作技巧。

课堂学习目标

- 掌握包装的设计思路和过程
- 掌握包装的制作方法和技巧

9.1 制作饼干包装

9.1.1 【案例分析】

饼干是很多人爱吃的零食，除了滋味好之外还能补充人体需要的能量，并拥有不同的形状和口味。本例是为某食品公司制作的产品包装。要求除了体现出食品的口味特色外，还要达到推销产品和刺激消费者购买的目的。

9.1.2 【设计理念】

通过天蓝色的圆和放射状直线形成视觉中心。使用可爱的卡通形象和通过艺术处理的文字表现食品名称和风格特色。使用图片展示产品效果。整体设计简单大方，颜色清爽明快，易使人产生购买欲望。（最终效果参看光盘中的"Ch09 > 效果 > 制作饼干包装"，如图 9-1 所示。）

图 9-1

9.1.3　【操作步骤】

1.　绘制底图圆形

步骤 1 　按 Ctrl+O 组合键，打开光盘中的"Ch09 > 素材 > 制作饼干包装 > 01"文件，如图 9-2 所示。选择"椭圆"工具 ⬭，按住 Shift 键的同时，绘制一个圆形，如图 9-3 所示。

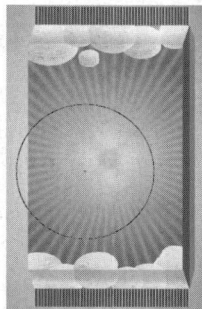

图 9-2　　　　　　　　　　　　　　　图 9-3

步骤 2 　选择"窗口 > 渐变"命令，弹出"渐变"控制面板，在色带上设置 3 个渐变滑块，分别将渐变滑块的位置设为 0、34、100，设置 C、M、Y、K 的值分别为 0（0、0、4、0）、34（45、7、4、0）、100（99、100、23、0），其他选项的设置如图 9-4 所示，图形被填充渐变色，设置图形的描边色为无，效果如图 9-5 所示。

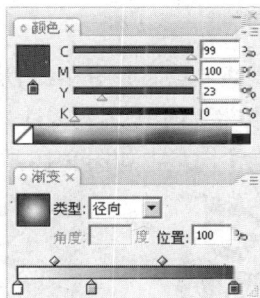
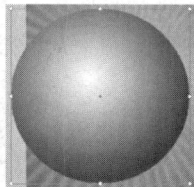

图 9-4　　　　　　　　　　　　　　　图 9-5

步骤 3 　选择"效果 > 风格化 > 外发光"命令，弹出"外发光"对话框，将外发光颜色设为白色，其他选项的设置如图 9-6 所示，单击"确定"按钮，效果如图 9-7 所示。

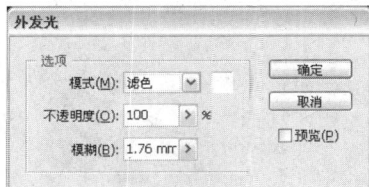

图 9-6　　　　　　　　　　　　　　　图 9-7

步骤 4 　选择"矩形"工具 ▭，在渐变圆形上绘制一个矩形，如图 9-8 所示。选择"选择"工具 ▸，按住 Shift 键的同时，单击渐变圆形，将其同时选取，如图 9-9 所示，按 Ctrl+7 组合键，建立剪切蒙版，效果如图 9-10 所示。

图 9-8

图 9-9

图 9-10

2. 添加并编辑产品名称

步骤 1 选择"文字"工具 T，分别在页面中输入需要的文字，选择"选择"工具 ，在属性栏中选择合适的字体并设置适当的文字大小，分别旋转文字到适当的角度，效果如图 9-11 所示。按住 Shift 键的同时，单击需要的文字，将其同时选取，按 Ctrl+Shift+O 组合键，将文字转换为轮廓，效果如图 9-12 所示。

图 9-11

图 9-12

步骤 2 选择"直接选择"工具 ，选取"福"字需要的节点，如图 9-13 所示，按 Delete 键，将其删除，如图 9-14 所示。用相同的方法再次选取需要的节点，按 Delete 键，将其删除，效果如图 9-15 所示。选择"钢笔"工具 ，绘制一个图形，如图 9-16 所示。

图 9-13

图 9-14

图 9-15

图 9-16

步骤 3 选择"直接选择"工具 ，用圈选的方法选取需要的节点，如图 9-17 所示，按 Delete 键，将其删除，效果如图 9-18 所示。

图 9-17

图 9-18

步骤 4 双击"膨胀"工具 ，弹出"膨胀工具选项"对话框，参数设置如图 9-19 所示，单击"确定"按钮，将鼠标拖曳到"福"字适当的位置，如图 9-20 所示，单击鼠标左键，效果如图 9-21 所示。选择"椭圆"工具 ，绘制一个椭圆形，如图 9-22 所示。

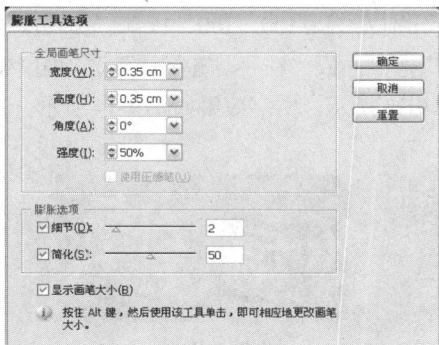

图 9-19　　　　　　　　图 9-20　　　　　图 9-21　　　　　图 9-22

步骤 5　选择"直接选择"工具 ，选取"佳"字，双击"旋转钮曲"工具 ，弹出"旋转扭曲工具选项"对话框，参数设置如图 9-23 所示，单击"确定"按钮，将鼠标拖曳到"佳"字适当的位置，如图 9-24 所示，向右下方拖曳鼠标左键，扭曲效果如图 9-25 所示。

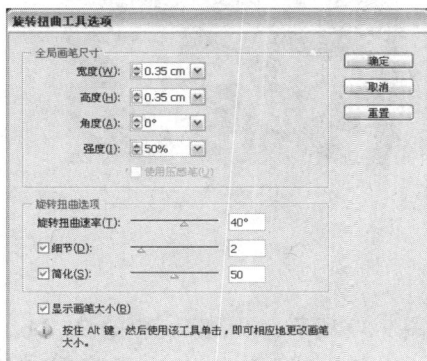

图 9-23　　　　　　　　　　　图 9-24　　　　　　图 9-25

步骤 6　选择"直接选择"工具 ，按住 Shift 键的同时，单击"康"字需要的节点，将其同时选取，如图 9-26 所示，按 Delete 键，将其删除，效果如图 9-27 所示。选择"钢笔"工具 ，绘制一个图形，如图 9-28 所示。

图 9-26　　　　　　　图 9-27　　　　　　　图 9-28

步骤 7　选择"选择"工具 ，按住 Shift 键的同时，单击需要的图形和文字，将其同时选取，如图 9-29 所示，选择"窗口 > 路径查找器"命令，弹出"路径查找器"控制面板，单击"与形状区域相加"按钮 ，如图 9-30 所示，生成新的对象，再单击"扩展"按钮 扩展 ，效果如图 9-31 所示。

图 9-29　　　　　　　图 9-30　　　　　　　图 9-31

步骤 8 填充文字为白色，设置描边色的 C、M、Y、K 值分别为 33、100、100、1，填充描边，如图 9-32 所示。选择"窗口 > 描边"命令，弹出"描边"控制面板，在"对齐描边"选项组中，点选"使描边外侧对齐"按钮，其他选项的设置如图 9-33 所示，文字效果如图 9-34 所示。

图 9-32

图 9-33

图 9-34

步骤 9 按 Ctrl+C 组合键，复制文字，按 Ctrl+F 组合键，将复制的文字粘贴在前面，填充文字为黑色，填充描边色为黑色，如图 9-35 所示。按 Ctrl+[组合键，将其后移一层，调整文字到适当的位置，效果如图 9-36 所示。

图 9-35

图 9-36

3. 添加并编辑广告语

步骤 1 选择"钢笔"工具，绘制一个图形，如图 9-37 所示。设置填充色的 C、M、Y、K 值分别为 3、32、90、0，填充图形，填充描边色为白色，效果如图 9-38 所示。按 Ctrl+C 组合键，复制图形，按 Ctrl+F 组合键，将复制的图形粘贴在前面，填充图形及描边色为黑色。按 Ctrl+[组合键，后移一层，调整图形到适当的位置，效果如图 9-39 所示。

图 9-37

图 9-38

图 9-39

步骤 2 选择"选择"工具，按住 Shift 键的同时，单击需要的图形，将其同时选取，按 Ctrl+G 组合键，将其编组，如图 9-40 所示。选择"选择"工具，选取图形，按住 Alt 键的同时，拖曳鼠标到适当的位置，复制一个图形，效果如图 9-41 所示。

步骤 3 选择"文字"工具，分别在页面中输入需要的文字，选择"选择"工具，分别在属性栏中选择合适的字体并设置适当的文字大小，效果如图 9-42 所示。分别选取文字并旋转其至适当角度，效果如图 9-43 所示。

步骤 4 选取需要的文字，按 Ctrl+T 组合键，弹出"字符"控制面板，将"字符间距调整"选项设置为 80，如图 9-44 所示，文字效果如图 9-45 所示。

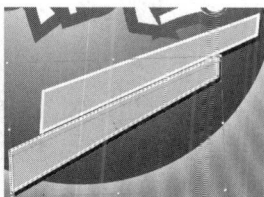

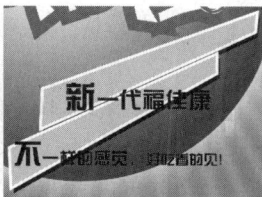

图 9-40   图 9-41   图 9-42   图 9-43

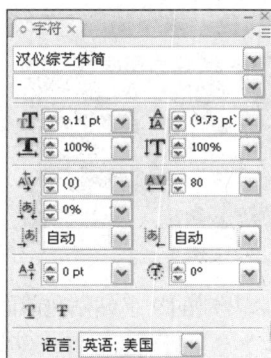

图 9-44   图 9-45

步骤 5 选择"选择"工具 ，选取需要的文字。选择"效果 > 扭曲和变换 > 自由扭曲"命令，弹出"自由扭曲"对话框，在对话框中选取右下方的节点拖曳到适当的位置，如图 9-46 所示，单击"确定"按钮，效果如图 9-47 所示。设置描边色的 C、M、Y、K 值分别为 33、100、100、1，填充文字描边，在属性栏中将"描边粗细"选项设置为 0.25，效果如图 9-48 所示。

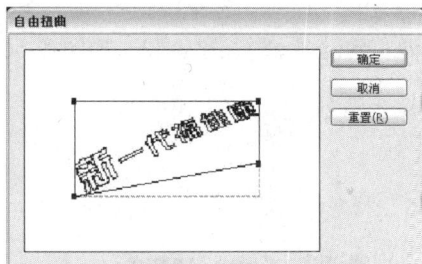

图 9-46   图 9-47   图 9-48

步骤 6 选择"文字"工具 ，分别在页面中输入需要的文字，选择"选择"工具 ，在属性栏中选择合适的字体并设置适当的文字大小，填充文字及描边色为白色，并旋转到适当的角度，如图 9-49 所示。选择"选择"工具，按住 Shift 键的同时，单击需要的文字，将其同时选取，按 Ctrl+[组合键，后移到黑色文字的下方，效果如图 9-50 所示。

图 9-49   图 9-50

4. 添加并编辑其他文字

步骤 1 打开光盘中的"Ch09 > 素材 > 制作饼干包装 > 02"文件，按 Ctrl+A 组合键，将所有图形选取，按 Ctrl+C 组合键，复制图形。选择正在编辑的页面，按 Ctrl+V 组合键，将其粘贴到页面中，拖曳到适当的位置并调整其大小，效果如图 9-51 所示。

步骤 2 选择"文字"工具 T，在页面中输入需要的文字，选择"选择"工具 ，在属性栏中选择合适的字体并设置适当的文字大小，填充文字为白色，效果如图 9-52 所示。

图 9-51

图 9-52

步骤 3 按 Ctrl+C 组合键，复制文字，按 Ctrl+F 组合键，将复制的文字粘贴在前面，填充描边色为黑色，如图 9-53 所示。按 Ctrl+[组合键，后移一层，调整文字到适当的位置，效果如图 9-54 所示。

图 9-53

图 9-54

步骤 4 选择"文字"工具 T，分别在页面中输入需要的文字，选择"选择"工具 ，分别在属性栏中选择合适的字体并设置适当的文字大小，效果如图 9-55 所示。选择"选择"工具 ，选取需要的文字，在"字符"控制面板，将"字符间距调整"选项 设置为-40，如图 9-56 所示，文字效果如图 9-57 所示。

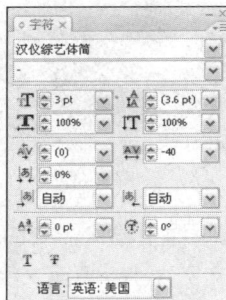

图 9-55

图 9-56

图 9-57

步骤 5 选择"选择"工具 ，按住 Shift 键的同时，单击需要的文字，将其同时选取；按 Ctrl+G 组合键，将其编组。双击"倾斜"工具 ，弹出"倾斜"对话框，选项的设置如图 9-58 所示，单击"确定"按钮，效果如图 9-59 所示。

步骤 6 按 Ctrl+Shift+O 组合键，将文字转换为轮廓，填充文字描边色为白色，在属性栏中将"描边粗细"选项设置为 0.5，如图 9-60 所示。选择"窗口 > 描边"命令，弹出"描边"控制面板，在"对齐描边"选项组中，点选"使描边外侧对齐"按钮 ，其他选项的设置如图 9-61 所示，拖曳文字至适当的位置，效果如图 9-62 所示。

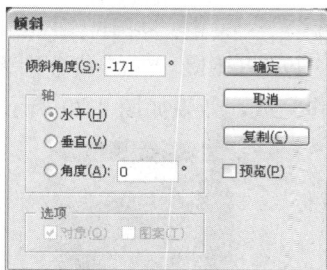

图 9-58   图 9-59

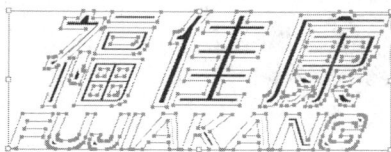

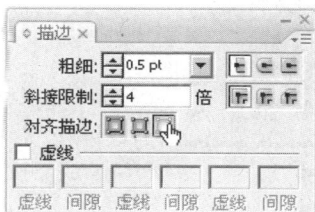

图 9-60   图 9-61   图 9-62

步骤 7 选择"椭圆"工具 ◎，绘制一个椭圆形，设置填充色的 C、M、Y、K 值分别为 33、100、100、1，填充图形，设置描边色为无，效果如图 9-63 所示。选择"效果 > 风格化 > 外发光"命令，弹出"外发光"对话框，设置外发光颜色的 C、M、Y、K 值分别为 1、24、42、0，其他选项的设置如图 9-64 所示，单击"确定"按钮，效果如图 9-65 所示。

图 9-63   图 9-64   图 9-65

步骤 8 选择"文字"工具 T，在页面中输入需要的文字，选择"选择"工具 ▶，在属性栏中选择合适的字体并设置适当的文字大小，填充文字为白色，如图 9-66 所示。用圈选的方法将文字和图形同时选取，按 Ctrl+G 组合键，将其编组，如图 9-67 所示。拖曳编组图形到适当的位置并旋转其角度，效果如图 9-68 所示。

图 9-66   图 9-67   图 9-68

步骤 9 选择"文字"工具 T，在页面中输入需要的文字，选择"选择"工具 ↖，在属性栏中选择合适的字体并设置适当的文字大小，设置填充色的 C、M、Y、K 值分别为 33、100、100、1，填充文字，效果如图 9-69 所示。饼干包装制作完成，效果如图 9-70 所示。

图 9-69

图 9-70

9.1.4 【相关工具】

1. 使用膨胀工具

选择"膨胀"工具 ◉，将鼠标指针放到对象中适当的位置，如图 9-71 所示，在对象上拖曳鼠标，如图 9-72 所示，就可以进行膨胀变形操作，效果如图 9-73 所示。

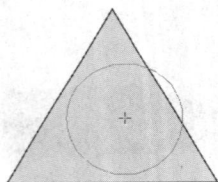

图 9-71

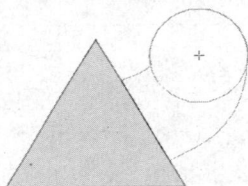

图 9-72

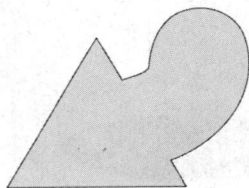

图 9-73

双击"膨胀"工具 ◉，弹出"膨胀工具选项"对话框，如图 9-74 所示。在"膨胀选项"选项组中，勾选"细节"复选项可以控制变形的细节程度，勾选"简化"复选项可以控制变形的简化程度。对话框中其他选项的功能与"变形工具选项"对话框中的选项功能相同。

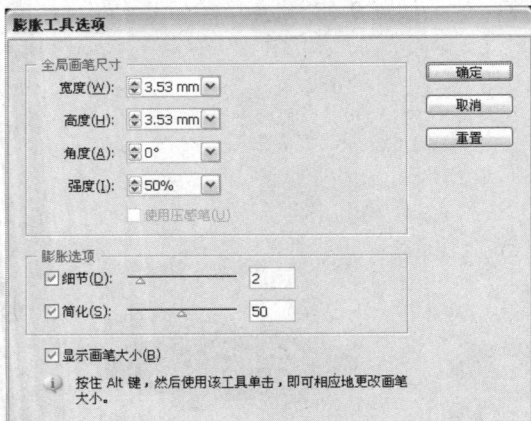

图 9-74

2. 使用旋转扭曲工具

选择"旋转扭曲"工具，将鼠标指针放到对象中适当的位置，如图 9-75 所示，在对象上拖曳鼠标，如图 9-76 所示，就可以进行扭转变形操作，效果如图 9-77 所示。

图 9-75

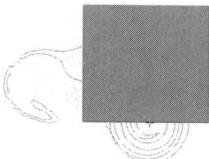
图 9-76

图 9-77

双击"旋转扭曲"工具，弹出"旋转扭曲工具选项"对话框，如图 9-78 所示。在"旋转扭曲选项"选项组中，"旋转扭曲速率"选项可以控制扭转变形的比例。对话框中其他选项的功能与"变形工具选项"对话框中的选项功能相同。

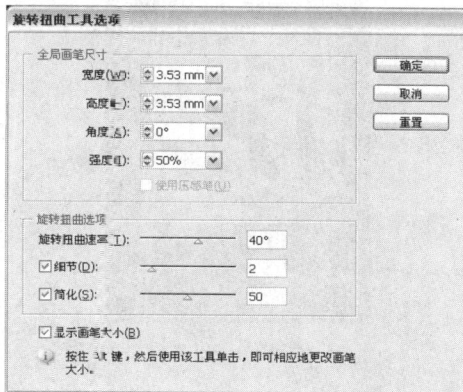
图 9-78

9.1.5 【实战演练】制作茶叶包装

使用建立不透明蒙版命令制作背景图片的合成效果。使用镜像工具制作文字底图花纹。使用投影命令为图片添加投影效果。使用膨胀工具和旋转扭曲工具制作香字的变形效果。使用复制命令制作盒底和侧面图形。(最终效果参看光盘中的"Ch09 > 效果 > 制作茶叶包装"，如图 9-79 所示。)

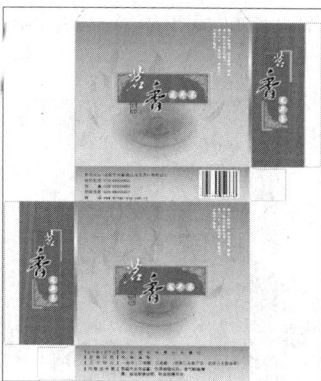
图 9-79

9.2 制作洗衣粉包装

9.2.1 【案例分析】

洗衣粉可以去除衣物上的污垢，是必不可少的家庭用品。本例是为化学品公司制作洗衣粉包装的设计，要求品牌名称突出，画面醒目直观，能显示洗衣粉超强的去污力。

9.2.2 【设计理念】

使用蓝紫色背景和蓝色气泡显示洗衣粉强大的洁净功能。使用黄色图形和精心设计的标题文字突出品牌名称，形成视觉中心点。使用其他文字详细介绍产品的特色。整体设计简洁明快、主题突出，给人清新洁净的感觉。（最终效果参看光盘中的"Ch09 > 效果 > 制作洗衣粉包装"，如图 9-80 所示。）

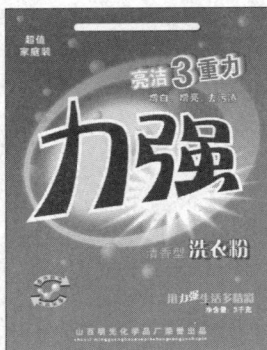

图 9-80

9.2.3 【操作步骤】

1. 添加产品商标

步骤 1 按 Ctrl+O 组合键，打开光盘中的"Ch09 > 素材 > 制作洗衣粉包装 > 01"文件，如图 9-81 所示。选择"文字"工具 T，在适当的位置输入所需要的文字，选择"选择"工具 ，在属性栏中选择合适的字体并设置适当的文字大小，效果如图 9-82 所示。

步骤 2 按 Ctrl+Shift+O 组合键，将文字转换为轮廓。按 Shift+Ctrl+G 组合键，取消文字的组合，并分别调整其位置，如图 9-83 所示。

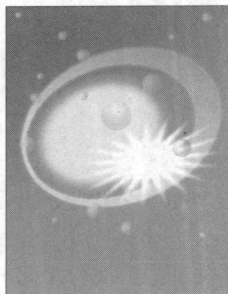

图 9-81

图 9-82

图 9-83

步骤 3 设置文字填充色的 C、M、Y、K 值分别为 86、100、0、41，填充文字，并填充描边色为白色，如图 9-84 所示。选择"窗口 > 描边"命令，弹出"描边"控制面板，在"对齐描边"选项组中，点选"使描边外侧对齐"按钮，其他选项的设置如图 9-85 所示，效果如图 9-86 所示。

图 9-84   图 9-85   图 9-86

步骤 4 选择"选择"工具，按住 Shift 键的同时，单击两个文字，将其同时选取。选择"对象 > 封套扭曲 > 用变形建立"命令，弹出"变形选项"对话框，在样式下拉表中选择"弧形"，其他选项的设置如图 9-87 所示，单击"确定"按钮，效果如图 9-88 所示。

图 9-87   图 9-88

2. 添加并编辑广告语

步骤 1 选择"文字"工具，在适当的位置输入需要的文字。选择"选择"工具，在属性栏中选择合适的字体并设置适当的文字大小，效果如图 9-89 所示。按 Ctrl+Shift+O 组合键，将文字转换为轮廓。按 Shift+Ctrl+G 组合键，取消文字的组合。

步骤 2 分别拖曳文字到适当的位置并调整其大小。选择"选择"工具，按住 Shift 键的同时，单击需要的文字，将其同时选取。设置填充色的 C、M、Y、K 值分别为 0、100、100、0，填充文字，填充描边色为白色，在属性栏中的"描边粗细"文本框中输入 2，效果如图 9-90 所示。

图 9-89   图 9-90

步骤 ③ 选择"选择"工具 ▶，按住 Shift 键的同时，单击需要的文字，将其同时选取，填充为白色，设置描边色的 C、M、Y、K 值分别为 0、34、100、0，填充描边，在属性栏中的"描边粗细"的文本框中输入 2，效果如图 9-91 所示。

步骤 ④ 选择"选择"工具 ▶，按住 Shift 键的同时，将文字全部选取，按 Ctrl+G 组合键，将其编组。选择"选择"工具 ▶，按住 Alt 键的同时，拖曳文字到适当的位置并调整其大小，如图 9-92 所示。

图 9-91

图 9-92

步骤 ⑤ 设置文字填充色的 C、M、Y、K 值分别为 100、100、0、0，填充文字，并设置相同的描边色，按 Ctrl+[组合键，后移一层，效果如图 9-93 所示。选择"混合"工具 ▶，用鼠标单击要混合的文字，双击"混合"工具 ▶，弹出"混合选项"对话框，其他选项的设置如图 9-94 所示，单击"确定"按钮，效果如图 9-95 所示。

图 9-93

图 9-94

图 9-95

步骤 ⑥ 选择"文字"工具 T，在适当的位置输入需要的文字，选择"选择"工具 ▶，在属性栏中选择合适的字体并设置适当的文字大小，效果如图 9-96 所示。填充文字为白色，设置描边色的 C、M、Y、K 值分别为 100、100、0、0，填充描边，如图 9-97 所示。

图 9-96

图 9-97

步骤 ⑦ 选择"选择"工具 ▶，按 Ctrl+Shift+O 组合键，将文字转换为轮廓。选择"窗口 > 描边"命令，弹出"描边"控制面板，在"对齐描边"选项组中，点选"使描边外侧对齐"按钮 ▣，其他选项的设置如图 9-98 所示，效果如图 9-99 所示。

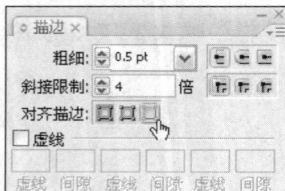

图 9-98

图 9-99

3. 添加装饰图形及宣传文字

步骤 ① 打开光盘中的"Ch09 > 素材 > 制作洗衣粉包装 > 02"文件，按 Ctrl+A 组合键，将所有图形选取，按 Ctrl+C 组合键，复制图形。选择正在编辑的页面，按 Ctrl+V 组合键，将其粘贴到页面中，拖曳到适当的位置并调整其大小，效果如图 9-100 所示。

步骤 2　选择"文字"工具 T，在适当的位置输入需要的文字，选择"选择"工具 ，在属性栏中选择合适的字体并设置适当的文字大小，设置文字填充色的 C、M、Y、K 值分别为 100、100、30、0，填充文字，效果如图 9-101 所示。

图 9-100

图 9-101

步骤 3　选择"选择"工具 ，按住 Alt 键的同时，拖曳鼠标左键到适当的位置，复制一组文字，填充白色，并设置描边色的 C、M、Y、K 值分别为 100、100、13、0，填充描边，如图 9-102 所示。按 Ctrl+Shift+O 组合键，将文字转换为轮廓。

步骤 4　选择"窗口 > 描边"命令，弹出"描边"控制面板，在"对齐描边"选项组中，点选"使描边外侧对齐"按钮 ，其他选项的设置如图 9-103 所示，效果如图 9-104 所示。选择"文字"工具 T，在适当的位置输入所需要的文字，选择"选择"工具 ，在属性栏中选择合适的字体并设置适当的文字大小，效果如图 9-105 所示。

图 9-102

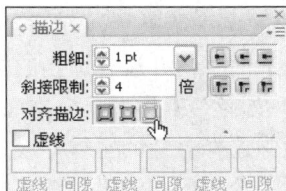

图 9-103

图 9-104

图 9-105

步骤 5　设置填充色的 C、M、Y、K 值分别为 0、0、100、0，填充文字，设置描边色的 C、M、Y、K 值分别为 100、0、100、0，填充描边，如图 9-106 所示。按 Ctrl+Shift+O 组合键，将文字转换为轮廓。选择"窗口 > 描边"命令，弹出"描边"控制面板，在"对齐描边"选项组中，点选"使描边外侧对齐"按钮 ，其他选项的设置如图 9-107 所示，效果如图 9-108 所示。

图 9-106

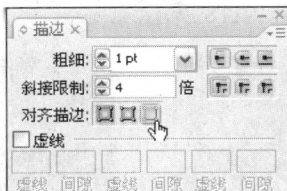

图 9-107

图 9-108

步骤 6 选择"文字"工具 T，在适当的位置输入需要的文字，选择"选择"工具 ▶，在属性栏中选择合适的字体并设置适当的文字大小，设置文字填充色的 C、M、Y、K 值分别为 0、17、100、0，填充文字，效果如图 9-109 所示。选择"文字"工具 T，在文字适当的位置插入光标，按键盘上的空格键，调整文字的间距，如图 9-110 所示。

图 9-109

图 9-110

步骤 7 选择"文字"工具 T，在适当的位置输入所需要的文字，选择"选择"工具 ▶，在属性栏中选择合适的字体并设置适当的文字大小，填充文字为白色并设置描边色为无，如图 9-111 所示。选择"倾斜"工具 ▱，向上拖曳右侧的边框线，文字编辑状态如图 9-112 所示，调整到适当的位置后，松开鼠标，效果如图 9-113 所示。

图 9-111

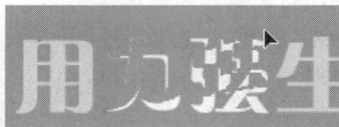

图 9-112

图 9-113

步骤 8 选择"文字"工具 T，在适当的位置输入需要的文字，选择"选择"工具 ▶，在属性栏中选择合适的字体并设置适当的文字大小，填充文字为白色，效果如图 9-114 所示。

步骤 9 选择"文字"工具 T，分别在适当的位置输入需要的文字，选择"选择"工具 ▶，分别在属性栏中选择合适的字体并设置适当的文字大小。按住 Alt+→组合键，调整文字的间距，填充文字适当的颜色，效果如图 9-115 所示。

图 9-114

图 9-115

步骤 10 选择"文字"工具 T，在适当的位置输入需要的文字，选择"选择"工具 ▶，在属性栏中选择合适的字体并设置适当的文字大小，效果如图 9-116 所示。填充文字为白色并设置描边色的 C、M、Y、K 值分别为 0、100、100、0，填充描边，在属性栏中设置适当的描边粗细，如图 9-117 所示。选择"选择"工具 ▶，点选属性栏中的"居中对齐"按钮 ▤，并将其拖曳到适当的位置，效果如图 9-118 所示。

图 9-116

图 9-117

图 9-118

步骤 11 选择"直线段"工具、，按住 Shift 键的同时，绘制一条直线，填充描边色为白色，效果如图 9-119 所示。选择"效果 > 路径 > 位移路径"命令，弹出"位移路径"对话框，选项的设置如图 9-120 所示，单击"确定"按钮，效果如图 9-121 所示。填充图形为白色，并设置描边色为无，效果如图 9-122 所示。

图 9-119

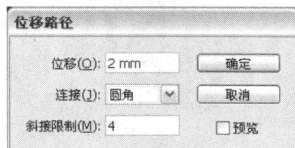

图 9-120

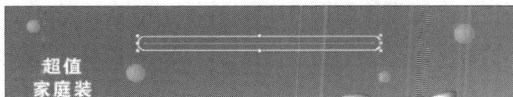

图 9-121

图 9-122

步骤 12 选择"滤镜 > 风格化 > 投影"命令，弹出"投影"对话框，选项的设置如图 9-123 所示，单击"确定"按钮，效果如图 9-124 所示。洗衣粉包装制作完成，效果如图 9-125 所示。

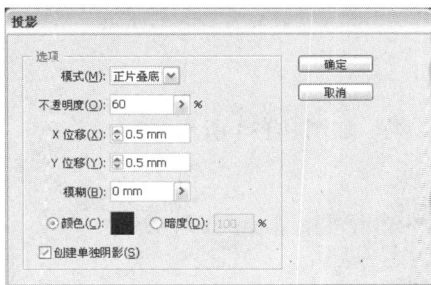

图 9-123

图 9-124

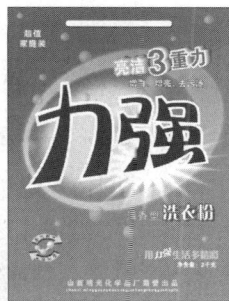

图 9-125

9.2.4 【相关工具】

1. 路径效果

"路径"效果组可以用于改变路径的轮廓，其中包括 3 个命令，如图 9-126 所示。

◎ "位移路径"命令

选择"位移路径"命令可以位移选中的路径。选中要位移的对象，如图 9-127 所示，选择 "效果 > 路径 > 位移路径"命令，在弹出的"位移路径"

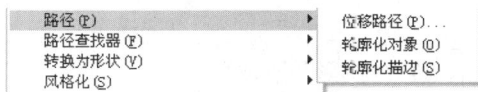

图 9-126

对话框中设置数值，如图 9-128 所示，单击"确定"按钮，对象的效果如图 9-129 所示。

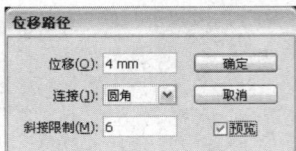

图 9-127　　　　　　　　　图 9-128　　　　　　　　　图 9-129

◎ "轮廓化对象"命令

选择"轮廓化对象"命令可以让用户使用一个相对简化的轮廓进行工作。选中一个对象，如图 9-130 所示，选择"效果 > 路径 > 轮廓化对象"命令，对象的效果如图 9-131 所示。

图 9-130　　　　　　　　　　　　　　　图 9-131

◎ "轮廓化描边"命令

"轮廓化描边"命令应用的对象只能是描边。选中一个对象，如图 9-132 所示，选择"效果 > 路径 > 轮廓化描边"命令，对象的效果如图 9-133 所示。

图 9-132　　　　　　　　　　　　　　　图 9-133

2. "风格化"滤镜

"风格化"滤镜组用于快速地向图像添加具有风格化的效果，如图 9-134 所示。

◎ "圆角"滤镜

"圆角"滤镜用于把选定图形的所有类型的角改变为平滑点，从而使角变得圆滑。选中图形，如图 9-135 所示。选择"滤镜 > 风格化 > 圆角"命令，在弹出的"圆角"对话框中进行设置，如图 9-136 所示，单击"确定"按钮，添加滤镜后的效果如图 9-137 所示。

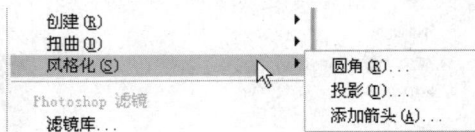

图 9-134

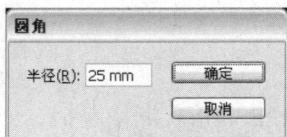

图 9-135　　　　　　　　　图 9-136　　　　　　　　　图 9-137

◎ "投影"滤镜

"投影"滤镜可以为选定的对象添加投影。选中图像，如图 9-138 所示。选择"滤镜 > 风格化 > 投影"命令，在弹出的"投影"对话框中进行设置，如图 9-139 所示，单击"确定"按钮，添加滤镜后的效果如图 9-140 所示。

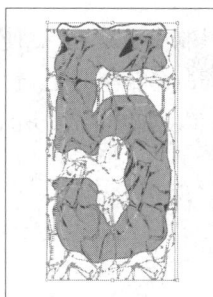
图 9-138

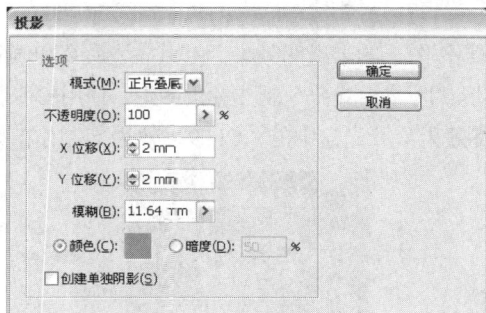
图 9-139

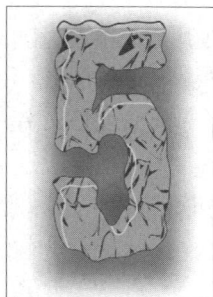
图 9-140

◎ "添加箭头"滤镜

"添加箭头"滤镜可以为选定的路径添加箭头。选择"钢笔"工具 ，在页面上绘制一条开放的路径，如图 9-141 所示。使用"选择"工具 ，选中路径，如图 9-142 所示。

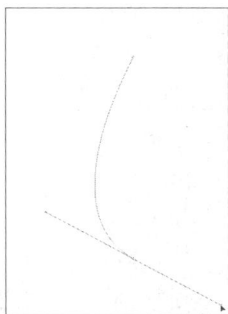
图 9-141

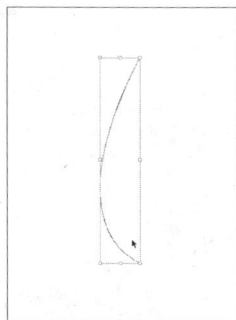
图 9-142

选择"滤镜 > 风格化 > 添加箭头"命令，在弹出的"添加箭头"对话框中进行设置，如图 9-143 所示。在对话框中提供了 27 种箭头样式，如图 9-144 所示。设置完成后，单击"确定"按钮，添加滤镜后的效果如图 9-145 所示。

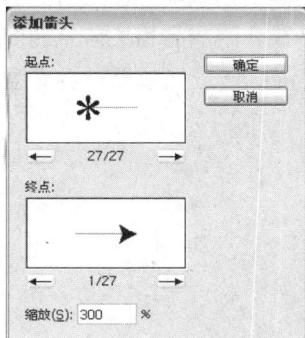
图 9-143

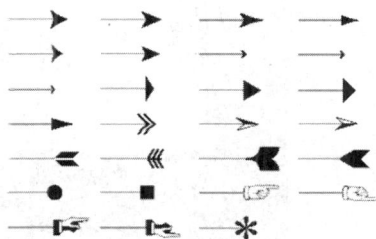
图 9-144

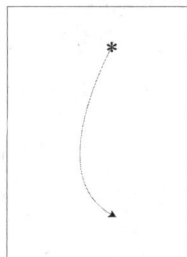
图 9-145

> **提 示** "添加箭头"命令只能为开放路径添加箭头，不能用于闭合路径。当选定多个路径时，每个路径都会添加上箭头。箭头的大小和路径的宽度有关。

9.2.5 【实战演练】制作糖果包装

使用建立半透明蒙版命令制作图形的半透明效果。使用描边命令和倾斜工具制作变形文字。使用画笔面板添加装饰图形。使用与形状区域相减命令制作糖果图形。使用膨胀和收缩命令制作亮光。使用变形命令制作说明性文字。（最终效果参看光盘中的"Ch09 > 效果 > 制作糖果包装"，如图 9-146 所示。）

图 9-146

9.3 制作酒包装

9.3.1 【案例分析】

我国是白酒的故乡，也是白酒文化的发源地，是世界上酿酒最早的国家之一。随着时代的发展，白酒已经不仅仅是一种客观的物质存在，而是一种文化象征。本例是为酒业公司设计酒包装盒。在设计上要求能够体现我国的传统酒文化和公司的酿酒特色。

9.3.2 【设计理念】

通过暗红色背景和黄色的龙形图案烘托出极具我国传统特色的酒文化氛围。使用古典的图形和艺术文字充分展示出白酒的色香兼具、余韵悠远之感。竖排文字在介绍产品相关信息的同时，与整体画面相呼应。整体设计干净明快、主题突出，充满了传统特色。（最终效果参看光盘中的"Ch09 > 效果 > 制作酒包装"，如图 9-147 所示。）

图 9-147

9.3.3 【操作步骤】

1. 绘制包装结构图

步骤 1 按 Ctrl+N 组合键，弹出“新建文档”对话框，选项的设置如图 9-148 所示，单击“确定”按钮，新建一个文档。

步骤 2 选择“矩形”工具▭，在页面中单击，弹出“矩形”对话框，选项的设置如图 9-149 所示，单击“确定”按钮，得到一个矩形。选择“选择”工具↖，拖曳矩形到适当的位置，如图 9-150 所示。

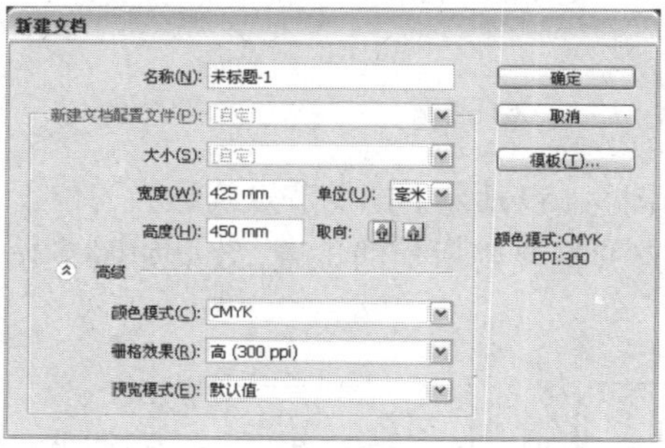

图 9-148

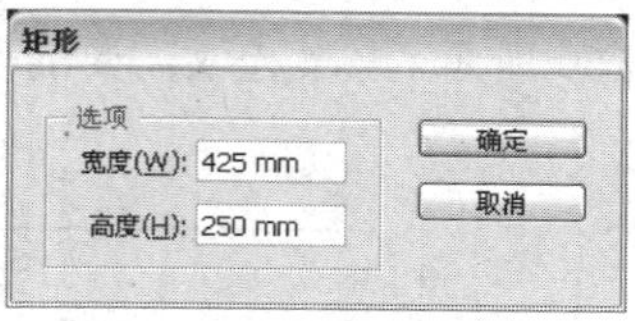

图 9-149

图 9-150

步骤 3 选择“添加锚点”工具✒，在矩形上适当的位置单击添加锚点，如图 9-151 所示。选择“直接选择”工具↖，选取左上方的节点，如图 9-152 所示，拖曳节点到适当的位置，松开鼠标，效果如图 9-153 所示。

图 9-151

图 9-152

图 9-153

步骤 4 用相同的方法制作出左下方的节点，效果如图 9-154 所示。选择“圆角矩形”工具▢，在页面中单击，弹出“圆角矩形”对话框，选项的设置如图 9-155 所示，单击“确定”按钮，得到一个圆角矩形。选择“选择”工具↖，将其拖曳到适当的位置，如图 9-156 所示。

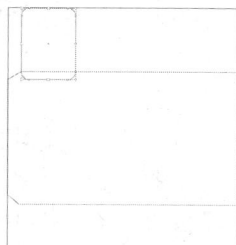

图 9-154

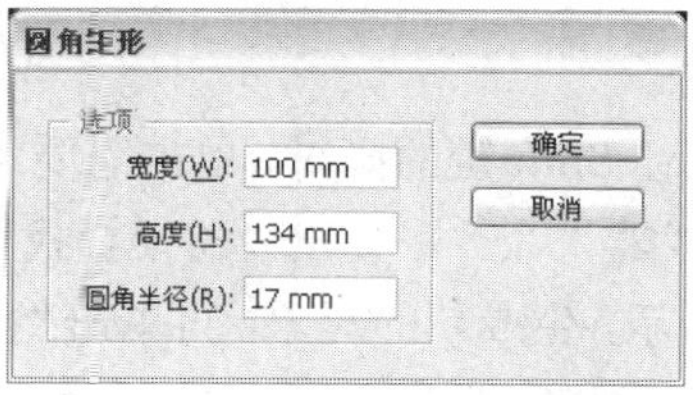

图 9-155

图 9-156

步骤 5 选择"圆角矩形"工具 ▣，在页面中单击，弹出"圆角矩形"对话框，选项的设置如图 9-157 所示，单击"确定"按钮，得到一个圆角矩形。选择"选择"工具 ▶，将其拖曳到适当的位置，如图 9-158 所示。

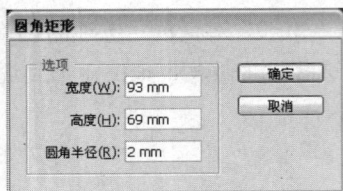

图 9-157

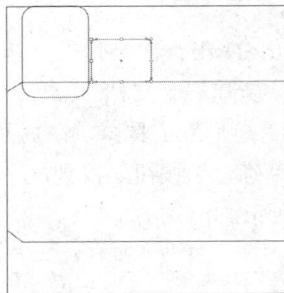

图 9-158

步骤 6 选择"直接选择"工具 ▶，选取需要的节点，如图 9-159 所示。拖曳节点到适当的位置，松形鼠标，效果如图 9-160 所示。再次选取需要的节点并拖曳到适当的位置，效果如图 9-161 所示。

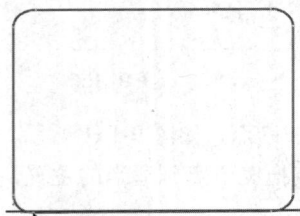

图 9-159

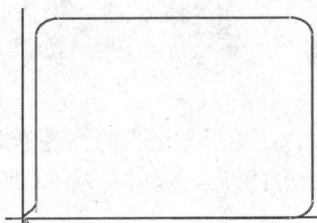

图 9-160

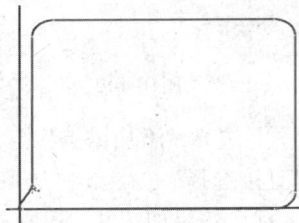

图 9-161

步骤 7 用相同的方法，再次对右下方的节点进行编辑，效果如图 9-162 所示。选择"圆角矩形"工具 ▣，在页面中单击，弹出"圆角矩形"对话框，选项的设置如图 9-163 所示，单击"确定"按钮，得到一个圆角矩形。

步骤 8 选择"选择"工具 ▶，将其拖曳到适当的位置，如图 9-164 所示。选择"矩形"工具 ▣，绘制一个矩形，如图 9-165 所示。

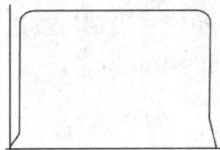

图 9-162

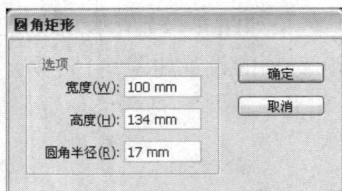

图 9-163

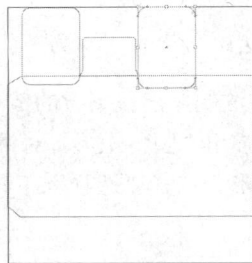

图 9-164

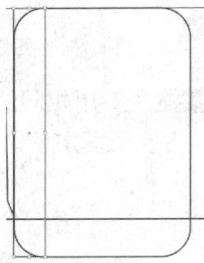

图 9-165

步骤 9 选择"选择"工具 ▶，按住 Shift 键的同时，单击需要的图形，将其同时选取，如图 9-166 所示。选择"窗口 > 路径查找器"命令，弹出"路径查找器"控制面板，单击"与形状区域相加"按钮 ▢，如图 9-167 所示，生成新的对象，再单击"扩展"按钮 扩展 ，效果如图 9-168 所示。

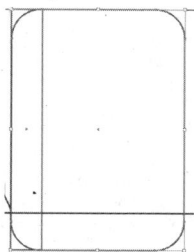

图 9-166　　　　　　　　　　　　　图 9-167　　　　　　　　　　　　　图 9-168

步骤 10 选择"选择"工具 ▶，选取需要的图形，如图 9-169 所示。按住 Alt+Shift 组合键，水平向右拖曳鼠标，复制一个图形，如图 9-170 所示。

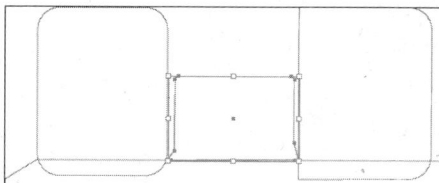

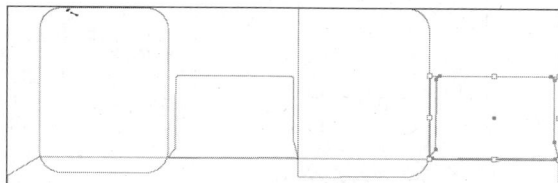

图 9-169　　　　　　　　　　　　　　　　　　图 9-170

步骤 11 双击"镜像"工具 ⋈，弹出"镜像"对话框，选项的设置如图 9-171 所示，单击"确定"按钮，效果如图 9-172 所示。

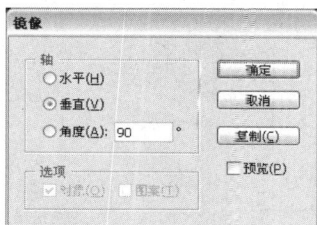

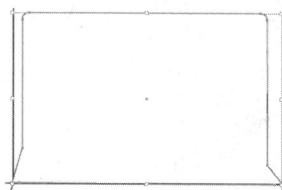

图 9-171　　　　　　　　　　　　　　　　　　图 9-172

步骤 12 选择"矩形"工具 ▭，在页面中单击，弹出"矩形"对话框，选项的设置如图 9-173 所示，单击"确定"按钮，得到一个矩形。选择"选择"工具 ▶，拖曳矩形到适当的位置，如图 9-174 所示。

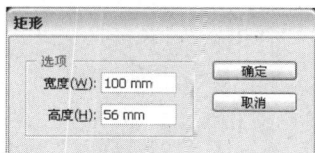

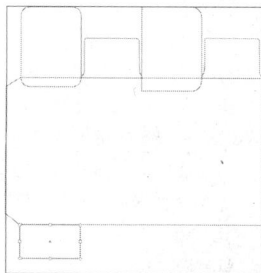

图 9-173　　　　　　　　　　　　　　　　　　图 9-174

步骤 13 选择"圆角矩形"工具 ▢，在页面中单击，弹出"圆角矩形"对话框，选项的设置如图 9-175 所示，单击"确定"按钮，得到一个圆角矩形。选择"选择"工具 ▶，将其拖曳到适当的位置，如图 9-176 所示。

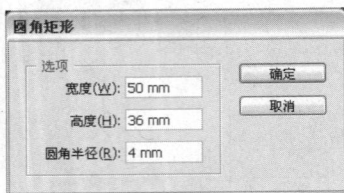

图 9-175

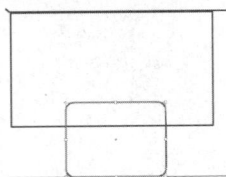

图 9-176

步骤 14 选择"选择"工具 ，按住 Shift 键的同时，单击需要的图形，将其同时选取，如图 9-177 所示。在"路径查找器"控制面板中，单击"与形状区域相加"按钮 ，如图 9-178 所示，生成新的对象，再单击"扩展"按钮 扩展 ，效果如图 9-179 所示。

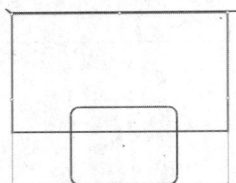

图 9-177

图 9-178

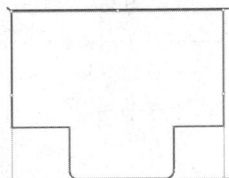

图 9-179

步骤 15 选择"删除锚点"工具 ，选取不需要的节点，如图 9-180 所示。单击鼠标左键，删除节点，效果如图 9-181 所示。用相同的方法，再次单击右侧不需要的节点，将其删除，效果如图 9-182 所示。

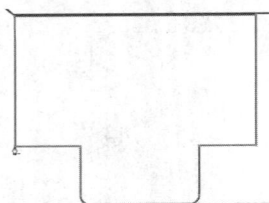

图 9-180

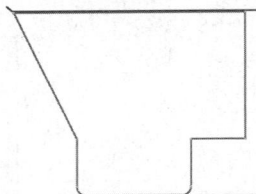

图 9-181

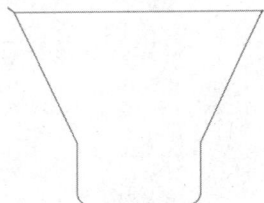

图 9-182

步骤 16 选择"圆角矩形"工具 ，在页面中单击，弹出"圆角矩形"对话框，选项的设置如图 9-183 所示，单击"确定"按钮，得到一个圆角矩形。选择"选择"工具 ，将其拖曳到适当的位置，如图 9-184 所示。

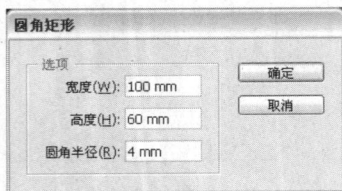

图 9-183

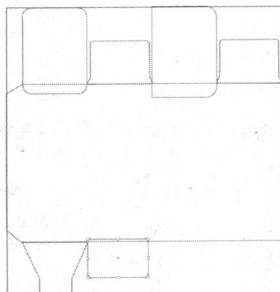

图 9-184

步骤 17 选择"直接选择"工具 ，用圈选的方法选取需要的节点，如图 9-185 所示，拖曳节点到适当的位置，松开鼠标左键，效果如图 9-186 所示。

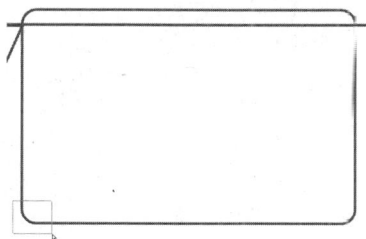

图 9-185

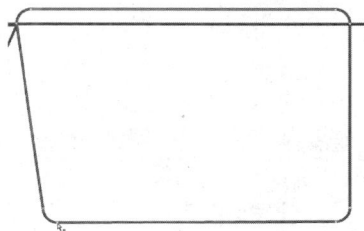

图 9-186

步骤 18 选择"添加锚点"工具 ，在适当的位置单击添加锚点，如图 9-187 所示。选择"直接选择"工具 ，选取需要的节点，拖曳到适当的位置，效果如图 9-188 所示。

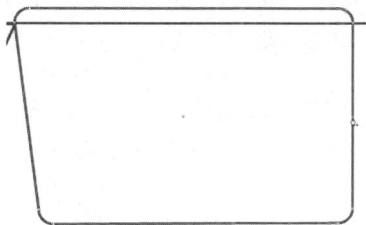

图 9-187

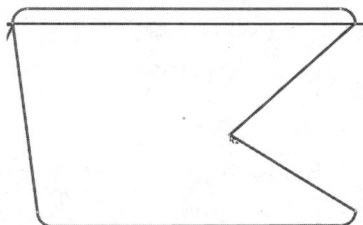

图 9-188

步骤 19 选择"转换锚点"工具 ，选取需要的节点，如图 9-189 所示。拖曳节点到适当的位置，效果如图 9-190 所示。

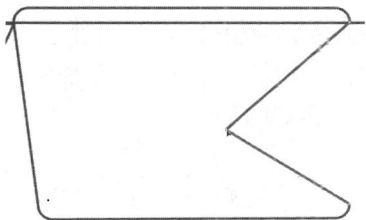

图 9-189

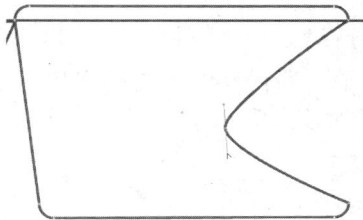

图 9-190

步骤 20 选择"直接选择"工具 ，选取需要的节点，如图 9-191 所示，拖曳节点到适当的位置，效果如图 9-192 所示。

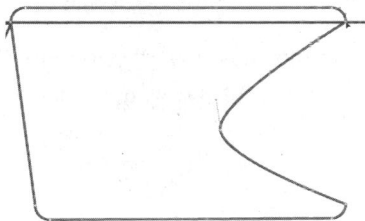

图 9-191

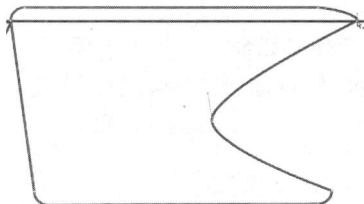

图 9-192

步骤 21 选择"圆角矩形"工具 ，在页面中单击，弹出"圆角矩形"对话框，选项的设置如图 9-193 所示，单击"确定"按钮，得到一个圆角矩形。选择"选择"工具 ，将其拖曳到适当的位置，如图 9-194 所示。

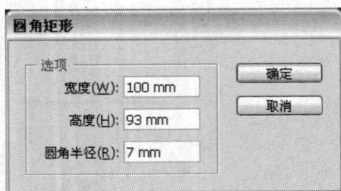

图 9-193

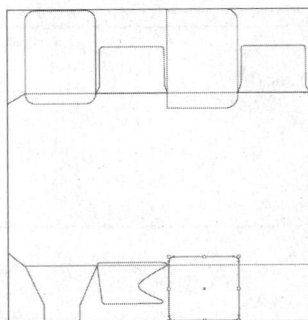

图 9-194

步骤 22 选择"圆角矩形"工具，在页面中单击，弹出"圆角矩形"对话框，选项的设置如图 9-195 所示，单击"确定"按钮，得到一个圆角矩形。选择"选择"工具，将其拖曳到适当的位置，如图 9-196 所示。

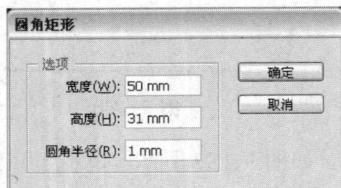

图 9-195

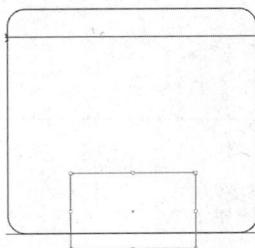

图 9-196

步骤 23 选择"选择"工具，按住 Shift 键的同时，单击需要的图形，将其同时选取，如图 9-197 所示。在"路径查找器"控制面板中单击"与形状区域相减"按钮，如图 9-198 所示，生成新的对象，再单击"扩展"按钮 扩展，效果如图 9-199 所示。

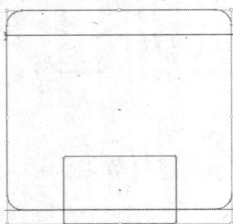

图 9-197

图 9-198

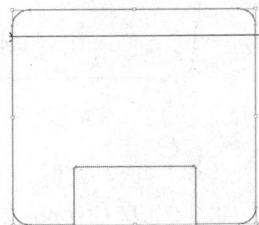

图 9-199

步骤 24 选择"选择"工具，选取需要的图形，如图 9-200 所示。按住 Alt+Shift 组合键的同时，水平向右拖曳鼠标左键，复制一个图形，并将其镜像，效果如图 9-201 所示。

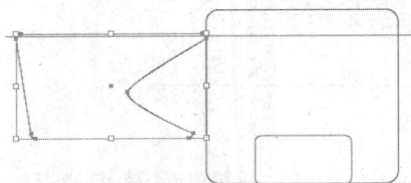

图 9-200

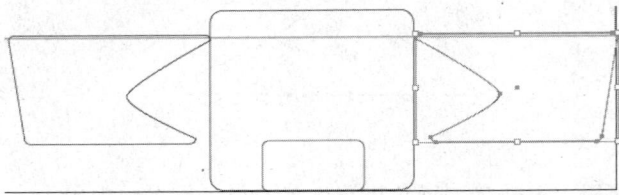

图 9-201

步骤 25 选择"椭圆"工具，在页面中单击，弹出"椭圆"对话框，选项的设置如图 9-202 所示，单击"确定"按钮，得到一个圆形。选择"选择"工具 ，将其拖曳到适当的位置，如图 9-203 所示。

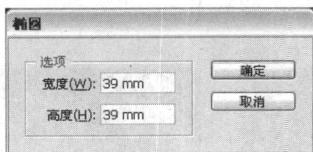

图 9-202

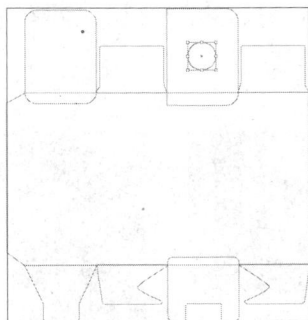

图 9-203

步骤 26 选择"选择"工具 ，按住 Shift 键的同时，单击需要的图形，将其同时选取，如图 9-204 所示。在"路径查找器"控制面板中单击"排除重叠形状区域"按钮 ，如图 9-205 所示，生成新的对象，再单击"扩展"按钮 扩展 ，效果如图 9-206 所示。

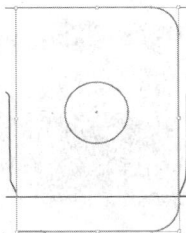

图 9-204

图 9-205

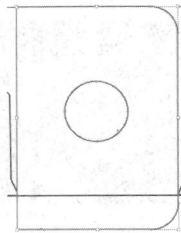

图 9-206

步骤 27 选择"选择"工具 ，用圈选的方法选取需要的图形，将其同时选取，如图 9-207 所示。在"路径查找器"控制面板中单击"与形状区域相加"按钮 ，如图 9-208 所示，生成新的对象，再单击"扩展"按钮 扩展 ，效果如图 9-209 所示。

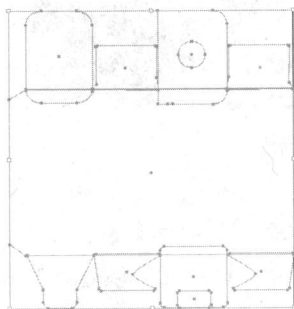

图 9-207

图 9-208

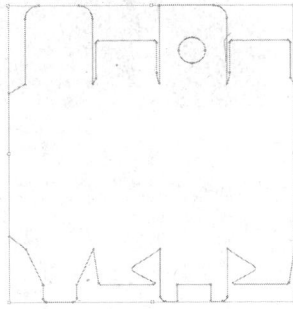

图 9-209

2. 添加广告语和内容文字

步骤 1 打开光盘中的"Ch09 > 素材 > 制作酒包装 > 01"文件，按 Ctrl+A 组合键，将所有的图形选取，按 Ctrl+C 组合键，复制图形。选择正在编辑的页面，按 Ctrl+V 组合键，将其粘贴到页面中，拖曳到适当的位置并调整其大小，效果如图 9-210 所示。

步骤 2 选择"文字"工具 T，在页面中输入需要的文字。选择"选择"工具 ，在属性栏中选择合适的字体并设置文字大小，效果如图 9-211 所示。设置文字填充色的 C、M、Y、K 值分别为 5、15、35、0，填充文字，效果如图 9-212 所示。

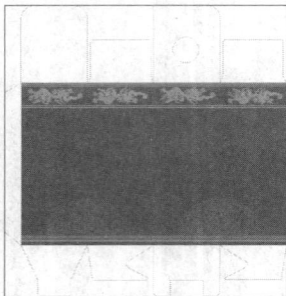
图 9-210

图 9-211

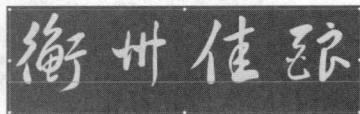
图 9-212

步骤 3 选择"星形"工具 ，按住 Shift 键的同时，绘制出一个星形，如图 9-213 所示。设置图形填充色的 C、M、Y、K 值分别为 5、15、35、0，填充图形，并设置描边色为无，效果如图 9-214 所示。

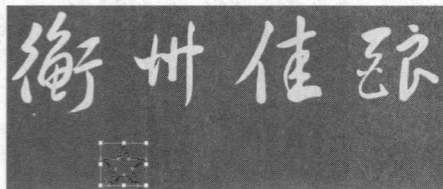
图 9-213

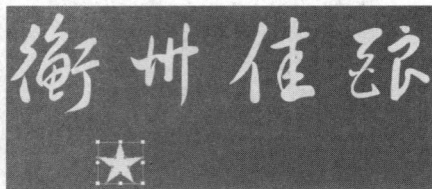
图 9-214

步骤 4 选择"选择"工具 ，按住 Alt+Shift 组合键，水平拖曳鼠标左键，复制一个图形，如图 9-215 所示，连续按 Ctrl+D 组合键，按照需要再复制出多个图形，效果如图 9-216 所示。

图 9-215

图 9-216

步骤 5 选择"直排文字"工具 T，在适当的位置拖曳出一个文本框，如图 9-217 所示。在文本框中输入需要的文字。选择"选择"工具 ，在属性栏中选择合适的字体并设置适当的文字大小，单击属性栏中的"顶对齐"按钮 ，效果如图 9-218 所示。设置文字填充色的 C、M、Y、K 值分别为 2、1、23、0，填充文字，如图 9-219 所示。

步骤 6 选择"直线段"工具 ，按住 Shift 键的同时，绘制出一条直线。设置描边色的 C、M、Y、K 值分别为 6、2、56、0，填充描边，在属性栏中的"描边粗细"文本框中输入 1，效果如图 9-220 所示。

步骤 7 选择"选择"工具 ，按住 Alt 键的同时，向左拖曳鼠标，复制一条直线，如图 9-221 所示。连续按 Ctrl+D 组合键，按需要再复制出多条直线，并调整直线的长度，效果如图 9-222 所示。

图 9-217　　　　图 9-218　　　　图 9-219　　　　图 9-220　　　　图 9-221　　　　图 9-222

步骤 8　选择"直线段"工具 ，按主 Shift 键的同时，分别绘制出两条直线，设置描边色的 C、
M、Y、K 值分别为 4、2、36、0，填充描边，在属性栏中的"描边粗细"文本框中输入 1，
效果如图 9-223 所示。

步骤 9　选择"文字"工具 ，在页面中输入需要的文字。选择"选择"工具 ，在属性栏中
选择合适的字体并设置适当的文字大小，设置文字填充色的 C、M、Y、K 值分别为 4、2、
36、0，填充文字，效果如图 9-224 所示。

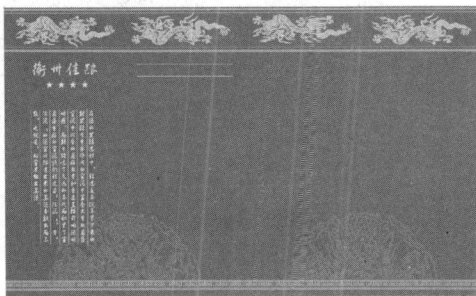

图 9-223

MANXIANGLOU

图 9-224

步骤 10　打开光盘中的"Ch09 > 素材 > 制作酒包装 > 02"文件，按 Ctrl+A 组合键，将所有图形
选取，按 Ctrl+C 组合键，复制图形。选择正在编辑的页面，按 Ctrl+V 组合键，将其粘贴到
页面中，拖曳到适当的位置并调整其大小，效果如图 9-225 所示。

步骤 11　选择"文字"工具 ，在页面中输入需要的文字。选择"选择"工具 ，在属性栏中
选择合适的字体并设置适当的文字大小，效果如图 9-226 所示。

图 9-225

图 9-226

步骤 12　按住 Alt+→组合键，调整文字的间距，设置文字填充色的 C、M、Y、K 值分别为 6、0、
50、0，填充文字，效果如图 9-227 所示。

衡州满香楼酒业有限公司

图 9-227

步骤 13 选择"选择"工具 ，按住 Shift 键的同时，单击需要的文字和图形，将其同时选取，按 Ctrl+G 组合键，将其编组，如图 9-228 所示。按住 Alt+Shift 组合键，水平向右拖曳图形，复制一组图形，效果如图 9-229 所示。

图 9-228

图 9-229

步骤 14 打开光盘中的"Ch09 > 素材 > 制作酒包装 > 03"文件，按 Ctrl+A 组合键，将所有图形选取，按 Ctrl+C 组合键，复制图形。选择正在编辑的页面，按 Ctrl+V 组合键，将其粘贴到页面中，拖曳到适当的位置，效果如图 9-230 所示。酒包装制作完成。

图 9-230

9.3.4 【相关工具】

1. 添加锚点

绘制一段路径，如图 9-231 所示。选择"添加锚点"工具 ，在路径上面的任意位置单击，路径上就会增加一个新的锚点，如图 9-232 所示。

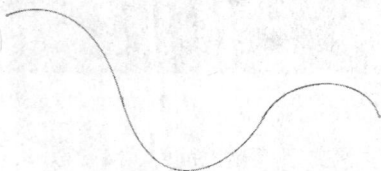

图 9-231

图 9-232

选中要添加锚点的对象，选择"对象 > 路径 > 添加锚点"命令，也可以为路径添加锚点。

2. 删除锚点

绘制一段路径，如图 9-233 所示。选择"删除锚点"工具，在路径上面的任意一个锚点上单击，该锚点就会被删除，如图 9-234 所示。

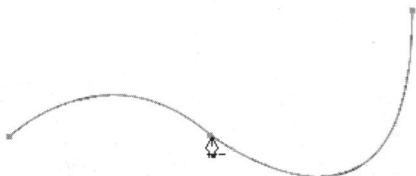

图 9-233　　　　　　　　　　　　　　　　图 9-234

3. 转换锚点

绘制一段闭合的圆形路径，如图 9-235 所示。选择"转换锚点"工具，单击路径上的锚点，锚点就会被转换，如图 9-236 所示。拖曳锚点可以编辑路径的形状，效果如图 9-237 所示。

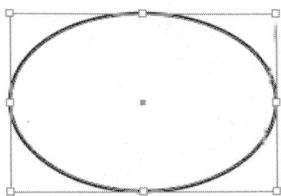
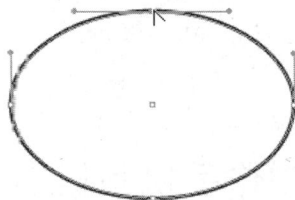
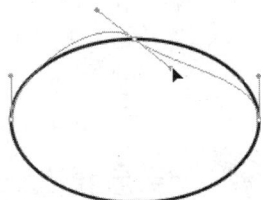

图 9-235　　　　　　　　　图 9-236　　　　　　　　　图 9-237

9.3.5 【实战演练】制作 MP4 包装盒

使用矩形工具、圆角矩形工具、添加锚点工具、转换锚点工具和直接选择工具绘制包装结构图。使用椭圆工具和剪贴蒙版命令编辑图片。使用文字工具、直接选择工具和字符面板制作标志图形。使用符号库面板为文字添加符号。（最终效果参看光盘中的"Ch09 > 效果 > 制作 MP4 包装盒"，如图 9-238 所示。）

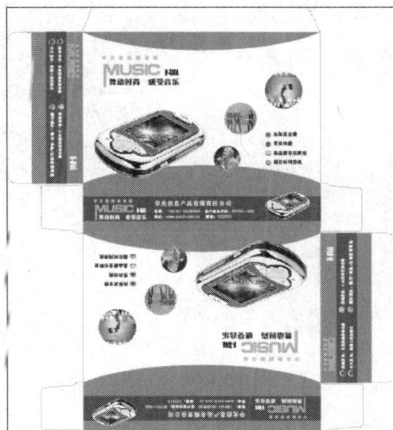

图 9-238

9.4　综合演练——制作唇膏包装

　　使用建立剪切蒙版命令为图片制作出剪切蒙版效果。使用投影命令为文字添加投影效果。使用符号库面板添加装饰花朵。使用变形命令改变文字的形状。（最终效果参看光盘中的"Ch09 > 效果 > 制作唇膏包装"，如图 9-239 所示。）

图 9-239

9.5　综合演练——制作手机手提袋

　　使用矩形工具和参考线绘制手提袋的背景效果。使用矩形网格工具和透明度面板制作手提袋的背景网格。使用置入命令、旋转工具和透明度面板制作产品效果。使用椭圆工具和混合工具制作出装饰圆形。使用倾斜工具对图形进行倾斜制作出立体包装效果。（最终效果参看光盘中的"Ch09 > 效果 > 制作手机手提袋"，如图 9-240 所示。）

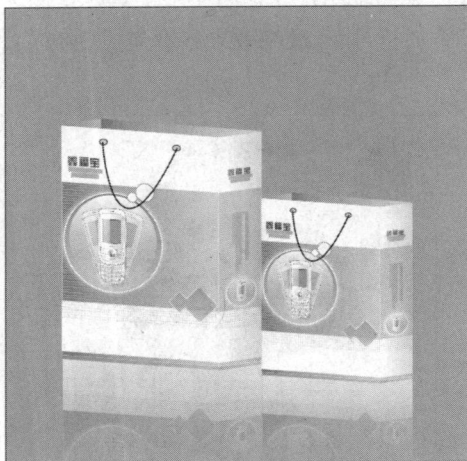

图 9-240